战略性新兴领域"十四五"高等教育系列教材

人工智能安全导论

主　编　赖英旭
副主编　王一鹏
参　编　陈渝文　尹瑞平　邓勇舰

U0219606

机械工业出版社

本书是一本讲解人工智能时代所面临的安全性挑战的综合性教材,比较全面地介绍了人工智能安全的基本原理和主要防治技术,对人工智能安全的产生机理、特点、危害表现以及防治技术进行了比较深入的分析和探讨。其中,第1章介绍了人工智能的基础知识和人工智能的安全问题;第2～4章分别介绍了投毒攻击与防御、对抗攻击与防御和后门攻击与防御;第5～7章介绍了人工智能技术在安全领域的具体应用,包括网络入侵检测、网络流量分类和联邦学习。

本书可作为普通高等院校人工智能、计算机科学与技术、信息安全等专业的教材,同时也可作为人工智能安全领域研究者和技术人员的参考资料。

本书配有电子课件、源代码、习题解答、教学大纲、教学视频等教学资源,欢迎选用本书作教材的教师登录 www.cmpedu.com 注册后下载,或发邮件至 jinacmp@163.com 索取。

图书在版编目(CIP)数据

人工智能安全导论 / 赖英旭主编 . -- 北京 : 机械工业出版社, 2024.11. -- (战略性新兴领域"十四五"高等教育系列教材). -- ISBN 978-7-111-77060-2

Ⅰ. TP18

中国国家版本馆 CIP 数据核字第 2024ZE4049 号

机械工业出版社(北京市百万庄大街 22 号 邮政编码 100037)

策划编辑:吉 玲   责任编辑:吉 玲 王华庆
责任校对:肖 琳 王 延 封面设计:张 静
责任印制:刘 媛

北京中科印刷有限公司印刷

2024 年 12 月第 1 版第 1 次印刷

184mm×260mm · 16 印张 · 386 千字

标准书号:ISBN 978-7-111-77060-2

定价:58.00 元

电话服务   网络服务

客服电话:010-88361066   机 工 官 网:www.cmpbook.com
　　　　 010-88379833   机 工 官 博:weibo.com/cmp1952
　　　　 010-68326294   金 书 网:www.golden-book.com
封底无防伪标均为盗版   机工教育服务网:www.cmpedu.com

在 21 世纪的数字化时代，人工智能（AI）的崛起标志着人类社会进入了一个全新的发展阶段。AI 不仅在技术层面实现了前所未有的突破，更在社会、经济、文化等多个领域产生了深远的影响。如今，AI 已经渗透到人们生活的方方面面，从智能手机的语音助手到智能家居的自动化控制，从在线推荐系统到自动驾驶汽车，AI 的应用场景日益丰富。然而，随着 AI 技术的快速发展，其潜在的安全风险也逐渐暴露。数据泄露、算法偏见、隐私侵犯、伦理争议等问题，不仅威胁到个人的安全和隐私，也对社会的稳定和发展构成了挑战。

人工智能安全是确保技术健康发展的关键。安全问题不仅关系到技术本身的稳定性和可靠性，更关系到社会伦理、法律规范和国际关系等多个层面。AI 安全的研究和实践，需要跨学科的知识和技能，包括计算机科学、数学、伦理学、法学等。本书旨在为读者提供一个全面、深入的视角，帮助他们理解人工智能安全的重要性，并掌握相关的知识和技能。

本书在编写过程中秉承理论与实践相结合的原则，强化技术导向。为了便于理解，书中列举了大量先进案例，所有案例均是学术界的最新科研成果，力求做到让读者了解最新的研究热点和具体的人工智能安全技术，适合教师讲授，易于学生阅读。本书在编写时力求做到通俗、易懂，书中图文并茂，针对教学型、教学科研型本科院校的学生特点，内容讲解在够用的基础上，更加突出实际案例的应用。

本书由赖英旭担任主编，王一鹏担任副主编，陈渝文、尹瑞平、邓勇舰参与编写。其中，赖英旭负责全书的总体设计、总体内容与总体统稿，邓勇舰负责编写第 1 章，尹瑞平负责编写第 2 章与第 3 章，陈渝文负责编写第 4 章与第 7 章，王一鹏负责编写第 5 章与第 6 章。在本书的编写过程中，我们得到了许多同行和专家的帮助和支持，他们的宝贵意见和深刻见解极大地丰富了本书的内容。在此，对他们表示最诚挚的感谢。同时还要感谢马浩翔、姚博文、刘宇涵、王皓嘉、李可、张明珠、马金辉、秦畅、张紫涵、刘豪宇、伍贤麟、唐紫文、范晨旭、王卓、张欣同同学，他们为本书的编写提供了相关资料和素材。

由于编者水平有限，书中难免存在不足之处，恳请读者不吝指正。最后，期待读者在阅读本书的过程中，能够获得启发，激发思考，并在人工智能安全的道路上不断前行。让我们一起探索、学习、成长，共同迎接人工智能带来的无限可能。

编 者

III

目 录

CONTENTS

IV

V

第 1 章　人工智能安全概述

本章将探讨人工智能安全的核心概念及其可能受到的安全威胁，系统梳理其各个方面及发展前景。首先，介绍人工智能安全的定义及其重要性。然后，以人工智能的组成要素为切入点，介绍数据安全、模型安全和模型运行环境安全。接着，按生命周期分类讨论设计、训练和执行阶段的安全威胁及应对策略。此外，还将探讨人工智能硬件、操作系统和框架的安全问题，强调应用合法、功能可靠、数据安全和决策公平等关键因素。最后展望人工智能安全的发展前景。

本章知识点

- 什么是人工智能安全
- 人工智能的数据安全、模型安全、模型运行环境安全
- 人工智能的设计、训练、执行阶段安全
- 人工智能的硬件、操作系统、开发框架安全
- 人工智能的安全要素
- 人工智能安全的发展前景

1.1　什么是人工智能安全

自人工智能（Artificial Intelligence，AI）的概念提出以来，其发展经历了一系列关键的技术突破和里程碑事件。AI 作为一门研究领域，旨在使计算机系统能够模仿人类，具备感知、理解、学习和决策的能力。

早期的 AI 研究聚焦于符号推理和专家系统，这些系统通过基于规则的方法模拟人类的思维过程。然而，随着技术发展的深入，这些方法在处理复杂任务和海量数据时逐渐暴露出局限性。幸运的是，随着计算能力的飞速提升，人工智能已经实现了跨越式发展，成为推动社会、经济和技术进步的重要力量。如今，AI 已经延伸到自然语言处理、语音识别等多个领域，人工智能驱动的解决方案变得越来越重要，并对个人生活和社会产生了更大的影响。然而，随着人工智能技术的广泛采用，与信任、风险和安全相关的问题也逐渐

浮出水面。一方面，用户和利益相关者对于 AI 系统的可信度、诚信以及道德使用有着极高的期望；另一方面，AI 算法和系统可能带来的负面结果和不确定性，如偏见、意外结果、数据隐私侵犯以及潜在的伤害风险，都成了不容忽视的问题。

因此，确保人工智能的安全性和可靠性成为当前 AI 应用的重要议题。人工智能的特有属性，如自主学习、自适应性和自主决策能力，使其在应用过程中面临着数据泄露、模型篡改和决策失误等风险。

具有代表性的案例之一是 2017 年的"DeepLocker"事件。DeepLocker 是一种使用人工智能技术的恶意软件，它能够通过识别特定目标并在特定条件下激活。这种攻击方式对传统的防御机制构成了巨大的挑战，因为 DeepLocker 能够根据环境变化进行自适应和自我隐藏，使其更难以检测和防御。

另一个案例是 2019 年的"人脸识别数据泄露"事件，如图 1-1 所示。在这起事件中，一家人工智能公司的人脸识别数据库遭到黑客攻击，导致数百万用户的个人信息和面部数据泄露。这种数据泄露对个人隐私和安全构成了重大威胁，因为人脸数据可以被用于身份盗窃、虚假认证和其他恶意活动。

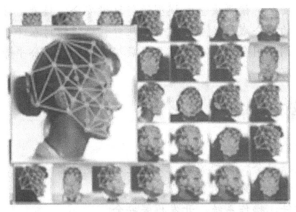

图 1-1　人脸识别数据泄露

这些案例突显了人工智能安全事件对个人和社会的实际影响。故确保人工智能系统的安全性和可靠性显得尤为重要，因为它直接关系到用户隐私的保护、数据泄露的防止以及恶意攻击的抵御。人工智能安全需要综合考虑技术、法律和伦理等多个方面的因素，以建立一个可信赖和可持续发展的人工智能环境。只有通过加强安全措施和采取适当的监管措施，才能更好地利用人工智能的潜力，为社会带来实际的利益，同时最大限度地减少安全风险。

人工智能安全问题是一个综合性的课题，可以从不同角度进行分类和探讨，如图 1-2 所示。从组成要素的角度来看，人工智能安全问题可以按照数据、模型和模型运行环境进行划分。其中，数据安全着重于保护数据质量和完整性，防止篡改和泄露，这对于模型的有效性至关重要；模型安全关注于设计阶段的鲁棒性、训练阶段的数据和参数安全，以及执行阶段的输出验证，以防止恶意篡改和对抗攻击；最后，模型运行环境安全确保了硬件、操作系统及相关软件框架的安全性，防止存在安全漏洞和后门，从而为人工智能系统的稳定运行提供保障。

从生命周期的角度来看，人工智能安全问题可以分为设计、训练和执行阶段。在设计阶段，需要考虑模型的鲁棒性和安全性要求，以及数据的完整性和隐私保护；在训练阶段，需要确保数据的可信度和训练过程的安全性，以防止模型受到攻击或被篡改；在执行阶段，需要对模型的输出进行验证和监控，以及保护模型和运行环境的安全性。

从系统架构的角度来看，人工智能安全问题涵盖了硬件、操作系统、框架和算法等多个方面。硬件安全涉及物理设备的安全性和可信度，如防止硬件漏洞或后门的存在；操作系统安全关注操作系统的安全性和防护措施，以防止未经授权的访问和恶意软件的攻击；框架安全涉及人工智能框架的安全性和漏洞修复，以保护模型和数据的安全。算法安全关注算法的安全性和对抗攻击的防范，以确保模型在面对攻击时的可靠性和鲁棒性。

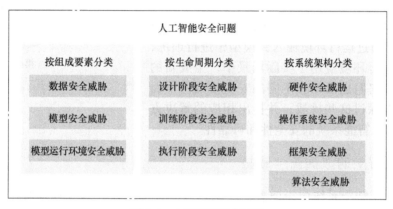

图 1-2　人工智能安全问题

综上所述，人工智能安全是指确保人工智能系统在设计、开发、部署和运行过程中免受潜在威胁和攻击的能力。它涵盖了数据、模型和模型运行环境等多个组成要素，要求在整个生命周期中考虑技术、法律和伦理等方面的因素。

人工智能安全的目标包括保护用户隐私、防止数据泄露、抵御恶意攻击和确保系统的可靠性和鲁棒性。为实现这一目标，需要关注数据安全，确保数据的质量和完整性，防止篡改和泄露；关注模型安全，确保模型在设计、训练和执行过程中的鲁棒性和安全性；以及关注模型运行环境安全，保护硬件、操作系统和相关软件框架的安全性，防止安全漏洞和后门的存在。同时，人工智能安全还涉及法律和伦理层面的问题，需要遵守相关法律法规，保护用户隐私和数据安全，并遵循伦理原则，确保人工智能技术的合理使用和发展。

1.2　人工智能安全问题——按组成要素分类

作为当今科技的前沿领域，人工智能安全问题日益受到关注。作为一个融合数据、模型及其运行环境等多个关键要素共同构建的复杂体系，人工智能系统能够稳定安全运行依赖于各要素之间的紧密协作。为了深入洞察人工智能系统的安全问题，必须详尽地探讨每一要素的具体职责与功能，从而能够精确地识别和评估潜在的安全隐患并且制定有效的安全防护措施。

在人工智能系统的构建与应用中，数据、模型及其运行环境是核心要素。数据作为人工智能的基石，直接影响着模型的构建和性能。而模型则负责执行任务和做出决策，因此模型的精准性和可靠性对人工智能系统的有效运行和安全性至关重要。同时，模型的运行环境也是一个需要考虑的因素，环境的不稳定性可能对系统的安全性构成威胁，特别是在网络安全、软件安全以及供应链安全方面。具体而言，网络的不连续性可能导致数据传输的不完整性，削弱加密措施的效果，增加数据泄露的风险。此外，不稳定的更新和维护环境可能导致软件及依赖库中存在未修补的漏洞，加剧了系统的安全风险。

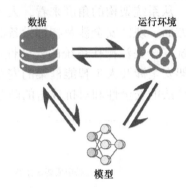

图 1-3 清晰地展现了数据、模型及运行环境的双向关系。数据通过运行环境输入到模型中进行训练，模型再通过运行环境应用于实际场景中，生成新的数据。然而，它们也面临着不同的安全挑战。下面将更加深入地探讨这些挑战，并提出相应的解决方案，以确保人工智能系统的安全性和可靠性。

图 1-3　数据、模型及运行环境的双向关系

1.2.1　人工智能的数据安全威胁

数据在人工智能系统中扮演着核心的角色，直接影响着模型的训练、验证和测试过程。数据的质量和多样性直接影响模型的性能和泛化能力。系统对数据的极度依赖，导致数据成为攻击者们的主要攻击目标，从而为系统的性能、可靠性以及用户的信任度带来了潜在的负面影响。数据安全攻击可能以多种形式出现，包括数据泄露、数据中毒等。数据泄露可能导致敏感信息的泄露，损害用户的隐私和信任度；数据中毒是指攻击者可能通过植入恶意数据来破坏模型的性能和决策过程。接下来，将详细介绍以上两种数据安全威胁。

1. 数据泄露

数据泄露是指在人工智能系统的运作过程中，用户或组织的敏感信息可能被无意或恶意地揭示给未经授权的实体。数据泄露存在于运行过程的方方面面，从数据集的获取、储存再到模型的输入、运行以及输出都可能成为潜在的隐私风险。随着以 GPT-4 为代表的生成式人工智能系统取得空前成功，数据泄露问题较以往变得更加严峻。在人工智能系统中，目前常见的三种数据泄露方式如下。

1）查询敏感信息的泄露：在人工智能系统特别是交互式人工智能系统中，用户在询问与医疗状况、财务状况或个人关系相关的问题时，往往会泄露私人细节。在这种情况下，如果用户在与系统的交互过程中提供了敏感信息，就可能会导致严重的隐私泄露问题，进而威胁到个人信息安全。例如，2023 年三星公司就曾发生一起严重的隐私泄露事件。在此事件中，三星原本允许半导体部门的工程师使用 ChatGPT 修复源代码问题，然而在与 ChatGPT 交互过程中，员工们输入了包括源代码以及内部会议记录在内的大量敏感信息，造成芯片数据信息的外泄。此外，人工智能系统的插件或附加功能的使用也可能

引发用户敏感数据的隐私问题。一些插件可能收集了过多的用户敏感数据，这些行为可能违反了隐私政策。

2）上下文信息的泄露：即使是看似合理没有威胁的查询，在与其他上下文因素结合时，也可能间接泄露用户的敏感信息。例如，用户询问附近的地标或当地事件时可能会在无意中泄露他的位置或活动信息。随着时间的推移，与系统的重复交互可能会导致积累足够的信息来识别用户的行为模式，从而对用户隐私构成风险，造成数据泄露。

3）模型参数的泄露：在人工智能系统的训练和部署过程中，模型参数可能会泄露给未经授权的实体。这可能发生在模型共享、模型迁移学习、模型评估等阶段。攻击者可以通过分析模型参数来推断训练数据的特性，甚至重构原始数据，进而获取用户的敏感信息。

为避免隐私泄露，通常可以采取以下策略。

1）数据清洗：数据清洗通过纠正错误和不一致来提高数据质量，是一个数据预处理的基础步骤，同时也是隐私保护的关键步骤，通过实现匿名化、数据最小化来保护敏感信息；通过对训练数据进行检查和处理，以排除其中的异常或恶意数据，包括识别和移除异常值、噪声数据和潜在的攻击数据。例如，OpenAI 为提高训练数据的质量和安全性，利用过滤和模糊重复数据删除技术从用于模型训练的语料库中删除个人身份信息，这一操作不仅净化了数据，而且确保了更高水平的隐私保护。

2）数据加密：数据加密是通过将数据转换为加密形式，以防止未经授权的访问或泄露。加密技术使用算法将原始数据转换为密文，只有拥有正确密钥的用户才能解密并访问数据。常见的加密算法包括对称加密算法（如高级加密标准 AES）、非对称加密算法（如 RSA）以及散列加密算法（也称哈希加密算法）。图 1-4 所示为 RSA 的一般原理。RSA 是一种公钥加密非对称算法。该算法通过公钥以及私钥来实现对数据的加密和解密。在人工智能系统中，加密通常用于保护存储在数据库、文件系统或网络传输中的敏感数据。

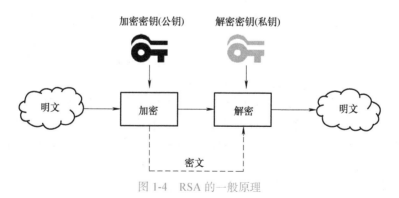

图 1-4　RSA 的一般原理

3）数据隔离：数据隔离是将不同级别或类型的数据分开存储和处理的方法，以防止数据泄露或不当访问。通过将数据分成不同的逻辑或物理区域，可以降低跨数据集、模型或用户的数据泄露风险。例如，可以将敏感数据存储在独立的数据库中，并采用严格的访问控制规则来限制对该数据库的访问。在人工智能系统中，数据隔离可应用于不同的训练数据集、模型参数和输出结果，以确保敏感信息与其他数据分开存储和处理，从而降低数据泄露的风险。

这些策略通常结合使用，以提供多层次的数据安全保护，并帮助人工智能系统有效地防止数据泄露。

2.数据中毒

数据中毒（数据投毒）是一种恶意攻击行为，攻击者通过篡改训练数据或注入恶意数据来干扰机器学习模型的训练过程，从而损害其在预测阶段的准确性。数据中毒攻击主要针对数据收集阶段以及数据预处理阶段。攻击者可以在数据收集阶段直接注入恶意数据，也可以在数据收集后的预处理过程中进行篡改，以插入恶意数据。最终目的都是使得模型在测试阶段表现异常，从而对系统的安全性和可靠性构成威胁。图 1-5 所示为数据中毒攻击的示意图。

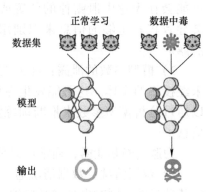

图 1-5 数据中毒攻击的示意图

数据中毒攻击的常见方式主要有以下两种。

1）模型偏斜攻击：模型偏斜攻击是一种对抗攻击形式，其目的是扰乱训练数据样本，以改变分类器的分类边界。攻击者会在训练数据中有意引入偏差，由此使模型学到错误的决策规则，这可以导致系统在真实场景中做出不准确或误导性的预测。Google Gmail 就曾遭受过这种攻击，攻击者试图通过将大量的垃圾邮件提交成非垃圾邮件来干扰 Gmail 邮件分类器，从而导致更多的垃圾邮件被误分类成合法邮件，绕过垃圾邮件过滤系统进入用户的收件箱。

2）反馈误导攻击：与模型偏斜攻击专注于引入训练数据偏差不同的是，反馈误导攻击瞄准了模型的学习模式本身。这类攻击通过篡改模型在实际运行中依赖的用户反馈数据，注入具有误导性的信息。具体来说，攻击者利用用户反馈机制，向系统提交虚假或扭曲的反馈，导致模型基于错误的数据更新其决策逻辑。这种策略不仅干扰了模型对当前数据的正确响应，而且可能长期影响模型的学习方向和效率，导致系统在未来的决策中产生错误。

考虑到数据中毒的隐蔽性和对模型的破坏性，必须采取有效的防御措施来应对这种攻击。常见的应对策略包括数据清洗和鲁棒性训练。

1）数据清洗作为数据预处理的关键步骤，旨在通过识别和纠正数据中的错误和不一致来提高数据质量。具体操作包括对训练数据进行详尽的审查和处理，以识别并排除其中的异常值、噪声和潜在的恶意数据，从而防止这些数据影响模型的学习过程和决策输出，以抵御数据中毒的威胁。

2）鲁棒性训练是一种增强模型对恶意数据抵抗能力的重要方法。在训练模型时，需要考虑模型可能在实际应用中遇到的各种情况，并进行相应的调整。一种方法是通过增加噪声来模糊数据，使模型更加鲁棒，不易受到恶意攻击的影响；另一种方法是采用对抗性训练技术，通过故意引入对抗性样本来训练模型，使其能够更好地应对潜在的攻击。此外，集成学习方法也可以提高模型的鲁棒性，通过结合多个基本模型的预测结果来减少误差，并优化模型在面对未知情况时的表现。

1.2.2　人工智能的模型安全威胁

在追求更智能化和高效的人工智能领域中，模型的安全性威胁正日益成为一项艰巨的挑战。随着机器学习和深度学习的广泛应用，人工智能模型不仅面临着逐渐复杂的任务，而且也暴露于各种潜在的攻击和威胁之下。例如，在图像分类任务中，人工智能模型可能会受到对抗性样本的攻击，导致模型对图像的错误分类；在自动驾驶领域，人工智能模型可能会受到欺骗性输入的攻击，导致车辆偏离原定路线。这些威胁不仅直接影响着模型的性能和准确性，更对整个系统的稳定性和安全性构成了潜在威胁。在接下来的内容中，将主要介绍四种常见的模型安全威胁。

1. 对抗攻击

对抗攻击是一种极具挑战性的模型安全威胁。对抗攻击通过在输入数据中引入精心设计的微小扰动，从而误导人工智能模型做出不正确的输出或决策。这种攻击基于模型对输入数据的敏感性，利用模型的局限性来生成经过微调的输出。

在图像分类任务中，用户输入一张图像至已训练好的模型中，模型会给出相应类别的预测结果。当遭受对抗攻击后，原始样本被引入人眼难以察觉的扰动形成对抗样本，旨在误导模型产生与原始类别不同的预测结果。对抗攻击的原理如图 1-6 所示，其基本思想是从数据集中选取一个样本 x 并通过特定算法计算出一种微小的扰动 δ，将该扰动添加到原始样本 x 上，生成对抗样本 x'。最终经过人工智能模型 f 分类后，对抗样本的类别 I′ 与真实类别 I 不同。

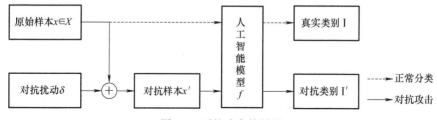

图 1-6　对抗攻击的原理

对抗攻击分为白盒攻击和黑盒攻击。白盒攻击发生在攻击者完全了解目标模型的内部结构和参数的情况下，能够直接访问模型的权重、架构和训练数据，从而生成能欺骗模型的样本。尽管白盒攻击相对容易实施，但需要攻击者对目标模型有深入的了解，包括其结构、权重等详细信息。然而，在实际应用中，攻击者往往难以获得这些信息，这使得白盒攻击在实践中较难实现。黑盒攻击则在攻击者不知道目标模型结构和参数的情况下进行，仅通过观察模型的输入/输出来推测工作原理，这使得黑盒攻击更为复杂且挑战性更高。

针对对抗攻击的防御策略和技术是保护人工智能模型免受恶意攻击的关键措施。首先，对抗性训练是一种有效的策略，通过在训练数据中引入对抗性样本或者在训练过程中针对模型进行对抗性优化，以增强模型对对抗攻击的鲁棒性。其次，输入检测和过滤是防御对抗攻击的重要手段，包括检测输入数据中的异常或对抗性样本，并在模型推理阶段对输入进行过滤，从而减少对抗攻击的影响。此外，鲁棒性模型设计也是一种重要的防御策略，通过设计更加鲁棒的模型架构，例如使用深度集成学习，来提高模型对对抗攻击的抵抗能力。另外，输入预处理技术可以在模型输入之前对数据进行预处理，以剔除或减轻对抗性扰动的影响，从而提高模型的鲁棒性。最后，建立对抗攻击的监测系统并采取及时反击措施也是一种重要的防御手段，例如使用基于模型输出的异常检测方法来发现对抗攻击行为，并采取相应的反制措施，从而保护人工智能模型免受对抗攻击的侵害。通过综合运用这些防御策略和技术，可以有效提高人工智能模型对对抗攻击的鲁棒性。

2. 模型窃取

模型窃取攻击是指攻击者以黑盒模型为目标，通过多次查询获取目标模型的全部或者部分信息，如模型参数、结构信息和功能等，进而构建一个与目标模型功能相近的替代模型以用于攻击目标模型的非法行为。如图 1-7 所示，攻击者通过分析模型的输入 / 输出行为以及相关数据来推断模型的内部结构和参数，从而构建一个与目标模型功能相似甚至完全相同的模型，而无须直接访问或获取目标模型的具体参数。更为严重的是，一旦成功获取模型，攻击者能够利用白盒攻击手段对在线模型进行欺骗，从而增加攻击的成功概率。

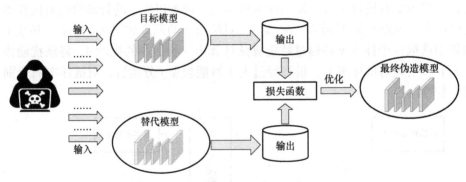

图 1-7　模型窃取攻击的原理

模型窃取常见的攻击方式包括查询攻击、模型反推攻击、集合隔离攻击等。查询攻击主要是通过特定的查询输入，通过观察模型对不同查询的响应，探测或推断模型的内部信息，如参数、训练数据，甚至是敏感的业务规则；模型反推攻击是一种通过分析模型的输出来推断模型的内部信息的攻击手段，攻击者试图通过获取目标模型信息，以了解其结构、参数或训练数据；集合隔离攻击是将原始数据集划分为不同的子集分别输入到目标模型中，通过向模型输入不同的数据集并分析输出之间的差异，来获取关于训练数据集和模型学习特性的信息。

为防止模型被非法窃取，可以采取一些策略和技术手段来保障其安全。一种常见的方法是模型加密。通过对模型进行加密，只有经过授权的用户才能够解密和访问模型，从而防止未经授权的访问者直接获取模型的细节。另一种方法是模型混淆。通过对模型进行混淆，使得模型的结构和参数变得更加难以理解和分析，从而增加攻击者分析模型的难度，减少模型被逆向工程的风险。此外，还可以考虑使用模型水印技术。通过向模型中嵌入独特的标识符或水印，可以在模型被盗用或复制时追踪模型的来源，加强对模型的控制和保

8

护。另外，实施严格的安全访问控制措施也是一种有效的策略。限制对模型的访问权限，并确保只有授权用户才能访问模型，包括对部署环境、训练数据和模型文件等进行访问控制和监控。最后，安全模型部署也是保护模型安全的重要一环。通过采取安全措施来防止未经授权的访问和操作，比如使用安全的计算环境和身份验证机制来保护模型的部署和运行环境。综合运用这些策略和技术，有效保护模型以抵御模型窃取的影响，确保模型的安全性。

3. 后门攻击

后门攻击是一种在人工智能模型中通过植入隐蔽的"触发器"来实施的安全威胁，它让模型在遇到特定条件时产生错误的输出，而在正常情况下保持正常功能。这些触发器可以是显著的图案或几乎不可察觉的扰动。例如，在一个人脸识别系统中，攻击者可能会植入一个后门，使得只有当输入的面部图像带有特定花纹的口罩时，系统会授予异常高的权限。这种隐蔽的攻击方式可能导致严重的安全漏洞。后门攻击和上一小节中的数据中毒非常相似，但是其攻击目标、攻击过程以及攻击手段都不尽相同。数据中毒攻击主要在模型的数据收集以及数据预处理阶段发生，攻击者通过向训练数据中添加污染数据来影响模型的整体性能，旨在破坏数据集的完整性，导致模型无法正确学习数据中的真实模式，致使模型在各种输入下都可能表现出降低的性能。相比之下，后门攻击的隐蔽性更强，其不仅可以在数据收集阶段通过插入带触发器的训练样本来实施，还可以通过更直接的方法修改模型的参数或结构来植入后门。后门攻击的核心目标是在模型的正常功能中潜藏一个特定条件触发的隐藏功能。这意味着模型在绝大多数情况下能够保持正常性能，只有在触发条件被满足时，潜藏的后门才会被激活，导致模型行为异常。因此数据中毒攻击主要威胁训练过程中的数据安全，而后门攻击虽然可以通过数据中毒实现，但主要威胁训练过程的模型安全，这也是将后门攻击归类为模型安全攻击的原因。如图 1-8 所示，当输入干净数据时，模型是可以进行正确预测的，但当输入某些被修改的特定数据后，模型将输出预设的错误分类。

a) 正常输入　　　　　　　　　　　　　　b) 触发器输入

图 1-8　后门攻击效果示意图

以上介绍揭示了后门攻击的两个关键特征：首先，只有在存在触发器时，模型才会显示出异常行为；其次，当模型处理未被后门触发器污染的良性样本时，它会做出正确的预测。因此在评估后门攻击模型的效果时，主要从攻击成功率（Attack Success Rate，ASR）和良性样本准确率（Benign Accuracy，BA）这两个关键性能指标进行考量。ASR 衡量后门模型在触发条件下执行预定恶意行为的能力，而 BA 评估模型处理正常输入的准确性。

有效的后门攻击模型应实现高 ASR 和高 BA，确保攻击的隐蔽性和有效性。

后门攻击技术的隐蔽性和复杂性使得它成为一种特别难以检测和防御的攻击方式。有效的防御策略通常涉及对神经网络模型的深入分析，常见的手段有检查内部结构和参数，以识别出不符合正常模式的异常连接权重或神经元行为。此外，模型验证技术也是关键的防御手段，它要求在模型部署前进行全面的行为测试，特别是在模拟或实际触发条件下，观察模型是否展示出异常或预设的恶意行为。当然检测对抗样本也是一种重要的技术，可以及早发现模型受到攻击的迹象。利用对抗性训练的技术也可以增强模型对异常输入的鲁棒性。通过在训练过程中故意引入小的、看似无害的扰动，并训练模型正确地分类这些扰动样本，可以帮助模型学习忽略与任务无关的干扰。通过综合运用这些技术和方法，可以有效地检测和防御后门攻击，从而保障人工智能系统的安全性和稳定性。

之前的小节中详细介绍了数据中毒和对抗攻击这两种攻击技术，尽管这些攻击方法与后门攻击在具体实施上各有差异，但它们之间确实存在一些共通之处。表 1-1 是对这些攻击手段之间关系的简要总结。

表 1-1　数据中毒、对抗攻击和后门攻击之间的比较

攻击类别	攻击者目标	攻击阶段	攻击方式	影响范围
数据中毒	破坏数据集的完整性，降低模型的泛化能力	主要发生数据收集以及数据预处理阶段	插入错误标记的数据来影响模型的学习过程	影响整个模型的预测能力，包括良性样本和中毒样本
对抗攻击	对（修改后的）受攻击样本进行误分类；在良性样本上表现正常	发生在模型的数据输入阶段，对输入数据进行修改	对输入数据进行微小的修改以误导模型	主要影响被修改的特定输入样本
后门攻击	对特定条件样本进行误分类；在良性样本上表现正常	主要发生在模型的数据收集以及训练阶段，但影响可能在模型部署和运行时显现	在模型中植入后门或隐藏功能	在模型遇到特定输入时产生错误输出，可能涉及良性样本和特定输入样本

通过对这三种攻击方式的比较，可以看出它们虽然在不同阶段和方式上对模型进行攻击，但都旨在通过某种手段影响模型的预测结果，以达到误导模型的目的。数据中毒是通过污染训练数据来降低模型的泛化能力；对抗攻击则是通过修改输入数据来误导模型的判断；而后门攻击则是在模型中植入特定的触发机制，以便在特定条件下产生错误输出。这些攻击手段虽然各有特点，但都对模型的稳健性和安全性构成了威胁，因此需要采取相应的防御措施来保障模型的可靠性和安全性。

4. 算法安全威胁

人工智能算法作为模型的核心，在处理复杂任务和优化数据分析方面发挥着至关重要的作用。这些算法通过分析和处理大量数据来发现规律、进行判断和生成预测，使得人工智能系统在各个领域展现出令人瞩目的能力。然而，随着人工智能的快速发展和广泛应用，算法层面的安全威胁也日益引起关注。这些威胁不仅影响人工智能系统的可靠性和可信度，还可能对个人、社会和公共利益产生重大影响。

算法的安全威胁主要包括弱鲁棒性、不可解释性以及算法偏见和歧视问题。弱鲁棒性是指人工智能算法对于输入数据中的扰动和对抗攻击的脆弱性，这种脆弱性可能导致人工

智能系统在面对未预料到的情况时出现错误的判断、不稳定的行为，甚至被恶意利用。不可解释性是指人工智能算法在做出决策或生成预测时难以解释其背后的原因和逻辑，如图 1-9 所示。这种不可解释性带来了一系列风险和挑战，包括决策过程的不透明性、难以审计和验证模型的正确性和安全性等。例如，在医疗诊断、金融风险评估和司法判决等领域，决策的透明性和可解释性至关重要，但一些复杂模型如深度神经网络由于其内部运作方式复杂，很难解释其决策依据。算法偏见和歧视问题是指人工智能算法在决策和预测中对不同群体或个体存在不公平和偏好，这种偏见和歧视可能源自训练数据的偏见、算法设计的不公平性以及评估标准的不均衡等因素。它们可能对特定群体产生不公平影响，并对系统整体的公正性和可信度造成损害。

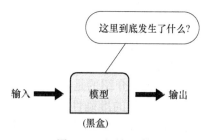

图 1-9　不可解释性

　　为了解决这些算法层面的安全威胁，可以采取多种方法。首先，对抗性训练和模型正则化是提高算法鲁棒性的重要手段。对抗性训练通过在训练过程中引入扰动样本，使模型在面对对抗攻击时更加稳健。模型正则化通过在损失函数中引入正则化项，减少模型对输入数据微小变化的敏感性。例如，在自然语言处理任务中，使用正则化技术可以减少模型对输入文本细微变化的敏感性。其次，使用可解释的模型架构，如决策树和逻辑回归，可以增加决策的可解释性和可接受性。通过选择这些模型，用户能够更容易理解决策背后的逻辑和因素权重。图 1-10 展示了一个决策树的示例，清晰地体现了其可解释性。最后，减少算法偏见和歧视的方法包括使用多样化和平衡的训练数据集，进行算法审查和偏见测试，以及实施持续的算法公平性监控，以确保算法在决策中遵循公正原则。通过综合运用这些策略和技术，可以有效提高人工智能算法的安全性和可靠性。

11

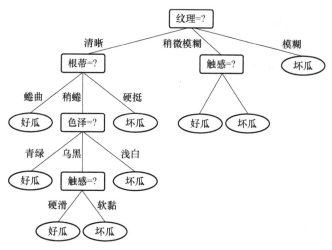

图 1-10　可解释的决策树

1.2.3　人工智能的模型运行环境安全威胁

　　在当今的数字化环境中，人工智能模型的运行环境安全威胁已经成为一个备受关注的问题。模型运行环境指的是人工智能模型所处的计算机系统及其相关的软件、网络和依赖库等环境。这个环境的安全性对于保障人工智能系统的安全至关重要。以下是一些关键的模型运行环境安全威胁。

1. 网络安全威胁

网络攻击对模型运行环境的影响是一个日益严重的问题，尤其是在当今数字化世界中，大量的数据和模型都依赖于网络进行通信和交互。其中，数据拦截、钓鱼攻击和分布式拒绝服务（DDoS）攻击等威胁对模型的运行环境可能造成严重的破坏和损失。

首先要介绍的是数据拦截，数据拦截可能会导致模型接收到被篡改或损坏的数据，从而影响模型的准确性和可靠性。攻击者可以通过截取网络通信中的数据包，并对其中的信息进行修改或篡改，以达到其自身的目的，这可能会导致模型做出错误的决策或产生误导性的结果。其次，钓鱼攻击也是一种常见的网络安全威胁，它主要通过伪装成可信来源的通信信息，诱使目标用户透露敏感数据，如登录凭证、信用卡信息等。一旦攻击者获取这些信息，便可执行未授权访问，导致数据盗窃和财务损失。在数据驱动的人工智能系统中，钓鱼攻击可能导致错误或恶意数据的输入，进而影响模型输出，误导决策过程。此外，攻击者可能利用获得的访问权限篡改模型算法，增加系统的安全风险。此外，DDoS攻击也是一种常见的网络安全威胁，其原理如图1-11所示。DDoS攻击是借助僵尸主机向模型所在的服务器发送大量的恶意流量，以超出其处理能力的范围，从而使模型无法正常提供服务。这种攻击会导致模型的性能下降甚至完全不可用，给模型的运行环境带来严重影响，同时也会影响到系统的可用性和稳定性。

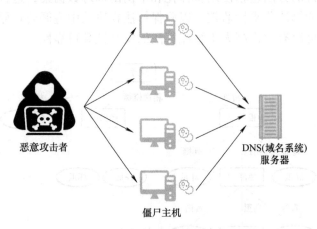

图 1-11 分布式拒绝服务攻击的原理

为了保护模型的运行环境，采取一系列有效的网络通信保护方法至关重要。防火墙便是最基本的网络安全措施之一，可以监控和控制网络流量，阻止未经授权的访问。入侵检测系统（IDS）则可以及时发现和应对网络入侵行为，从而保护模型免受攻击。此外，加密技术也是非常重要的，可以确保数据在传输过程中的安全性，防止数据被篡改或窃取。除了以上措施外，采用多层次的安全策略、进行定期的安全审计和及时更新升级系统软件等方法也可以提高模型运行环境的安全性。综合利用这些保护方法，可以有效地降低网络攻击对模型运行环境造成的威胁，确保模型能够安全、稳定地运行。

2. 软件安全威胁

软件安全威胁通常源于应用软件中存在的漏洞，特别是未及时打补丁的安全漏洞可能会被恶意攻击者利用，从而对人工智能系统的运行环境进行攻击。这些漏洞通常是由软件开发过程中的错误或设计不当造成的，而攻击者可以通过利用这些漏洞来执行恶意代码、获取系统权限或篡改数据，从而对人工智能系统造成威胁。未打补丁的安全漏洞可能会直接影响到人工智能系统的安全性和稳定性。例如，如果一个人工智能系统所依赖的应用软件存在着已经公开的安全漏洞，而管理员未及时应用相应的补丁进行修复，那么攻击者可能会利用这些漏洞来入侵系统，并对人工智能模型的运行环境进行破坏或篡改。这可能导致模型产生错误的结果，甚至造成系统的运行完全瘫痪。

为了有效应对软件安全威胁，建立健全的软件安全管理策略至关重要。其中，定期更新和补丁管理是重要一环，它确保了系统和应用软件能及时更新，并应用最新的安全补丁以修复已知的安全漏洞，从而大大降低系统被攻击的风险。另外，软件安全评估也是关键之一，对所使用的软件进行安全评估和审查，能及时发现潜在的安全风险和漏洞。这种评估可以由内部团队进行自检，或者借助第三方安全专家进行外部评估。当然漏洞管理也不可忽视，通过建立有效的漏洞管理机制，及时收集、分析和响应漏洞报告，确保漏洞能够被迅速修复。

1.3　人工智能安全问题——按生命周期分类

人工智能的生命周期通常包含设计阶段、训练阶段和执行阶段这三个核心环节，这些阶段共同构成了人工智能模型从概念到实际应用的完整流程。如图 1-12 所示，模型的开发首先会聚焦在"设计"阶段。在设计阶段，开发团队需要通过定义模型目标、收集数据以及制定可行的计划来奠定项目的基础。下一个阶段是"训练"阶段，它涉及实际操作，如模型创建、测试和优化。最后，在"执行"阶段，人工智能模型被部署到现实环境中，并投入实际应用。此阶段包括持续监控、反馈和更新，以确保模型的安全性和可扩展性。对于人工智能模型的开发来说，每个阶段都至关重要。它们相互依存，互为支撑，共同确保了人工智能模型的成功构建和正常运行。

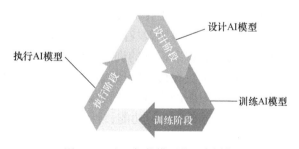

图 1-12　人工智能模型的生命周期

随着人工智能技术的广泛应用，人们在享受其带来的便利和效益的同时，也必须清醒地认识到它可能引发的安全隐患和潜在风险。国务院在 2017 年印发的《新一代人工智能发展规划》中已明确指出，在大力发展人工智能的同时，必须高度重视可能带来的安全风险挑战。工业和信息化部等部门在 2020 年印发的《国家新一代人工智能标准体系建设指南》上，也将人工智能供应链安全管理实践指南等标准的研制视为人工智能安全/伦理标准建设的重点。因此，在人工智能技术的发展道路上，不仅要追求技术的创新和进步，更要将安全放在首位，确保人工智能技术的健康、稳定和可持续发展。

1.3.1 人工智能的设计阶段安全威胁

人工智能模型的设计阶段位于整个人工智能系统开发周期的起始阶段，包括定义问题、理解需求、进行可行性分析、模型选择和数据的收集以及预处理等关键要素。在这个阶段，安全风险主要体现在人工智能基础设施的不完善、技术脆弱性以及由设计研发错误引发的安全隐患。安全威胁主要包括安全需求忽视、不安全的数据管理设计、不当的模型设计、安全标准和指南的忽略以及设计阶段安全评估不足等问题。人工智能模型设计阶段的质量和决策将直接影响整个系统的性能、效果和安全性。而一个合理设计的模型则可以为后续的开发、部署和维护阶段奠定良好的基础，提高系统的稳定性和可靠性。因此，在人工智能模型的设计阶段，应该充分考虑潜在的安全风险，并采取相应的安全措施来保护模型和用户数据的安全。

1. 安全需求的忽视

在人工智能模型的设计过程中，安全需求的忽视往往会导致严重的风险。在设计初期，如果开发团队未能充分考虑安全需求，那么最终构建的模型将容易暴露出例如错误决策、不公平偏见等潜在的安全弱点。这些弱点一旦被攻击者发现并利用，就会对模型功能、数据安全以及用户体验造成严重影响。因此，在 AI 模型的设计和开发过程中，必须充分重视安全需求。在 2023 年由英国国家网络安全中心（NCSC）牵头设计的《安全人工智能系统开发指南》中，论述了三个 AI 模型在设计阶段应考虑的安全需求要素。

1）开发组织需要提升对潜在安全风险的认识，并通过专业培训帮助开发人员掌握安全编码技术，以减少编码过程中产生的安全漏洞。例如，在开发过程中应使用最小权限原则，确保系统组件仅具有完成其必需功能所需的最低权限。这种方法有助于减少潜在的攻击，从而降低模型受到安全威胁的风险。

2）开发人员应对 AI 模型可能面临的风险进行威胁建模。威胁建模作为一种系统性的方法，旨在协助开发组织深入理解模型工作流程并保护其免受潜在风险的危害。它通过详细分析模型的整体架构、数据流、接口以及权限控制等方面，预估可能出现的问题以制定策略。例如，攻击者可能会向人脸识别模型的训练集中输入误导性的图像，导致其错误地识别个体。如果使用威胁建模技术，在设计阶段提前考虑到这种数据篡改类问题并使用相应的预防措施，则可以避免这种问题的出现，增强模型的安全性。

3）开发团队应仔细考量模型的安全性与功能、性能之间的平衡。在确保系统安全的同时，还需要保证系统的性能和效率，使得最终产品在满足用户需求的同时，也不会因安全措施而牺牲用户体验。

综上所述，安全需求的综合考虑在人工智能模型的设计和开发过程中至关重要。开发团队在设计之初就应将安全需求纳入重点分析范畴，通过严谨的安全设计确保模型能够抵御各种潜在的安全威胁和攻击。

2. 不安全的数据管理设计

随着 AI 技术的快速发展和广泛应用，数据已经成为其核心驱动力，其重要性日益显著。数据管理设计不仅是利用数据的关键步骤，也是确保 AI 模型性能和稳定运行的基石。在 2020 年，世界四大会计师事务所之一的德勤公司，公布了一份关于全球人工智能公司提升竞争优势举措比例的数据报告，如图 1-13 所示。其中，20% 的公司选择 AI 数据基础设施现代化，16% 的公司选择部署数据科学和 AI 开发平台，这也充分表明了数据管理设计对于人工智能模型的重要性。不安全的数据管理设计可能会引发多方面的安全问题。例如，如果未实现有效的数据加密和访问控制，会导致模型存在数据被篡改或泄露的风险，影响模型的完整性和可信度。另外，在模型的开发过程中，模型可能会遭受硬件故障、自然灾害和人为错误等潜在的风险。如果数据管理设计存在安全隐患，这些风险便可能引发训练数据丢失的问题。数据丢失不仅会导致业务中断，还可能影响人工智能系统的训练和决策能力。

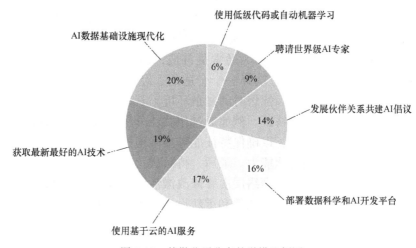

图 1-13　德勤公司公布的举措比例图

要解决这些问题，就必须对人工智能模型的数据管理设计进行谨慎严密的考虑，并采取一系列针对性措施。

1）加密算法与密钥管理服务是保护数据免受外部攻击的重要措施。加密算法可以通过复杂的数学运算为数据提供高度的保密性，使得未授权者即使获取了数据也无法解读其内容。加密算法在加密与解密过程中，通常会涉及"密钥"的产生与存储。密钥是加密算法的核心，密钥的安全性直接关系到数据的保密性。因此，一个完整的密钥管理服务也是确保数据安全不可或缺的部分。

2）定期的数据备份是保障数据管理安全的关键步骤，开发团队应将数据副本存储在物理上与原始数据环境隔离的安全位置。这种数据备份措施能在原始数据环境发生故障、遭受攻击或自然灾害时，保证备份数据不受影响，确保数据的完整性和可用性。通过这些方法全面加强数据安全和隐私保护措施，可以更有效地确保人工智能模型的安全性，以及道德和法律的合规性。

3. 不当的模型设计

在整个人工智能模型开发过程中，模型的设计是十分重要的一环。它涉及对问题的深人理解、数据的精准把握以及算法的灵活运用，需要谨慎入微的考虑和精确无误的执行。不当的 AI 模型设计可能会导致诸多问题，影响模型的性能、准确性和安全性。这种情况可能来源于多个方面，包括算法选择、特征工程以及模型架构等。首先，不当的算法选择可能会导致模型性能不佳。选择不适合任务的算法或者未经充分验证的算法可能无法充分挖掘数据的潜在特征，导致模型的预测能力受到限制。其次，特征工程也是影响模型性能的重要因素，并且与 AI 模型的设计密切相关。特征工程旨在从原始数据中选择、修改和构造数据特征，以便更好地适应机器学习方法的需求。不合理的特征选择或者特征构建可能导致模型无法准确地捕捉数据的关键特征，从而影响模型的泛化能力和预测准确性。最后，模型架构的设计也是至关重要的。模型过于复杂或者过于简单，都可能导致性能不佳。合适的模型架构应该能够充分利用数据的信息，并且具有良好的泛化能力，以适应不同的输入条件和任务需求。

在应对不当的 AI 模型设计可能带来的问题时，开发团队需要采取一系列策略来确保模型的性能、准确性和安全性。首先，开发团队应深入了解用户需求并听取领域专家的意见，选择与任务需求相匹配的算法，并通过实验评估来验证算法的有效性。例如，对于图像识别任务，卷积神经网络（CNN）通常是首选；而对于自然语言处理任务，循环神经网络（RNN）则可能更为合适。选择一个合适的、经过测试的算法往往能够提升模型的准确性和鲁棒性，从而适应实际部署时的复杂环境。其次，在特征工程阶段，团队应通过详细的数据分析来构造和优化特征。例如通过相关性分析或特征重要性评分等统计方法进行特征选择，精简冗余的特征，以确保特征能够准确地捕捉数据的关键属性，使得模型可以充分利用数据信息，增强泛化能力。最后，持续优化和改进模型架构也是确保模型设计质量的关键。这一过程涉及调整网络层次、修改激活函数或引入更复杂的结构，如残差连接和注意力机制。通过这些细致的调整和重新设计，可以显著增强模型的处理能力和泛化性能，从而使得 AI 模型能够更加有效地适应复杂多变的现实世界挑战。

4.安全标准和指南的忽略

在人工智能模型的设计过程中，忽略安全标准和指南会导致一系列严重的风险和问题。以人脸识别模型为例，该模型在日常运行中处理着海量的个人生物特征数据。若这些数据未经严密的安全防护，攻击者便可能利用数据泄露或滥用之机，窃取用户的敏感信息，从而引发隐私侵犯和潜在的身份盗窃风险。例如，自动驾驶系统依赖大量的传感器数据和复杂的算法来做出实时决策，如果这些数据和算法未按照相关安全标准指南进行验证和保护，可能会导致系统误判，从而引发交通事故。另外，自动驾驶系统通常会收集大量关于车辆位置、行驶路线和乘客行为的数据。如果这些数据未得到充分保护，可能会被未经授权的第三方获取，导致隐私泄露和潜在的跟踪风险。

为了有效应对这些威胁，开发团队必须确保遵守相关的安全标准和指南。例如，在人脸识别模型的构建过程中，团队需要严格遵守《信息安全技术 – 人脸识别数据安全要求》等相关标准指南，确保在数据采集、存储、传输、使用等各环节均符合安全标准与实践。此外，在开发自动驾驶模型等涉及严重安全问题的 AI 模型时，也应该认真遵循《信息安全技术 – 汽车数据处理安全要求》等相关标准，为用户的安全出行提供保障。通过遵守相关标准指南，人工智能系统可以更好地符合法律法规和道德要求，避免违法违规行为，确保系统的合法性和道德性。标准化的安全措施和操作流程可以帮助开发团队在面对各种安全威胁时采取有效的应对措施，防止数据泄露、篡改和滥用。此外，严格遵循人工智能系统相关的法律法规与道德准则，也有助于确保模型的稳定性和合规性。这不仅能避免引起法律纠纷和监管处罚，还能增强公众对人工智能技术的信任和接受度，为人工智能技术的健康发展和广泛应用提供坚实基础。

5. 安全评估的不足

确保人工智能安全性的重要措施之一是进行安全风险评估。通过对人工智能模型的设计阶段进行安全风险评估，可以发现现有或潜在的风险隐患，安全风险评估主要涉及内部人员、数据使用、训练平台、部署设备和管理体系等方面。评估结果将风险量化为具体数值，帮助开发者更清晰地了解系统可能会存在的风险，并根据风险级别采取不同优先级的安全措施，以预防和控制安全事件，降低发生安全问题的可能性。

在 AI 模型设计阶段，常见的安全评估方法有安全需求分析、威胁建模和安全审计等。首先，安全需求分析是设计过程中不可或缺的一环，它旨在通过与所有相关利益方进行深入沟通，收集并评估具体的安全需求。这些需求可以涵盖多个方面，例如，在设计医疗诊断 AI 模型时，安全需求可能包括确保患者数据的隐私安全，防止恶意攻击者获取敏感数据，以及保证模型在面对各种输入数据时能够保持稳健性和准确性。其次，在模型的设计阶段，威胁建模也是一种重要的安全评估方法。该方法通过对模型工作流程的分析来预测可能受到的攻击，并提前指定相应的防御策略，确保模型的安全性。最后，安全审计也是 AI 模型开发过程中不可或缺的评估方法。安全审计方法是指对 AI 模型开发和部署环境，包括训练平台、网络架构、应用程序以及相关的信息技术基础设施等，进行全面的、系统性的、独立的评估和检查。如图 1-14 所示，在检查 AI 模型开发环境的安全性时，审计人员会评估各个组件的安全配置，包括操作系统、数据库、模型训练平台和应用程序的安全设置，以确保系统没有易受攻击的漏洞或配置错误，从而提高模型开发过程的整体安全性。值得注意的是，安全审计通常由专业的安全团队或第三方机构执行，其结果可用于改进和加强组织的安全措施，确保信息系统和数据的安全性和保密性。通过对以上安全评估方法的综合运用，开发团队可以有效减少模型在开发中的安全风险，为模型的可靠运行和维护提供了坚实的保障。

17

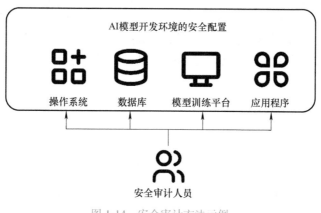

图 1-14　安全审计方法示例

1.3.2 人工智能的训练阶段安全威胁

在人工智能系统的开发过程中，训练阶段扮演着至关重要的角色。这一阶段旨在利用大量数据来训练模型，使其能够从数据中不断学习数据特征以完成特定的任务。随着人工智能技术的广泛应用和数据量的不断增长，训练阶段所面临的安全挑战也逐渐显现。随着数据规模的扩大和数据来源的多样化，不当的训练数据来源可能导致数据质量下降、数据偏见加剧等问题。例如，某些数据可能存在错误、噪声或者偏见，这可能会影响模型的准确性和公正性。其次，训练环境的安全性也是一个重要的考虑因素。在分布式训练环境中，云计算资源的使用可能会面临各种安全风险，例如未经授权的访问、数据泄露以及云服务提供商的安全漏洞。此外，开发和训练工具链中的软件依赖也可能存在漏洞，这可能被黑客利用以进行攻击或者入侵。最后，模型过度拟合和未经授权的访问也是训练阶段常见的安全挑战。模型过度拟合可能会导致模型过度依赖于训练数据，而无法对新数据进行良好的泛化；而未经授权的访问可能会导致敏感数据的泄露或者恶意篡改，从而损害模型和整个系统的安全性。因此，训练阶段的安全性直接影响着人工智能系统的性能和整体安全性，在训练阶段必须全面考虑人工智能安全问题，并采取相应的措施来应对各种潜在的安全威胁，以确保模型的性能、可靠性和安全性。

1. 不当的训练数据来源

训练数据是人工智能模型学习的基础，其质量直接关系到模型的性能和准确性。然而，在实际应用中，训练数据的来源多种多样，而不当的来源则容易给数据集带来质量缺陷。首先，不当的训练数据来源可能导致数据质量不佳，存在格式不一致、噪声和错误等问题。这种不一致性可能源自多个数据源的编码标准或记录方式的差异，这给数据整合和分析带来挑战。其次，数据集中的噪声和错误，如缺失的关键字段、无法解析的异常值和冗余的数据等，不仅影响数据的准确性和可靠性，还可能误导后续的数据分析和决策制定。最后，来源不当的训练数据可能包含用户的敏感信息，一旦泄露，将造成严重的隐私泄露问题，损害用户权益，并且可能触犯《中华人民共和国数据安全法》等数据隐私相关法律法规，带来不良的社会影响。

为了避免这些问题的出现，在使用数据之前，应该对数据进行仔细的审查和清洗，包括识别和纠正数据中的错误、缺失值和异常值，以确保数据的质量和准确性。图 1-15 直观地展示出了数据清洗方法的作用。如图 1-15 所示，左侧的原始数据集呈现出混乱、格式不统一的状况，并且存在斜网格的异常数据。经过数据清洗处理后，原始数据集被转换为一个格式一致、无异常数据的"新"数据集，提高了数据质量，使其更适合于 AI 模型的处理。

原始数据集　　　数据清洗处理　　　清洗后的数据集

图 1-15　数据清洗效果图

除了保证训练数据的质量外，对于包含用户个人身份等敏感信息的数据，也应该采取适当的匿名化和脱敏技术来保护用户隐私，可以通过去标识化和数据脱敏等方法来实现。去标识化通过对数据中的直接标识符（如姓名等）进行替换或删除，使得数据主体在不借助额外信息的情况下无法被识别。例如，在数据库中存储用户信息数据时，可以使用唯一但不可识别的标识符（如随机生成的通用唯一识别码 UUID）来代替用户的真实姓名，从而保护用户隐私。而数据脱敏则是指在不改变数据结构的前提下，对数据中的敏感信息进行修改或替换，以降低泄露真实数据的风险。数据脱敏可以通过多种方法实现，如替换法（将敏感信息替换为虚构但符合格式要求的数据）、截断法（只保留数据的部分信息）等。通过使用数据脱敏方法，可以在不损害数据使用价值的同时，有效保护用户隐私。最后，在收集数据时，也应注意遵循相关的法律法规和安全标准，确保数据来源符合相关法规。这样做不仅能够保护用户的合法权益，同时也为 AI 模型训练阶段的顺畅进行提供了有力保障。

2. 训练环境的安全性

在人工智能模型的开发中，训练环境指的是用于训练机器学习模型的设置或配置，包括用于训练的硬件、软件、数据和算法等资源。在训练人工智能模型时，需要进行大量的数据处理、特征提取、模型构建和参数优化等操作，这些操作需要在一个特定的环境中进行。云计算和分布式计算提供了一种灵活、高效的方式来进行模型训练，满足了训练时大量的计算资源和存储空间需求。然而，这些训练环境也存在着被不法分子恶意攻击的风险。首先，在前文 1.2.3 小节曾提到，攻击者可能会利用分布式拒绝服务攻击来占用云计算的带宽和处理能力，为训练环境所在的服务器带来巨大压力，导致模型训练过程中的性能下降或者服务不可用。此外，攻击者可能会利用训练环境中的潜在弱点，尝试向环境中注入恶意代码，以获取对系统的控制权限或者窃取敏感信息。这种攻击可能导致训练环境被入侵或者数据泄露，从而造成严重的安全风险。最后，在分布式训练场景中，模型参数和梯度信息需要网络传输以同步更新，但这过程中也伴随着数据被窃取或篡改的安全风险。因此，在 AI 模型的训练环境中确保通信的安全性也显得十分重要。

为了构建更为稳定可靠的训练环境，开发团队需要实施一系列的安全加固策略。首先，部署流量监控和过滤系统是保障训练环境安全的重要措施。这些系统会检查每个进入训练环境服务器的请求，如果发现任何异常或恶意的行为，就会立即将其拦截。通过及时识别和过滤外部攻击者发送的虚假、恶意流量，可以有效防止分布式拒绝服务攻击对云计算资源的占用，保障人工智能模型训练过程的顺利进行。其次，针对恶意代码注入等攻击，开发团队可以应用容器安全技术，将模型及其依赖项封装成一个独立的镜像文件后，在支持容器引擎（如 Docker、Kubernetes 等）的环境中部署和运行。通过将训练环境封装在容器中，可以为其提供隔离和安全控制，防止恶意攻击者利用漏洞对环境造成影响。最后，对数据传输进行加密对于保护训练环境的安全性也至关重要。通过加密传输，可以有效防止未经授权的访问者窃取敏感数据，确保数据在传输过程中的机密性和完整性。例如，进行分布式训练时，应采用端到端的加密方案对训练节点间传输的梯度和模型参数进行加密。如图 1-16 所示，这种加密方案使得训练信息在发送端即进行加密，并且当其到达指定的接收端时才会被解密，有效阻止了传输过程中第三方对训练信息的窃取和篡改，增强了训练环境的安全性。

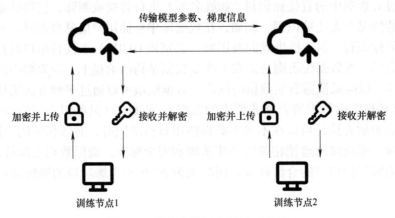

图 1-16　分布式训练场景的加密传输

3. 模型过度拟合

在机器学习的实践中，模型过度拟合（Overfitting）是一种常见的挑战。它指的是模型在训练数据上表现出色，但在新的、未知的测试数据上性能却明显衰减的情况。在图 1-17a 中，模型函数虽然拟合数据分布，但数据点离函数都有一定距离；而在图 1-17b 中，几乎所有数据点都恰好在函数上，函数"完美地"适应了训练数据集。这种过拟合的情况反映出模型可能过度地学习了训练数据中的噪声以及那些与预测目标不直接相关的特征，使得模型对新数据的预测产生偏差，从而降低了模型的预测准确性。过度拟合的模型对于数据中的微小变化非常敏感，使其在面对新数据时容易出现显著波动，不仅难以适应现实世界复杂多变的环境，还使得模型更加容易受到恶意攻击和利用。

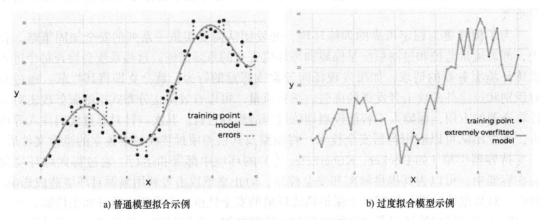

a) 普通模型拟合示例　　　　　　　　　b) 过度拟合模型示例

图 1-17　模型与数据集的不同拟合程度

为了提高模型的泛化能力和鲁棒性，避免过拟合，人工智能领域的研究人员提出了多种有效方法。例如，可以通过数据增强技术对原始数据进行变换或扩充来增加样本数量和多样性，帮助模型更好地理解数据的复杂性。如图 1-18 所示，从左往右依次是原图以及其经过裁切、增加高斯噪声和旋转后的图像。在实际的模型训练过程中，开发者常常会将这几种数据增强方法混合使用，以提升模型对于数据变化的适应能力。

图 1-18　数据增强示例

此外，数据归一化也是提升模型泛化能力的关键步骤。数据归一化是指将不同特征的数值范围缩放到一个统一的尺度（通常是 0 ～ 1 之间），从而防止某些特征由于数值过大而对模型训练产生过大的影响。例如，在图像处理中，可以将像素值从 0 ～ 255 范围内归一化到 0 ～ 1 之间，使得不同图像的像素值分布更加均匀，有助于模型更好地学习图像的特征。通过数据增强和数据归一化等方法的综合使用，开发团队可以有效增强模型的泛化性，减少模型过拟合的风险，从而提高模型在实际应用中的稳定性和安全性。

4. 未经授权的访问

在人工智能系统的训练过程中，未经授权的访问指的是没有得到正式授权或超出其授权范围的个人访问系统的行为。这种访问行为通常源于两个方面。首先，外部攻击者可能会利用系统安全漏洞非法侵入系统。此类攻击行为可能会导致数据泄露、数据篡改、模型劫持等严重安全问题的发生，给企业和个人带来不可估量的损失。其次，内部人员可能会滥用其访问权限，进行不当操作。例如，在系统中安装后门获取非法访问权限，窃取敏感信息以满足个人私欲，甚至将重要数据非法出售给第三方，从而对模型安全和业务机密构成严重威胁。这两种来源于未经授权访问的安全威胁，都应当成为 AI 模型在训练阶段中重点关注的问题。

为了防范这些安全威胁，开发人员需要采取一系列细致、严格的策略，具体如下：

1）开发团队应建立监控和审计机制，及时检测和识别来自外部的异常访问行为。例如，在实践中，每一个针对 AI 模型的操作活动，如数据访问或系统配置的更改等，都应该自动记录下操作时间、地点以及涉及的具体内容等关键信息。通过建立严格的监控和审计机制，开发团队能够更好地监测系统的运行状态，及时发现来源于外部的未经授权的访问攻击，并采取有效措施进行应对。

2）针对来源于开发组织内部的权限滥用问题，应对项目中每个开发人员的权限分组，实施严格的访问控制和权限管理，只允许授权用户访问敏感数据和系统资源。如图 1-19 所示，在医疗影像诊断模型的开发过程中，由于患者影像数据的隐私性，开发人员需要被划分为不同的权限组，根据每个成员的角色和职责设置相应的权限。只有经过授权的用户组才能够访问数据资源和模型训练平台，以此保障患者数据的安全性和隐私性，显著降低

21

数据泄露和滥用的风险。通过综合运用这些措施，可以有效地减少未经授权的访问造成的安全威胁，提高人工智能模型训练过程中的安全性。

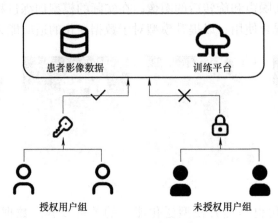

图 1-19　权限分组示例

1.3.3　人工智能的执行阶段安全威胁

人工智能模型的设计和训练工作完成后，下一步即执行阶段。在这一阶段，模型将应用于实际场景中，发挥其预测、分类或生成等功能。然而，部署成功并不意味着模型的运行可以一劳永逸，模型在部署成功后也需要持续的维护，以确保其保持有效性和相关性。在人工智能模型的生命周期中，执行阶段是一个至关重要的阶段，它涉及将训练好的模型部署到实际环境中进行运行和应用。在这个阶段，模型的性能和安全性变得至关重要，因为它们直接影响到部署的系统的实际效果和用户体验。因此，在模型执行阶段，必须对部署环境的可信度保持高度警觉，同时密切关注动态适应性威胁、法律伦理风险以及特定领域的挑战，以防范任何潜在的安全漏洞。

1. 部署环境不可信

人工智能模型的部署环境是指将经过训练和优化后的 AI 模型实际应用于生产或业务场景中的具体环境，选择可信的部署环境是保障 AI 模型执行安全的关键要素。然而，当 AI 模型需要在公共云或第三方服务等不可信的部署环境中运行时，AI 模型会面临一系列的安全威胁。首先，在不可信的部署环境中，AI 模型处理的数据可能会被攻击者非法访问甚至泄露。这些数据可能包含敏感信息，一旦泄露将给组织和个人带来不可估量的损失，并且，不可信的部署环境也面临着服务中断的风险。例如，部署环境可能会因为受到网络攻击而导致模型性能下降甚至终止服务，这将直接影响模型的正常运行，给用户带来不便。

为了应对在不可信部署环境中可能遇到的安全威胁，必须实施一系列保护措施以增强 AI 系统的安全性。首先，在实际的模型部署过程中，应确保将人工智能模型部署在稳定且受控的环境中。这种环境可以有效地将模型与其他敏感系统隔离，降低数据泄露和模型篡改的风险，实现环境隔离的有效技术包括虚拟化和容器化。虚拟化技术通过将物理计算资源抽象为虚拟资源，使得在一台物理计算机上能够同时运行多个虚拟操作系统和应用程序。这种方法特别适用于需要在不同操作系统之间进行隔离的场景。例如，在 Linux 系统下开发的 AI 模型若需在 Windows 平台上使用，则可通过虚拟化技术，在 Windows 系统上建立虚拟机，并在此虚拟机中部署 Linux 操作系统，从而运行该 AI 模型。容器化技术会将应用程序及其所有依赖项封装到一个独立的、可移植的容器中，以实现执行环境与其他应用的分离。容器化技术适用于需要在同一操作系统环境中隔离不同应用程序和依赖项的场景。例如，当在单个服务器上运行多个 AI 模型时，每个模型都可以封装到一个独立的容器中，以包含其所有依赖项。这种技术确保了模型之间的隔离，避免了依赖冲突和版本不一致的问题，保证了模型的安全性和稳定运行。

此外，针对服务中断风险，使用网络安全措施是一种有效的保护方法，例如部署防火墙、建立入侵检测系统（IDS）和入侵防御系统（IPS）等。IDS 通过监视网络流量、系统日志和其他网络活动，利用预定义的规则或模式来识别潜在的安全威胁。如图 1-20 所示，当 IDS 检测到例如异常网络流量和未经授权的外部访问等异常行为时，它会立即向管理员或安全团队发出警报通知。不同于 IDS，IPS 也会执行监视工作，但当 IPS 检测到安全威胁后，它会采取主动措施阻止这些威胁，这种主动响应能力使得 IPS 也成为网络防御中不可或缺的一环。通过使用以上的环境隔离方法和网络安全措施，可以有效抵御各种潜在风险，保证部署环境的稳定性，进而提升 AI 模型在执行阶段的安全性。

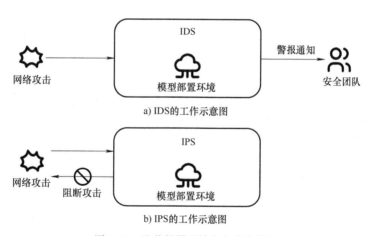

图 1-20　防范部署环境安全威胁技术

2. AI 模型的动态适应性威胁

在模型成功训练后，有必要跟踪其行为以确保其按预期运行，即在模型在线部署时测试模型。此时，模型使用的真实数据有助于衡量模型在生产环境中的实际表现。除此之外，人工智能模型在成功部署并测试后，可能会遭受动态适应性威胁。动态适应性威胁是指在模型成功部署后，由于环境、数据分布或用户行为等发生变化，导致模型性能下降或产生意外结果的威胁。典型的动态适应性威胁包括对抗攻击和分布偏移等。如前文 1.2.2 小节所述，对抗攻击通过在输入数据中添加刻意设计的微小扰动来欺骗 AI 模型，使其产生错误的输出，这可能导致模型做出错误的决策，从而严重影响其安全性。另外，分布偏移也是不可忽视的一大动态适应性威胁。分布偏移指的是训练数据的统计分布与模型部署后所处理的数据分布之间的不匹配。这种差异可能由环境变化、用户行为改变或其他外部因素造成。例如在金融领域，经济形势的变化可能导致用户购买行为发生变化，从而引起交易数据分布的偏移。这种数据分布的变化可能包括消费者购买某种类别产品的频率发生显著变化，或者市场波动导致的交易额增减等。当这种现象发生时，AI模型就有可能会由于无法及时适应新的数据分布，导致预测准确性下降和决策失误。图1-21便给出了这样的一个例子。模型预测的交易额曲线展示了正常情况下的交易额变化，但当市场发生突发状况时，实际的交易额曲线则与模型的预测截然不同。由于突发的市场波动，模型没有及时适应新的交易数据分布，导致模型输出的预测结果不可信，与实际情况产生了偏差。

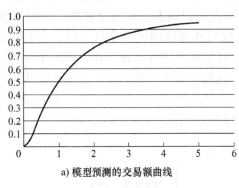
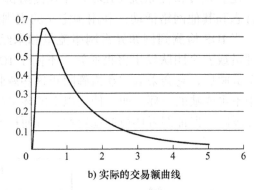

a) 模型预测的交易额曲线　　　　　　　b) 实际的交易额曲线

图1-21　分布偏移影响示例

为了应对这些动态适应性威胁，开发团队需要采取一系列措施来增强AI模型的安全性。第一，团队应采用对抗性训练方法应对对抗攻击威胁。通过在模型训练过程中加入对抗性样本，模型可以学习如何在遭遇对抗攻击时保持较高的准确性。这不仅能有效降低对抗攻击的风险，还能提升模型的鲁棒性。第二，针对分布偏移威胁，开发团队应建立实时监控系统，持续监控模型的性能，及时检测和应对数据分布的变化。在检测到分布偏移现象发生后，开发团队可以使用特征选择和变换方法来应对这一问题。例如，选择与目标变量相关性更高的特征，或使用主成分分析技术提取主要特征成分。这些方法能够使模型更好地适应新的数据分布，改善模型由于数据分布偏移带来的错误决策问题。通过以上方法的综合应用，可以显著提升AI模型在面临不同环境和数据分布下的稳定性，保证AI模型在执行阶段的安全可靠。

3. 特定领域的挑战

在人工智能技术快速发展的当下，AI的应用已经广泛覆盖各个行业，为各大领域带来了前所未有的便捷与效率提升。然而，各个领域在享受AI技术带来的便利的同时，也面临着领域内部特有的安全挑战。特别是在一些需要处理敏感数据的行业中，如医疗和金融领域，安全需求尤为紧迫。在医疗行业中，AI系统常用于病理分析、患者数据处理和诊断支持，这些系统必须能够保护患者的隐私信息，防止数据泄露，同时确保提供的医疗建议的准确性和可靠性。在金融领域中，AI应用于交易监测、风险管理和客户服务等环节，同样需要严格的数据安全防护以及较强的防欺诈能力，以防止潜在的金融犯罪和保护用户资金安全。

解决这些跨域安全挑战的核心在于开发者团队需要深入理解每个领域特定的安全需求，以制定具有针对性的人工智能解决方案。首先，AI 团队与目标领域专家的紧密合作非常重要。通过与目标领域专家的合作，模型开发团队可以获取到专家的关键见解，更深入地理解这些行业的具体需求和潜在风险。例如谷歌的 DeepMind 人工智能团队与英国国家医疗服务体系（NHS）共同开发的 Streams 应用程序，便是 AI 团队与医疗领域专家合作的例子。在这项跨领域的合作中，医疗专家不仅能够细致地分析 AI 模型的安全需求并提供专业指导，还能专注于审视 AI 技术在医疗应用中的法律和伦理问题，从而确保 AI 模型在执行过程中不仅遵循目标领域的法律规定，也符合伦理道德标准。这种跨域合作促进了技术的发展，并确保其在相关领域的安全和合规应用。另外，跨领域的安全信息共享在提升整体安全水平方面也具有重要意义。通过共享安全相关的信息，如威胁情报、安全漏洞、防御策略等，不同领域的组织可以从彼此的经验中学习，从而更精准地识别和应对新的安全威胁。经过这样的综合协作，AI 开发者不仅能够加强对现有威胁的防护，同时也能在全球范围内提高对新兴安全风险的应对能力。这种跨域合作模式也为未来技术的发展奠定了基础，使 AI 技术的应用更加安全和可靠。

1.4　人工智能安全问题——按系统架构分类

人工智能系统的基本架构可以从几个关键组成部分来理解：硬件、操作系统和框架。这些组件共同工作，支持 AI 应用的开发和部署。理解这些组件及其相互作用对于理解和应对 AI 安全问题至关重要。

AI 系统的硬件通常包括传统的中央处理器（CPU）、专门的图形处理单元（GPU）或更先进的专用集成电路（ASIC），这些都是执行复杂计算任务的基础。硬件的选择直接影响 AI 系统的性能和效率。硬件层面的安全考虑包括物理攻击、侧信道攻击、供应链攻击以及硬件漏洞的利用等。操作系统为 AI 应用提供必要的软件环境，它管理硬件资源并为上层的 AI 框架和应用提供支持。操作系统层面的安全考量包括操作系统漏洞、权限提升与滥用、内核级攻击以及操作系统安全的持续监控与更新。AI 框架，如 TensorFlow、PyTorch、Keras 等，提供了开发 AI 模型所需的工具和库。这些框架简化了模型的构建、训练和部署过程。框架层面的安全问题包括各个框架所面临的第三方依赖库的漏洞问题、配置环境错误的问题以及代码执行漏洞问题。

系统架构分类的重要性在于它提供了一个全面的框架，用于理解、设计、评估和保护人工智能系统，图 1-22 所示为人工智能系统的架构。这种分类有助于明确不同组件的功能、相互作用及其在整个系统中的角色，尤其在处理安全问题时尤为关键。第一，系统架构分类能够将复杂的 AI 系统分解为不同的层次和组件，每个层次都可能有其独特的安全需求和威胁模型。通过这种分解，安全专家可以更精确地定位安全问题，为每个层次设计和实施针对性的安全措施。第二，AI 系统的开发和维护涉及多个领域，包括硬件工程、软件开发、数据科学和网络安全等。系统架构分类有助于不同领域的专家理解各自的职责和如何协作，以确保系统的全面安全。第三，通过对不同架构层次的安全性进行评估和加固，可以提高系统整体的抗攻击能力。例如，即使某个层次被攻破，其他层次的安全措施仍可以作为防线，防止攻击者进一步渗透或导致更大的损失。

接下来，将从 AI 系统的硬件、操作系统以及框架三个方面来介绍其中包含的安全问题及其解决方法。

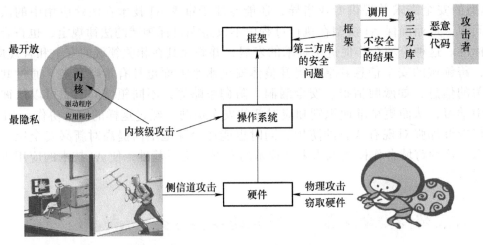

图 1-22　人工智能系统的架构

1.4.1　人工智能的硬件安全威胁

随着人工智能技术在各行各业的广泛应用，从自动驾驶汽车到智能医疗，从金融服务到智慧城市，AI 系统变得越来越重要。这些系统的高效运作依赖于复杂的算法、海量的数据以及一个经常被忽视的关键因素——硬件。硬件不仅是 AI 系统的物理载体，也是其智能功能得以实现的基础。高性能的处理器、专用的 AI 加速器、大容量的存储设备以及高速的通信网络共同构成了 AI 这一最强大脑。然而，随着 AI 系统变得日益复杂，它们也变得更加脆弱，更容易受到来自各个方面的威胁。其中，硬件安全威胁尤为关键，因为它们位于系统的最底层，一旦受到攻击，其影响可能是灾难性的。

硬件安全威胁的形式多样，从物理攻击到侧信道攻击，从供应链风险到固件漏洞，这些威胁能够以各种方式损害 AI 系统的完整性、可靠性和机密性。例如，通过物理手段植入恶意硬件，攻击者可以在不被察觉的情况下控制或破坏 AI 系统；通过侧信道分析，敏感信息可能被不法分子窃取，危及个人隐私和企业机密；而供应链中的弱环节也可能成为攻击者的入口，给 AI 系统带来后门威胁。因此，理解硬件在 AI 系统中的作用，认识到硬件安全威胁的严重性，并采取有效的防护措施，对于确保 AI 系统的安全运行和数据的安全保护至关重要。

1. 物理攻击

物理攻击是针对计算机硬件及其物理环境的攻击，与通过网络或软件进行的攻击不同，物理攻击通常需要攻击者与目标设备或系统有直接的物理接触或接近。这类攻击的动机可以多样，包括但不限于破坏设备、窃取敏感信息、篡改设备功能或行为，以及创建后门以便未来的访问。与软件漏洞或网络攻击相比，物理攻击往往更难以检测和防御，因为它们不通过标准的网络接口或软件层来执行。此外，物理攻击可能导致不可逆的硬件损坏，或者在不影响设备正常功能的情况下秘密窃取信息。

物理攻击的方式多种多样，包括但不限于直接损害、窃取、篡改、侧信道攻击、故障注入和电磁攻击等。直接损害硬件是物理攻击的最直接形式，攻击者可能使用物理力量（如敲击、破坏）或通过环境因素（如温度、湿度、电磁干扰）来损害硬件。这类攻击可以导致 AI 系统的永久性损害，使得系统无法正常运行或完全失效。甚至，攻击者可以直接盗取物理硬件，以获取存储在设备上的敏感信息。对于携带有机密数据或算法的 AI 系统来说，设备窃取可能会导致重要信息泄露；攻击者也可能进行物理篡改，这包括对硬件进行任何未授权的修改或操纵，目的是改变设备的行为或提取信息，例如添加或移除组件、改变电路板连接或植入恶意硬件（如硬件木马）。篡改可以被用来创建后门、窃取数据或在不被察觉的情况下改变 AI 系统的行为。

为了防御物理攻击，需要采取多层次的安全措施。对硬件设备的物理访问进行严格控制是基本的防御措施之一，包括对数据中心和服务器等关键硬件位置实施访问控制，使用门禁系统和警报系统。对于便携设备，应确保在不使用时将其安全存放。此外，为了应对物理攻击，还需要对设备进行加密处理。具体来说，首先要应用全磁盘加密技术，如 BitLocker（Windows）或 FileVault（MacOS），确保存储在物理介质上的数据在未经授权的情况下无法访问。其次，要对存储在数据库中的敏感数据进行加密，例如 SQL Server 的透明数据加密（TDE）功能，可以加密数据库中的数据和日志文件，如图 1-23 所示。最后，可以使用统一可扩展固件接口（UEFI）的安全启动功能和硬件安全模块，确保在启动过程中只加载经过验证的软件，并保护关键的加密材料和配置不被篡改。

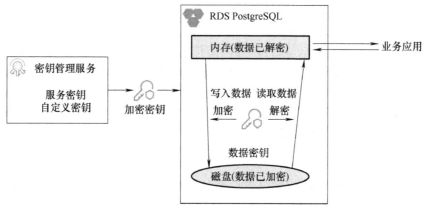

图 1-23　透明数据加密示意图

2.侧信道攻击

侧信道攻击不直接针对加密算法或软件漏洞，而是利用从系统的物理实现中泄露的信息来获取敏感数据。这种攻击尤其关注从 AI 系统的硬件执行过程中提取信息，这些信息可能揭示关于 AI 算法或其处理数据的细节，攻击者通过监测和分析 AI 系统硬件在执行 AI 算法时产生的侧面信息（如功耗、电磁辐射、处理时间等）来获取有关算法内部的工作原理或其处理的敏感数据的信息。图 1-24 所示为一个实施侧信道攻击的实验。

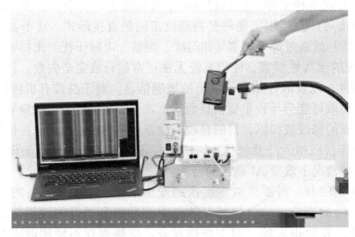

图 1-24　实施侧信道攻击的实验

常见的侧信道攻击方法主要包括三种。第一，AI 系统执行复杂计算时，不同的操作会消耗不同量的电力。攻击者可以监测功耗模式来推断出正在执行的操作或状态。第二，AI 硬件在运行时会产生电磁辐射。这些辐射的模式可能反映了正在处理的数据或算法逻辑。例如，在深度学习应用中，通过分析与数据输入相关的硬件活动，攻击者可能能够获取有关输入数据的信息，甚至重建原始数据。第三，AI 模型的响应时间基于特定输入的不同而变化，这可能被用来推断有关模型内部工作机制的信息。例如，在密码学中，基于时间的侧信道攻击已经被用来成功地提取加密密钥。

抵御侧信道攻击的关键在于通过设计和实施抗侧信道攻击的硬件和算法来减轻这类攻击的影响。这要求开发者在系统设计阶段就考虑安全性，以确保 AI 系统在处理敏感数据时能够抵抗侧信道攻击的尝试。硬件层面的防护措施包括对关键组件（如处理器和存储设备）实施物理隔离和屏蔽，并设计硬件在执行不同操作时具有相似的功耗模式，使用抗侧信道攻击的加密协处理器来减少可观察的侧信道信号。算法层面，可以在 AI 算法中引入随机性，确保算法的执行时间独立于输入数据，并使用同态加密在加密数据上直接进行计算，从而防止通过侧信道获取敏感信息。

3.供应链攻击

供应链攻击是指通过破坏或操纵生产和分发过程中的硬件或软件来对目标进行攻击的一种方式。由于 AI 系统依赖于复杂的硬件和软件组件，这些系统特别容易受到供应链攻击的影响。供应链攻击旨在在 AI 系统的设计、生产、分发或更新过程中引入漏洞或后门，从而在未来的某个时间点对 AI 系统进行窃取、监视、破坏或控制。这些攻击可以在供应链的任何环节进行，包括但不限于设计、制造、运输、安装或维护阶段。供应链攻击允许攻击者通过植入恶意组件或修改现有组件，在不引起立即怀疑的情况下潜伏于系统中，如此一来，其恶意行为可能不会立即展现，攻击者可以选择在特定时机激活，从而最大化攻击效果。

供应链攻击一般包括恶意组件植入和固件篡改两种。恶意组件植入是指在硬件生产过程中故意加入未经授权的组件或改变现有组件的功能，以便在未来实施攻击或进行数据窃取。它可能被用来捕获和传输敏感数据，例如模型输入 / 输出、训练数据或模型本身；还可能被用来破坏 AI 系统的正常运行，例如通过引入错误的计算结果或影响决策过程。固件篡改是指修改硬件设备上的固件，以便在不引起注意的情况下植入恶意代码或功能。篡改的固件可能对 AI 系统的行为造成影响，例如修改算法的执行、篡改数据处理过程或泄露敏感信息，同时固件中的后门可以为远程攻击者提供访问权限，使得攻击者能够控制或影响 AI 系统的运行。

由于 AI 系统的复杂性和对数据敏感性的依赖，供应链安全显得尤为重要。维护供应链的安全性需要硬件生产商、分发商和使用者之间紧密合作，以及增强整个供应链过程的透明度和可监控性。这不仅涉及技术措施，也包括法律和规范性框架的建立，以确保供应链中各方的责任和义务得到明确和执行。要在技术层面上确保供应链安全，需要做到在选择供应商时进行严格的安全评估，识别和缓解潜在的供应链风险。例如，AI 系统的组件供应商应通过安全审核，评估其安全政策、风险管理实践以及历史记录。使用可信硬件也是确保 AI 供应链安全的关键策略之一，这类策略主要由可信平台模块（TPM）和硬件安全模块（HSM）辅助实现。

29

4. 硬件漏洞利用

在 AI 的硬件设计和制造中，潜在的漏洞可能会对整个系统的安全性和可靠性产生重大影响。这些漏洞通常位于硬件的微架构层面或固件层面，微架构漏洞是指存在于处理器设计层面的漏洞，它们可能允许攻击者利用处理器的微架构特性，如执行流的预测和数据缓存，来进行攻击。在 AI 系统中，这些漏洞可能被利用从而造成敏感信息的泄露，例如 AI 模型的细节或处理的数据，因为 AI 处理通常涉及大量的数据运算和存储操作。举例来说，Spectre 和 Meltdown 是两个众所周知的微架构漏洞，它们利用现代处理器的分支预测和乱序执行机制来窃取数据。固件级漏洞是指存在于硬件固件中的安全漏洞，这些漏洞可能允许未经授权的访问或修改固件功能，从而影响硬件行为。对 AI 系统来说，固件级漏洞可能导致 AI 算法的执行被破坏，或者允许攻击者植入恶意代码，从而控制 AI 硬件或窃取数据。举例来说，如果 AI 加速器的固件存在漏洞，攻击者可能通过这些漏洞来篡改 AI 运算结果或获取运算过程中处理的敏感数据。

为了应对硬件漏洞，首先要定期更新固件，并做好硬件隔离。所谓硬件隔离就是在物理或逻辑上隔离关键的 AI 计算组件，以减少其他系统部分被利用时对关键组件的影响。例如，使用专用的硬件加速器进行 AI 计算，并确保它与系统的其他部分相隔离。如图 1-25 所示，安全加固包括使用可信平台模块来保护加密密钥，以及实施安全启动，确保只有经过验证的代码才能执行。

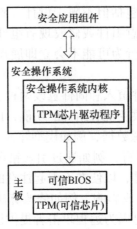

图 1-25　安全加固

1.4.2　人工智能的操作系统安全威胁

操作系统是人工智能系统运行的基础平台，它对 AI 模型的性能、效率和安全性有着深远的影响。在 AI 系统中，操作系统负责管理计算资源，如 CPU、GPU、内存和存储，确保这些资源被高效地分配和利用。首先，操作系统的资源调度策略直接影响 AI 模型的训练和推理速度。AI 应用常常需要执行并行计算以提高效率，特别是在训练大规模深度学习模型时。其次，操作系统提供的并发机制允许 AI 模型在多核处理器上有效地执行并行计算，利用多线程和多进程提高计算效率。另外，操作系统通过硬件抽象层屏蔽了底层硬件的复杂性，为 AI 应用提供了统一的接口和服务。最后，操作系统管理各种硬件驱动，确保 AI 模型能够充分利用特定硬件的高级功能，如 GPU 加速和专用 AI 加速器。因此，操作系统在 AI 模型运行中的作用是不可或缺的，它为 AI 应用提供了必要的支持和环境，保证了 AI 模型的高效运行和安全性。所以，在设计和部署 AI 模型时，选择合适的操作系统并优化其配置和设置是非常重要的。

如果操作系统受到攻击，那么建立在其上的 AI 模型也会面临严重的安全风险。首先，在操作系统受到攻击时，敏感的 AI 数据，包括训练数据、模型参数和推理结果，可能会被未经授权的用户访问。例如，通过操作系统漏洞获取对机器学习模型训练数据的访问权限，攻击者可以复制、修改或删除关键数据。其次，攻击者可能通过操作系统级别的漏洞修改 AI 模型，这可能导致模型行为异常或被植入后门。例如，通过操作系统漏洞篡改深度学习模型的权重文件，从而操纵模型的决策过程。同时，操作系统受到攻击可能导致系统崩溃或服务不可用，这对依赖 AI 模型的关键服务来说是灾难性的。例如，如果操作系统遭受拒绝服务（DoS）攻击，可能导致运行在该系统上的 AI 服务无法响应用户请求。

针对操作系统的攻击目标通常包括内核层、权限层等，这些攻击可能造成未授权的用户访问系统、获取敏感信息、执行未授权的操作或对系统进行其他形式的恶意攻击。

1. 权限级别的漏洞

在应用人工智能的操作系统中，恶意软件或攻击者针对权限层的攻击是很普遍的行为，它们经常寻找操作系统的漏洞或配置错误来进行权限提升，以获得更高级别的访问权限。这种权限提升可以让攻击者绕过安全限制，访问敏感数据，甚至控制整个系统。

一般来讲，针对权限层的攻击有利用未修补的漏洞和利用配置错误两种。未修补的漏洞是指软件开发者已经发布了修复补丁，但用户或管理员尚未在其系统上应用这些补丁。攻击者利用这些已知但未修复的漏洞，可以执行未授权的代码或操作，从而提升权限。假设一个 AI 模型运行在一个未打补丁的 Linux 操作系统上，攻击者可能发现并利用一个旧的内核漏洞，比如 Dirty COW（脏牛漏洞），它允许攻击者可以获取 root 权限，并完全控制该系统，包括 AI 模型和数据。配置错误发生在系统或应用程序的设置不符合安全最佳实践时，这为攻击者提供了提升权限的机会。一方面，如果文件或网络服务权限设置过于宽松，攻击者可以访问或修改不应该访问的资源。另一方面，在操作系统中，服务和进程通常以特定用户的身份运行。如果服务或进程配置为以高权限（如 root）运行，且存在漏洞，攻击者可以利用这些漏洞执行任意代码，从而获得相同的高权限。考虑一个 AI 数据处理服务，该服务错误地配置为以 root 权限运行。如果该服务存在漏洞，攻击者可以通过该服务执行代码，获取 root 权限，进而可能修改 AI 算法，注入恶意数据，或窃取敏感信息。此外，缓冲区溢出也会间接造成权限提升的现象。缓冲区溢出是指当程序向缓冲区写入超出其分配空间的数据时，超出部分的数据会覆盖相邻内存区域，攻击者可能利用这种情况获得系统级别的访问权限，进而破坏 AI 模型，使其停止服务或删除关键数据。

为了有效改进这些安全问题，首先需要严格遵循最小权限原则，即只授予用户完成其工作所需的最低权限。其次，需要定义一个合理的访问控制列表。访问控制列表是一种定义资源访问规则的数据结构，用于指定哪些用户或用户组可以访问特定资源，以及他们可以执行哪些操作（如读、写、执行）。这样可以确保只有授权用户可以访问特定的机器学习模型、数据集和训练结果，并控制对模型训练环境的访问。例如，只有特定的用户或服务才能部署或更新 AI 模型。最后，做好用户角色管理也是必不可少的。用户角色管理涉及将系统用户分配给特定的角色，并为每个角色定义一组权限。这种方法简化了权限管理，因为可以通过更改角色的权限集来统一管理多个用户的权限。在应用中，可以创建"数据科学家"角色，拥有数据处理和模型训练的权限，但无法更改生产环境设置；设定"AI 模型管理员"角色，可以配置系统和管理用户，但不直接参与模型的开发工作；为"业务分析师"定义角色，允许他们访问模型推理结果和报告，但不能访问底层数据或模型细节。

2. 内核级别的漏洞

内核是操作系统与硬件通信的桥梁，管理着系统资源和所有运行的程序。因此，内核级漏洞的利用通常会给攻击者提供极高的系统权限，这对 AI 模型构成了严重威胁。

常见的利用内核级漏洞攻击 AI 模型的方法有直接内存访问、绕过安全机制、植入恶意代码或后门以及劫持系统资源。直接内存访问是指攻击者通过内核级漏洞直接访问和修改系统内存，可以直接影响运行中的 AI 模型。举例来说，假设一个 AI 模型正在内存中处理敏感的个人数据进行模型训练。攻击者利用内核级漏洞直接访问这些内存区域，不仅可以窃取这些数据，还可以实时修改训练过程中的数据，导致模型训练出不准确的模型。绕过安全机制是指内核级访问权限允许攻击者绕过操作系统的标准安全控制，例如访问控制列表（ACL）和基于角色的访问控制（RBAC）。这意味着攻击者可能利用内核级漏洞绕过这些控制，获取对受保护数据的完全访问权限，从而泄露或篡改数据。植入恶意代码或后门是指拥有内核级权限的攻击者可以在系统中植入恶意代码或后门，这些代码可以在不被检测的情况下持续运行，为攻击者提供持久的系统访问权限。比如攻击者可以在 AI 模型中植入一个后门，允许远程激活模型训练过程中的数据篡改，或者在模型推理时实时修改输出结果，使得 AI 模型的决策变得不可靠。劫持系统资源是指攻击者利用内核级权限劫持操作系统资源，如 CPU、内存和 I/O 设备，可以影响 AI 应用的性能或稳定性。如果攻击者通过内核级漏洞控制了 AI 模型的资源分配，他们可能会减少分配给关键 AI 应用的资源，导致模型训练和推理过程变慢或失败，影响 AI 模型的整体效能和可靠性。

改进这些安全问题的方法如下：

1）对操作系统进行内核加固。内核加固是一系列措施和技术的总称，旨在增强操作系统内核的安全性，减少攻击者可以利用的漏洞。这些措施通常涉及修改内核代码和配置，以增加额外的安全检查和限制。在具体应用中，可以使用 SELinux（其原理如图 1-26 所示）限制 AI 应用程序访问系统资源，仅允许特定的 AI 服务访问模型训练数据，防止未授权的访问和数据泄露。

2）应用内核级入侵检测系统（IDS）。内核级入侵检测系统是在操作系统内核中运行的监控系统，能够直接访问和监控内核活动和状态。它通过分析系统调用、内核函数调用、内存访问等内核级事件来检测潜在的恶意行为。

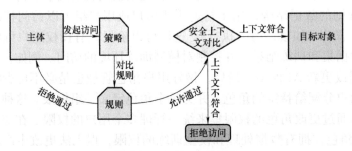

图 1-26　SELinux 的原理

1.4.3　人工智能的开发框架安全威胁

人工智能的开发框架在 AI 模型构建中扮演着核心角色，AI 开发框架提供了一套完整的工具和库，帮助开发者快速高效地设计、训练和部署 AI 模型。第一，AI 开发框架提供抽象的可调用函数，使开发者能够专注于模型的设计和逻辑，而无须从头开始编写复杂的底层代码。多数 AI 开发框架提供了广泛的预定义模型和组件库，例如神经网络层、激活函数、优化器等。这些组件可以轻松地组合和定制，以构建复杂的 AI 模型。第二，绝大多数 AI 开发支持自动梯度计算和反向传播，这对于训练深度学习模型尤其重要。这意味着开发者无须手动编写用于调整模型权重的复杂代码。第三，大多数开发框架支持 GPU 加速，许多还支持 TPU（Tensor Processing Unit，张量处理单元）或其他专用硬件。这使得模型训练更快，尤其是对于需要大量计算的深度学习模型。

目前主流的人工智能开发框架有 TensorFlow、PyTorch、Keras 等。TensorFlow 支持静态图以及动态图，图 1-27 和图 1-28 展示了 TensorFlow 中静态图和动态图的工作流程。它提供了底层 API（应用程序接口），允许用户灵活地设计复杂的模型，同时也提供了高级 API（如 tf.keras），使模型构建更简单、更快速。它不仅可以在 CPU 和 GPU 上运行，还支持 TPU，并提供了专门为移动设备和 Web 平台优化的版本。PyTorch 使用动态计算图，这意味着图的构建和修改可以在运行时发生。这为模型的动态修改提供了灵活性，特别是对于具有可变长度输入、循环和条件分支的模型而言。

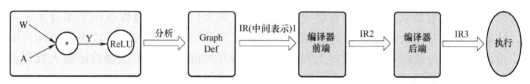

图 1-27　TensorFlow 中的静态图生成过程

图 1-28　TensorFlow 中的动态图生成过程

这些开发框架所面临的安全威胁基本上可以分为第三方依赖库的安全问题、框架配置问题以及代码执行漏洞三个方面。当这些开发框架遭受安全攻击时，其威胁不仅局限于框架本身，还可能波及使用该框架构建的 AI 模型和整个应用系统，造成数据泄露、模型篡改、服务中断等风险。

1. 依赖的第三方库可能存在的安全漏洞

AI 开发框架通常依赖多个第三方库，如果这些库含有安全漏洞，攻击者可能利用这些漏洞来攻击 AI 系统。例如，一个图像处理库如果存在溢出漏洞，攻击者可以通过构造特定的图像输入来触发这一漏洞，执行恶意代码。例如，Pillow 库的漏洞 CVE-2020-11538，它涉及在处理 FLI 文件时的内存溢出问题。如果 AI 项目依赖于有此漏洞的 Pillow 版本来处理图像数据，攻击者可以利用这个漏洞提交恶意构造的 FLI 文件，可能导致服务崩溃或允许攻击者执行恶意代码。2017 年，研究者发现 OpenCV 存在一个缓冲区溢出漏洞（CVE-2017-12597），该漏洞大多存在于 OpenCV 处理特定格式图像文件的情境下。攻击者可以利用这个漏洞通过提交恶意构造的图像文件来执行任意代码。如果 AI 项目依赖于受影响的 OpenCV 版本来处理用户提供的图像数据，那么这个项目就可能受到这个漏洞的影响。攻击者可以利用这个漏洞在 AI 应用运行的系统上执行恶意代码，这可能导致数据泄露、服务中断或系统被完全控制。

针对这个问题，一般需要定期更新第三方库，保持所有依赖库更新至最新版本，以确保已知的漏洞被及时修补；同时使用依赖扫描工具，如 Dependabot 或 Snyk 自动检测已知的安全漏洞；还可以减少不必要的依赖，以降低潜在的风险。

2. 错误配置 AI 开发框架的环境可能导致的安全问题

如果运行 AI 项目的服务器配置不当，如未正确设置访问控制或公开了敏感端口，可能会暴露关键信息或接口给潜在攻击者。例如，未经授权的用户可能通过不安全的接口访问或上传恶意模型，影响系统安全。设想一个场景，一台运行 AI 项目的服务器被配置为在公网上无限制地接受模型训练请求。攻击者可以利用这一配置，上传含有恶意数据的模型，从而触发服务器的漏洞，进而获取更高的系统权限或访问敏感数据。另外，错误配置的权限和认证机制可能允许未经授权的用户访问开发框架环境。或者说，配置不当可能使开发框架服务容易受到 DoS 攻击，例如，未对用户的请求次数进行限制，可能允许攻击者通过发送大量请求来耗尽服务器资源。又或者如果模型训练过程或模型本身未妥善保护，比如模型保存在公共可访问的存储中，而未实施适当的访问控制，攻击者可能窃取模型，进而复制业务逻辑或进行逆向工程。最后，若开发框架应用未正确验证输入数据，攻击者可能利用此漏洞注入恶意代码，影响模型行为或执行非法操作。

针对上述问题，研究人员有着相应的应对措施。第一，对于存储和传输的数据，应使用强加密标准，如 TLS（传输层安全）协议对数据传输进行加密，以及使用 AES（高级加密标准）来加密存储的数据。第二，使用身份验证和授权机制来限制对环境的访问。例如，可以使用 JWT（JSON Web Tokens）机制来确保只有经过验证和授权的用户可以访问特定的服务或数据。第三，应该限制用户能够使用的计算资源，以防止恶意用户通过过度消耗资源来实施 DoS 攻击，具体来说，可以设置配额或使用容器技术来限制资源的使用。

3. AI 开发框架中可能存在的代码执行漏洞

AI 开发框架本身可能包含代码执行漏洞，允许攻击者在 AI 应用程序的上下文中执行未授权的代码。这类漏洞通常是由框架内部的编码错误或逻辑缺陷引起的。参考 TensorFlow 之前披露的 CVE-2017-14849 漏洞，攻击者可以通过构造恶意的序列化数据来利用 TensorFlow 的反序列化函数执行任意代码。攻击者可以利用这个漏洞提交含有恶意载荷的数据，如果 TensorFlow 应用处理了用户提供的数据，可能会导致服务器被攻破或敏感数据泄露。

针对这个问题，一般需要定期进行代码审计，查找可能导致安全问题的代码模式或实现，确保对外接收的数据进行严格的输入验证，避免如 SQL 注入或脚本注入等常见的安全漏洞。同时需要将安全考虑整合到软件开发的每个阶段，从设计、开发到部署和维护，确保在整个开发过程中持续关注和实施安全措施。

1.5　人工智能安全要素

AI 在如今的社会中扮演着越来越重要的角色，它被广泛应用于各个领域，包括医疗保健、金融、交通、安全等。随着 AI 的快速发展，人们必须认识到确保 AI 系统的安全性和可靠性至关重要。人工智能安全要素涵盖了一系列关键方面，包括应用合法合规、功能可靠可控、数据安全可信、决策公平公正、行为可以解释以及事件可以追溯。在设计、开发和部署 AI 系统时，确保这些要素的全面考虑和实施是至关重要的，如图 1-29 所示。

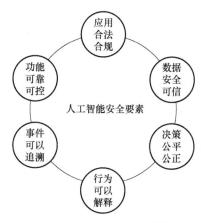

图 1-29　人工智能安全要素

1. 应用合法合规

　　在设计和开发 AI 系统时，确保系统的合法合规是至关重要的。AI 系统需要遵守适用的法律法规和伦理准则，以保护用户的权益、确保数据隐私和维护社会公正。许多国家和地区都有专门的数据保护法律，例如欧洲联盟出台的《通用数据保护条例》（GDPR），如图 1-30 所示。这些法律规定了个人数据的收集、处理和存储方式，并要求 AI 系统保护用户的隐私权。在设计 AI 系统时，需要考虑数据匿名化、脱敏和访问控制等措施，以确保数据的合法处理和保护。同时，一些地区的隐私法针对个人隐私和信息保护制定了具体规定。AI 系统在收集、分析和使用个人信息时必须遵守相关的隐私法规。例如，需要获得用户的明确同意，并提供透明的隐私政策，明确说明数据收集和使用的目的。许多行业都有特定的安全和合规标准，例如医疗保健领域的 HIPAA（《健康保险便携性和责任法案》）和金融领域的 PCI DSS（《支付卡行业数据安全标准》）。AI 系统应该符合相关行业的规范要求，以确保数据的安全和合法使用。

图 1-30　《通用数据保护条例》

　　为确保 AI 系统的合法合规，还应该对 AI 进行合规性审查、风险评估以及持续监控。

35

在设计和开发 AI 系统之前，先进行合规性审查。审查应涵盖与数据保护、隐私法和行业标准相关的法律法规和准则。这可以确保系统在设计阶段就符合合规要求，并减少后续违规风险。对 AI 系统进行风险评估是识别潜在违规问题的重要步骤。评估应包括识别数据隐私和安全风险、评估系统的合规性风险以及分析可能的违规情况。基于评估结果，可以采取相应的措施来降低违规风险。AI 系统的合规性应该是一个持续的过程，定期进行合规性审查和风险评估，并进行系统的持续监控，以确保系统在运行过程中仍然符合合规要求。如果有新的法律法规出台或行业标准发生变化，系统应及时进行更新和调整。

通过遵循合法合规的原则和方法，AI 系统可以在保护用户权益的同时获得合法的应用。这有助于建立用户对 AI 技术的信任，推动 AI 的可持续发展和社会进步。

2. 功能可靠可控

功能的可靠性和可控性是确保 AI 系统稳定运行的关键要素。功能的可靠性指系统在各种环境和情况下能够正确执行其预期功能的能力，而可控性指系统在设计和运行过程中能够受到有效的控制和管理。

功能的可靠性对于 AI 系统至关重要。用户期望 AI 系统在各种情况下都能够可靠地执行任务，并提供准确和一致的结果。例如，在医疗诊断中使用 AI 系统时，系统必须能够准确地分析医学图像并给出可靠的诊断结果，以确保患者的健康和安全。同时，可控性对于 AI 系统的设计和运行也是至关重要的。可控性保证了系统在各种情况下可以受到有效的控制和管理，以充分满足用户需求和预期。通过可控性，系统可以在需要时进行调整、优化和修复，以保持其稳定性。

为了确保 AI 系统的可靠性，需要在系统设计、测试验证以及监控时进行详细考虑。在设计 AI 系统时，需要考虑到系统的可靠性和可控性。这包括确定系统的功能需求、建立适当的架构和模块化设计，以便在需要时进行调整和改进。然后，对 AI 系统进行全面的测试和验证是确保其功能可靠的关键步骤。测试应涵盖系统在各种场景和数据集上的表现，以验证其性能和稳定性。通过测试，可以发现潜在的问题和漏洞，并及时进行修复和改进。最终，在系统部署和运行过程中，需要实时监控系统确保其可靠性和可控性。监控包括对系统的输入和输出进行实时记录和分析，检测异常行为并采取相应的措施。此外，实时监控还可以帮助发现系统的性能瓶颈和潜在的故障点，以提前进行预防性维护。

通过系统设计、测试验证和实时监控等手段，可以确保 AI 系统功能的可靠性和可控性。这有助于提供稳定和高质量的服务，以及增强用户对系统的信任。此外，为了适应不断变化的需求和环境，持续的改进和优化也是确保系统功能可靠可控的关键。

3. 数据安全可信

数据安全和数据可信度对于维护用户隐私和确保系统安全至关重要。数据安全指的是保护数据免受未经授权的访问、使用、修改或泄露的能力，而数据可信度指的是数据的完整性和真实性，即数据的准确性和可信度。

维护数据安全和数据可信度对于 AI 系统至关重要。用户期望其个人数据在使用 AI 系统时得到保护，并且希望系统使用的数据是准确和可靠的。此外，数据安全和数据可信度也是保护系统免受恶意攻击和数据破坏的重要措施。

可以从数据来源、数据质量、数据篡改几个角度来确保数据的完整性和真实性。首先，在使用数据之前，需要对数据来源和采集过程进行验证，确保数据来自可信的渠道，并符合数据采集的准确性和合规性要求。然后，可以进行数据质量控制来确保数据的完整性和真实性，包括对数据进行清洗、去重、标准化和验证，以消除错误、冗余和不准确的数据。质量控制还涉及监控数据的质量和一致性，并及时纠正和修复发现的问题。最后，采用防篡改技术来保护数据免受篡改和操纵，包括使用加密技术对数据进行保护，确保数据在传输和存储过程中的安全性。此外，使用数字签名和哈希算法可以验证数据的完整性，以检测任何未经授权的修改或篡改。

通过以上方法，可以确保数据的完整性和真实性，从而提高数据的可信度和系统的安全性。此外，建立透明的数据管理和使用政策，明确数据的收集和使用目的，并获得用户的明确同意，也是确保数据安全可信的重要措施。维护数据安全和数据可信度不仅有助于保护用户隐私和系统安全，还能增强用户对 AI 系统的信任。用户会更愿意使用和分享数据，从而促进 AI 系统的进一步发展和应用。

4. 决策公平公正

在 AI 系统中，存在偏见和不公正问题可能对决策的公平性产生影响。这些问题源于数据的偏差、算法的设计和训练过程中的偏见以及系统使用过程中的不公平做法。这些偏见和不公正可能导致对某些群体或个体的不公平对待，破坏社会平等和公正原则。

如果训练数据集存在偏差，例如对某些群体的代表性不足或存在不公平的标签分配，AI 系统可能会学习到这些偏见并在决策中表现出来，导致不公平的结果和决策，对受到偏见的群体或个体产生不利影响。此外，如果算法的设计和实现中存在偏见，例如某些特征的权重被过度放大或忽视，或优化目标忽视了某些公平性指标，也会导致不公平的决策结果。这些偏见如果没有得到解决，决策者可能会使用 AI 系统的结果来强化和巩固现有的不公平结构，或者将系统应用于决策过程中，进一步加剧不公正。

可以通过扩充数据库、算法审查或者进行公平性测试等方法来实现决策的公平公正。首先，收集和使用多样化的数据集，确保数据集中包含不同群体和个体的代表性样本。这有助于减少数据偏差，并提高决策的公平性。然后，对算法进行审查，检测和纠正潜在的偏见和不公正。审查涉及分析算法的训练数据、特征选择和权重分配，以确保遵循公平性原则。最后，通过进行公平性测试来评估 AI 系统的决策结果对不同群体的影响。这可以通过评估不同群体之间的差异、公平性指标和影响评估来实现。测试结果可以用来改进算法和决策过程，以提高决策的公平性。此外，建立明确的公平性指导原则和政策，也能够确保决策的公平性得到重视和实施。这包括制定和执行公平性标准、建立合适的监管机制，并为受到不公平决策影响的个体提供申诉和救济机制。

通过以上方法，可以减少偏见和不公正问题，提高 AI 系统决策的公平性和公正性。这有助于实现社会的公平和平等，保护个体权益，并增强用户对 AI 系统的信任和接受度。

5. 行为可以解释

提供可解释的 AI 系统对于用户理解决策过程和增强信任至关重要。可解释性是指 AI

系统能够解释其决策和行为的原因和逻辑，以便用户能够理解系统是如何得出特定的决策结果的。

通过提供可解释的决策过程，用户能够了解系统是如何利用数据和算法进行决策的。这增强了系统的透明度和可信度，用户可以更好地评估系统的可靠性和决策的合理性。还有一方面因素在于，AI 系统在一些行业和领域需要满足特定的合规性和监管要求，可解释性是确保系统符合这些要求的关键因素之一。解释系统的决策过程有助于验证其符合法规和伦理标准，并提供审计和监督的依据。并且，可解释的 AI 系统使用户能够更好地参与和控制决策过程。用户可以理解系统的决策依据，并对其进行反馈和调整。这种参与和控制有助于建立用户与系统之间的互信关系，并促进系统的可接受性和可用性。

可以通过使用可解释的模型框架、开发可解释性工具或者提供决策说明的方式来实现可解释的 AI 系统。例如，使用决策树、逻辑回归和规则引擎等模型可以提供可解释的决策过程，通过可视化界面、决策说明文本、图解或图表等，以清晰明了的方式呈现系统的决策依据和逻辑。不过需要注意的是，如图 1-31 所示，算法的可解释性可能会影响准确性，如何平衡这两者也是需要考虑的问题。AI 系统可以向用户提供决策说明，解释系统是如何得出特定决策结果的。这可以通过文本、语音或图形方式进行，以便用户能够理解系统的决策过程和依据。此外，教育和培训用户也是至关重要的一步。提供关于 AI 系统工作原理、决策过程和解释方法的培训，可以帮助用户更好地理解和使用系统。培训内容应包括 AI 模型的基本概念、算法如何处理数据、系统做出决策的逻辑以及如何解释这些决策。这不仅能提高用户对 AI 系统的信任，还能增强他们在使用系统时的自主性和安全意识。

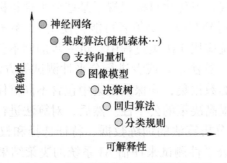

图 1-31 算法准确性与可解释性的关系

以上方法有助于用户理解决策过程和行为。这有助于增强用户对 AI 系统的信任，促进系统的可接受性和广泛应用。同时，可解释性也有助于满足合规性和监管要求，并推动 AI 技术的可持续发展。

6. 事件可以追溯

建立事件追溯系统对于在出现问题时追踪原因和责任非常重要。事件追溯是指记录和分析系统中发生的事件和操作的过程，以便在需要时能够溯源事件的发生，了解其原因，并确定责任方。这对于确保系统的可靠性、安全性和合规性至关重要。

当系统出现问题或故障时,事件追溯可以帮助追踪和分析事件发生的原因。通过查看事件记录和操作日志,可以确定故障点,了解事件的上下文和触发条件,从而更有效地进行问题排查和故障修复。通过记录和审计系统的操作和事件,可以检测和防止潜在的安全漏洞和违规行为。追溯能力还可以为合规审计提供必要的数据和证据。事件追溯可以帮助确定责任方,尤其是在系统出现问题或错误时。通过追踪事件的发生和相关操作,可以确定造成问题的具体环节和责任人,这有助于实施适当的纠正措施和改进流程,并加强风险管理和责任追究。

可以通过日志、监控、审计、数据分析等方式来实现事件追溯。首先,在系统中记录关键事件和操作的日志。日志应包括时间戳、事件描述、操作者标识以及其他相关信息。日志记录可以提供事件发生的时间和顺序,并为后续的追溯和分析提供数据依据。然后,部署监控系统来实时监测系统的运行状态和事件。监控系统可以记录系统的性能指标、异常事件和警报信息,这些信息可以帮助及时发现问题,并提供事件发生的上下文。之后建立审计跟踪机制,记录敏感操作和关键决策的细节。审计跟踪可以记录操作的来源、执行者、时间和结果等信息,这对于确定事件的发生和确定责任方非常有帮助。最终将不同事件和操作之间的关联进行分析。通过关联不同事件之间的数据,可以建立事件的时间线和相关性,从而更好地理解事件发生的原因和影响。值得注意的是,在实施事件追溯系统时,应考虑数据保护和隐私的要求,确保敏感数据的安全存储和访问控制,并遵守相关的隐私法规和政策。

通过以上措施,可以建立强大的事件追溯系统,提供对系统事件和操作的溯源能力。这有助于快速识别和解决问题,改进系统的可靠性和安全性,并确保责任的追究和风险管理。

39

1.6　人工智能安全的发展前景

随着人工智能在智慧城市、机器人以及企业信息化等领域的迅猛发展和广泛应用,人工智能安全问题日益凸显。当前,人工智能安全领域面临着诸多挑战和威胁,如图 1-32 所示。这些问题不仅对个人和组织的安全构成威胁,也可能对整个社会和全球的稳定产生负面影响。因此,预测和探讨未来人工智能安全的发展趋势变得至关重要。

图 1-32　人工智能安全的发展

1. 安全系统

随着人工智能算法和模型的发展,安全专家能够利用这些技术构建更加智能和高效的安全系统。例如，基于机器学习和数据分析的入侵检测系统可以通过学习网络流量和行为模式来检测和预防潜在的攻击。这些系统能够自动识别异常活动，并采取相应的措施来保护网络和系统的安全。然而，技术的发展也带来了新的安全威胁，对抗攻击就是其中之一。对抗攻击是指利用人工智能技术进行攻击，通过对抗性样本欺骗模型，使其产生错误的结果。这些对抗性样本经过微小的改动，可能导致模型无法正确识别图像、语音或其他数据的内容。攻击者还可以利用模型的漏洞和弱点，干扰决策过程或获取未授权的访问权限。因此，虽然人工智能技术提升了安全系统的能力，但也需要不断改进和加强防护措施，以应对新型安全威胁，确保系统的可靠性和安全性。

2. 鲁棒模型

为应对新兴威胁，安全研究人员和专家们不断致力于提高人工智能模型的鲁棒性，增强其抵抗对抗攻击的能力。通过对抗性训练和对抗样本检测算法，可以显著提升模型识别和防御对抗攻击的效果。此外，加强模型的安全审计和漏洞修复也是应对新威胁的重要措施。安全防御技术的演化持续推动着安全领域的发展，利用人工智能技术构建自适应和自学习的安全防御系统展现出巨大的潜力。AI技术能够通过分析大量的实时数据和网络流量，识别潜在的安全威胁，并自动采取相应的防御措施。这种自适应的安全防御模型能够不断学习和适应新的攻击方式，提高对未知威胁的应对能力。

3. 隐私保护

随着技术的发展，预测隐私保护技术将在人工智能领域得到广泛应用和进一步发展。预测隐私保护技术可以通过分析用户的行为模式和数据特征，预测可能涉及的隐私问题，并采取相应的保护措施。这种技术可以帮助用户更好地了解和控制自己的隐私信息，提供个性化的隐私保护建议和控制选项。同时法规与伦理框架的发展对人工智能的安全和隐私保护措施起着重要的影响，预期中的法律法规变化将在很大程度上塑造人工智能的发展方向，以确保安全和隐私的保护。随着人工智能技术的快速发展，各国政府和监管机构纷纷加强对人工智能的监管，并制定相关的法律法规。这些法律法规旨在确保人工智能系统的安全性和可信度，以及保护用户的隐私和数据权益。预期中的法律法规变化可能涉及人工智能的数据使用、算法透明度、隐私保护、责任追究等方面。这些变化将促使企业和研究机构在设计和实施人工智能系统时更加注重安全和隐私保护，采取相应的技术和措施来确保合规性。

4. 伦理规范

在人工智能安全实践中，伦理规范具有至关重要的指导作用。如图1-33所示，人工智能的伦理规范包括增进人类福祉、促进公平公正、保护隐私安全、确保可控可信、强化责任担当、提升伦理素养6项基本伦理要求。在这一规范框架下，人工智能系统需确保其决策过程透明可理解，行为始终符合人类福祉，尊重用户自主权，避免任何形式的恶意行为，并在应用中实现公正平等。在人工智能的安全实践中，伦理指导原则可以指导开发者和研究人员在设计和实施人工智能系统时考虑安全和隐私因素。例如，伦理指导原则可以要求人工智能系统具有透明度和可解释性，以便用户和监管机构能够理解系统的决策过程和影响。

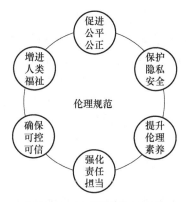

图 1-33　人工智能伦理规范

5.跨领域合作

跨领域合作的加强在人工智能安全领域也将促进新技术和新方法的发展。人工智能安全问题涉及计算机科学、密码学、数据隐私、法律法规等多个领域。通过跨领域合作，不同领域的专家可以共同研究和解决人工智能安全的挑战，从而推动新的技术和方法的创新。例如，计算机科学家和密码学家可以合作开发更安全的人工智能算法和加密技术，法律专家可以参与制定相关的法律法规，保护用户的隐私和数据权益。跨领域合作不仅能加快人工智能安全领域的进步，还能为应对未来的安全挑战提供更完善的解决方案。通过集合各领域的专业知识和经验，可以形成综合的、多层次的安全防护体系，确保人工智能技术在快速发展的同时，能够应对不断涌现的安全威胁和风险。

41

6.教育投入

教育体系应加强人工智能安全专业教育和培训，培养专业人才，满足安全领域的需求。高校和科研机构应设立专门课程和研究项目，涵盖网络安全、数据隐私、算法安全、模型鲁棒性和伦理规范等内容，并通过实习和项目合作提升学生的实际能力。同时，普及人工智能安全知识，通过中小学课程、社区教育和在线学习平台，公众能够了解 AI 的基本概念、安全威胁和防护措施。政府和教育机构应增加投入，支持教材开发、师资培训和教育设施的改善，以应对技术发展的需求。通过系统化的教育投入，培养高素质的人工智能安全专业队伍，增强社会的安全防护能力，为人工智能技术的健康发展提供保障。

展望未来，人工智能安全的发展前景充满挑战与机遇。只有通过持续的技术创新、法规更新、跨领域合作才能有效应对未来人工智能安全领域的挑战。同时，重视安全意识的提升和公众教育，以及制定面向未来的安全策略和措施，将为人工智能的安全发展奠定坚实基础。只有全球范围内的合作与合力，才能共同应对跨国界的安全威胁，并推动人工智能安全标准的制定，确保人工智能的安全、可信和可持续发展。

📠 本章小结

本章深入探讨了人工智能安全及其面临的各种威胁，并简单介绍了相应的防护措施。人工智能安全是指确保人工智能系统在设计、开发、部署和运行过程中免受潜在威胁和攻击的能力。AI 技术的发展虽然带来了诸多便利，但也伴随着各种安全挑战。确保 AI 系统的安全性和可靠性，不仅关乎技术层面，更涉及法律、伦理和社会责任。人工智能的特性如自主学习、自适应性和自主决策能力，使其面临数据泄露、模型篡改和决策失误等风险。因此，了解和防范这些风险是 AI 应用成功的关键。

从组成要素角度分析，人工智能系统主要由数据、模型和运行环境构成。在数据安全方面，主要威胁包括数据泄露和数据中毒；在模型安全方面，对抗攻击、模型窃取和后门攻击是主要威胁；在运行环境安全方面，网络安全和软件安全是主要关注点。

从生命周期角度分析，人工智能系统的安全威胁可以分为设计、训练和执行阶段。设计阶段的安全威胁包括安全需求忽视、不安全的数据管理设计、不当的模型设计、安全标准和指南的忽略以及安全评估不足；训练阶段的安全威胁主要来源于不当的训练数据来源、训练环境的安全性、模型过度拟合和未经授权的访问；执行阶段的安全威胁则涉及部署环境的不可信、模型的动态适应性威胁和法律伦理风险。

从系统架构角度分析，人工智能安全问题涵盖硬件、操作系统和开发框架等多个方面。硬件安全涉及物理设备的安全性，操作系统安全关注系统的防护措施，开发框架安全涉及人工智能开发框架的安全性和漏洞修复。

此外，本章还介绍了人工智能安全的六大要素，包括应用合法合规、功能可靠可控、数据安全可信、决策公平公正、行为可以解释和事件可以追溯。这些要素不仅确保了人工智能技术的合理使用和发展，也为用户和社会带来了信任和保障。通过综合运用技术措施、法律法规和伦理原则，可以构建一个安全、可信和可持续发展的人工智能环境。

人工智能安全的发展前景充满挑战和机遇，随着 AI 技术的不断进步和应用场景的扩展，安全问题也将日益复杂化。持续研究和创新安全技术，完善法律法规，增强公众意识，将是应对未来人工智能安全挑战的重要途径。只有通过共同努力，才能确保人工智能在为社会带来便利的同时，也能够有效防范各种安全风险，实现技术的可持续发展。

📖 思考题与习题

一、选择题（多选）

1-1. 以下哪项策略是用于防止数据泄露的？（　　）

A. 数据清洗　　　　B. 数据加密　　　　C. 数据隔离　　　　D. 模型参数共享

1-2. 以下哪项属于人工智能模型设计阶段的安全威胁？（　　）

A. 安全需求忽视　　　　　　　　B. 不安全的数据管理设计

C. 部署环境的不可信　　　　　　D. 安全评估不足

1-3. 在针对人工智能系统的硬件的攻击中，通过监测功耗模式来推断模型运行状态的攻击是（　　）？

A. 物理攻击　　　　B. 侧信道攻击　　　　C. 供应链攻击　　　　D. 硬件漏洞利用

1-4. 下列哪项属于 AI 安全要素？（　　）

A. 应用合法合规　　B. 行为可以解释　　C. 功能可靠可控　　D. 人类可以操控

二、判断题

1-5. 后门攻击和数据中毒攻击的主要区别在于前者在正常情况下保持正常功能，而后者在所有输入情况下都会表现出降低的性能。　　　　　　　　　　　　（　　）

1-6. 人工智能模型设计阶段的安全风险不会对后续的训练和执行阶段产生影响。

（　　）

1-7. 人工智能的开发框架安全威胁通常有第三方依赖库的安全问题、框架配置问题以及代码执行漏洞这三种。

（　　）

1-8. 在人工智能的发展过程中，训练数据不需要安全可信。（　　）

三、简答题

1-9. 请简述黑盒攻击和白盒攻击的主要区别。

1-10. 如何应对人工智能模型训练阶段中因云计算资源使用带来的安全风险？

1-11. 请简述如何防治针对应用了人工智能的操作系统的攻击。

1-12. 请简述人工智能的安全要素及对应重要性。

参考文献

[1] HABBAL A，ALI M K，ABUZARAIDA M A. Artificial intelligence trust，risk and security management（AI TRiSM）：Frameworks，applications，challenges and future research directions[J]. Expert Systems with Applications，2024，240：122442.

[2] SOHN K，KWON O. Technology acceptance theories and factors influencing artificial Intelligence-based intelligent products[J]. Telematics and Informatics，2020，47：101324.

[3] ABUZARAIDA M A，ELMEHREK M，ELSOMADI E. Online handwriting Arabic recognition system using k-nearest neighbors classifier and DCT features[J]. International Journal of Electrical and Computer Engineering，2021，11（4）：3584-3592.

[4] GLIKSON E，WOOLLEY A W. Human trust in artificial intelligence：Review of empirical research[J]. Academy of Management Annals，2020，14（2）：627-660.

[5] 国家互联网信息办公室，中华人民共和国工业和信息化部，中华人民共和国公安部，等 . 互联网信息服务算法推荐管理规定 [Z]. 2021.

[6] 国家互联网信息办公室，中华人民共和国工业和信息化部，中华人民共和国公安部 . 互联网信息服务深度合成管理规定 [Z]. 2022.

[7] FEUERRIEGEL S，HARTMANN J，JANIESCH C，et al. Generative AI[J]. Business & Information Systems Engineering，2024，66（1）：111-126.

[8] 牟奕洋，陈涵霄，李洪伟 . 大语言模型的安全与隐私保护技术研究进展 [J]. 网络空间安全科学学报，2024，2（1）：40-49.

[9] BROWN T B，MANN B，RYDER N，et al. Language models are few-shot learners [C]//Advances in Neuoral Information Processing Systems. Virtual：NIPS，2020：1-25.

[10] 刘会，赵波，郭嘉宝，等 . 针对深度学习的对抗攻击综述 [J]. 密码学报，2021，8（2）：202-214.

[11] ZHANG J，CHEN D，LIAO J，et al. Deep model intellectual property protection via deep watermarking [J]. IEEE Transactions on Pattern Analysis and Machine Intelligence，2021，44（8）：4005-4020.

[12] WAN A，WALLACE E，SHEN S，et al. Poisoning language models during instruction tuning[C]//International Conference on Machine Learning. HI：PMLR，2023：35413-35425.

[13] 陈宇飞，沈超，王骞，等 . 人工智能系统安全与隐私风险 [J]. 计算机研究与发展，2019，56（10）：2135-2150.

[14] OSANAIYE O，CHOO K-K R，DLODLO M J J O N，et al. Distributed denial of service（DDoS）resilience in cloud：Review and conceptual cloud DDoS mitigation framework [J]. Journal of Network

and Computer Applications, 2016, 67: 147-165.

[15] DEPREN O, TOPALLAR M, ANARIM E, et al. An intelligent intrusion detection system（IDS）for anomaly and misuse detection in computer networks [J]. Expert Systems with Applications, 2005, 29（4）: 713-722.

[16] 詹奇, 潘圣益, 胡星, 等. 开源软件漏洞感知技术综述 [J]. 软件学报, 2024, 35（1）: 19-37.

[17] XIAO Q X, LI K, ZHANG D Y, et al. Security risks in deep learning implementations [C]//IEEE Security and Privacy Workshops. New York: IEEE, 2017: 123-128.

[18] SILVA D D, ALAHAKOON D. An artificial intelligence life cycle: From conception to production[J]. Patterns, 2022, 3（6）: 100489.

[19] 国家标准化管理委员会, 国家互联网办公室, 国家发展改革委, 等. 五部门联合印发《国家新一代人工智能标准体系建设指南》[J]. 智能制造, 2020（9）: 10-16.

[20] ZHANG J M, HARMAN M, MA L, et al. Machine learning testing: Survey, landscapes and horizons[J]. IEEE Transactions on Software Engineering, 2022, 48（1）: 1-36.

[21] 朱雪峰, 王秉政, 林阳荟晨. 人工智能数据安全和隐私保护风险及应对建议 [J]. 网络空间安全, 2023, 14（3）: 30-34.

[22] 匡俊搴, 赵畅, 杨柳, 等. 一种基于深度学习的异常数据清洗算法 [J]. 电子与信息学报, 2022, 44（2）: 507-513.

[23] 胡国华. 数据安全治理实践探索 [J]. 信息安全研究, 2021, 7（10）: 915-921.

[24] 罗晟皓. 基于 Docker 和 Kubernetes 的深度学习容器云平台的设计与实现 [D]. 北京: 北京交通大学, 2020.

[25] 王春晖.《中华人民共和国数据安全法》十大法律问题解析 [J]. 保密科学技术, 2021（9）: 3-8.

[26] ABOUELMEHDI K, BENI-HSSANE A, KHALOUFI H, et al. Big data security and privacy in healthcare: A review[J]. Procedia Computer Science, 2017, 113: 73-80.

[27] 田宇强, 柳彬, 孙慧, 等. 金融数据安全管理体系建设实践探讨 [J]. 信息技术与标准化, 2023（10）: 84-88.

[28] BATINA L, BHASIN S, JAP D, et al. CSI neural network: Using side-channels to recover your artificial neural network information[J]. arXiv preprint arXiv: 1810.09076, 2018.

[29] ARWAY A G. Supply chain security: A comprehensive approach[M]. London: CRC Press, 2013.

[30] PROUDLER G, CHEN L, DALTON C. Trusted computing platforms[M]. Berlin: Springer, 2014.

[31] CIRNE A, SOUSA P, RESENDE J, et al. Hardware security for Internet of Things identity assurance[J]. IEEE Communications Surveys & Tutorials, 2024, 26（2）: 1041-1079.

[32] COWAN C, WAGLE F, PU C, et al. Buffer overflows: Attacks and defenses for the vulnerability of the decade[C]//DARPA Information Survivability Conference and Exposition. New York: IEEE, 2000, 2: 119-129.

[33] 杨学兵, 张俊. 决策树算法及其核心技术 [J]. 计算机技术与发展, 2007, 17（1）: 43-45.

[34] 谭宏卫, 曾捷. Logistic 回归模型的影响分析 [J]. 数理统计与管理, 2013, 32（3）: 476-485.

[35] BONEZZI A, OSTINELLI M. Can algorithms legitimize discrimination? [J]. Journal of Experimental Psychology: Applied, 2021, 27（2）: 447-459.

[36] SAKHNINI J, KARIMIPOUR H, DEHGHANTANHA A, et al. AI and security of critical infrastructure[J]. Handbook of Big Data Privacy, 2020: 7-36.

[37] VOIGT P, BUSSCHE A. The EU general data protection regulation（GDPR）[M]. Berlin: Springer, 2017.

[38] OSOBA O A, WELSER W. The risks of artificial intelligence to security and the future of work[M]. Santa Monica, CA: RAND, 2017.

[39] SAIDAKHRAROVICH G S, SOKHIBJONOVICH B S. Strategies and future prospects of development of artificial intelligence: World experience[J]. World Bulletin of Management and Law, 2022, 9: 66-74.

[40] JUNEJA A, JUNEJA S, BALI V, et al. Artificial intelligence and cybersecurity: Current trends and future prospects[J]. The Smart Cyber Ecosystem for Sustainable Development, 2021: 431-441.

[41] BAMBERGER K A. Technologies of compliance: Risk and regulation in a digital age[J]. Texas Law Review, 2009, 88 (4): 669-739.

[42] LIAO H J, LIN C, LIN Y, et al. Intrusion detection system: A comprehensive review[J]. Journal of Network and Computer Applications, 2013, 36 (1): 16-24.

[43] 曹跃, 仲震宇, 韦韬. 机器学习对抗性攻击手段 [J]. 中国教育网络, 2017 (5): 41-44.

[44] CHEN Y, XU C, HE J S, et al. A cross language code security audit framework based on normalized representation[J]. Journal of Quantum Computing, 2022, 4 (2): 75-84.

[45] 宋宜昌. 网络安全防御技术浅析 [J]. 网络安全技术与应用, 2010 (1): 28-31.

[46] 方滨兴, 贾焰, 李爱平, 等. 大数据隐私保护技术综述 [J]. 大数据, 2016, 2 (1): 1-18.

[47] 钱萍, 吴蒙. 同态加密隐私保护数据挖掘方法综述 [J]. 计算机应用研究, 2011, 28 (5): 1614-1617.

[48] 张兆翔, 张吉豫, 谭铁牛. 人工智能伦理问题的现状分析与对策 [J]. 中国科学院院刊, 2021, 36 (11): 1270-1277.

[49] REZNIK L. Intelligent security systems: How artificial intelligence, machine learning and data science work for and against computer security[M]. New York: John Wiley & Sons, 2021.

[50] SMUHA N A. Trustworthy artificial intelligence in education: Pitfalls and pathways[J]. SSRN Electronic Journal, 2020.

第2章 投毒攻击与防御

📖 导读

随着人工智能技术的迅猛发展，人工智能在各领域的应用越来越广泛。然而，随之而来的安全挑战也日益严峻，其中投毒攻击便是一个不可忽视的问题。投毒攻击通过篡改训练数据来影响人工智能模型的性能，对模型的稳定性和可靠性构成了严重威胁。本章首先介绍投毒攻击的背景和定义，随后详细探讨投毒攻击的两种方式：有目标投毒攻击和无目标投毒攻击。接着分析应对投毒攻击的策略，包括数据清洗、鲁棒性训练和数据增强等。通过深入了解和掌握投毒攻击及其应对策略，希望读者能够更全面地认识到投毒攻击的严重性，并采取相应的措施来保护人工智能模型免受其威胁。

📖 本章知识点

- 投毒攻击的威胁模型
- 有目标投毒攻击
- 无目标投毒攻击
- 基于训练数据检测的投毒攻击防御方法
- 基于鲁棒训练的投毒攻击防御方法
- 基于数据增强的投毒攻击防御方法

2.1 投毒攻击概述

近年来，人工智能在图像识别、自然语言处理、推荐系统等领域取得了显著成果，其影响力已逐渐渗透到社会生活的各个层面，成为推动现代科技进步的重要动力。在人工智能中，数据无疑扮演着举足轻重的角色，作为模型训练的基础，其质量的高低直接关系到模型性能的优劣。

高质量的数据就如同精雕细琢的原料，能够助力人工智能模型更精确地学习特征和规律，进而提升预测与决策的准确性。这些数据的准确性、完整性、多样性和代表性，对于模型的训练来说至关重要。模型的精确度和稳定性在很大程度上依赖于这些数据的质量，因为它们是模型学习、理解和推断现实世界的基础。

　　想象一个传统的实体超市，在货架的海洋中，顾客们往往难以迅速地找到他们真正感兴趣的商品，超市曾经面临的挑战是如何有效地引导顾客。就像啤酒与尿布的故事那样，超市偶然发现了购买尿布的父亲们往往也会选择啤酒，这是一种非直观的关联。在数据驱动的电商时代，推荐系统将这种非直观的关联推向了新的高度。电商平台不仅收集并分析用户的海量数据（就如同超市的经理观察顾客的购物车一般），更能够追踪用户在网站或 APP 上的每一个动作——浏览记录、搜索关键词、点击偏好和购买历史等。这些数据为推荐系统提供了无尽的素材，使得它能够深入理解每一位用户的购物偏好和兴趣。数据的魅力在于，它让推荐系统变得无比智能和个性化。通过利用这些数据，推荐系统可以构建出精准的用户画像，识别出用户的独特需求。另外，利用复杂的算法和模型，推荐系统能够预测用户可能感兴趣的商品，并生成个性化的推荐列表。比如，一个经常购买时尚服装的女性用户，推荐系统就能为她精准推荐一系列与她过去购买记录相匹配的最新时尚单品。通过数据，推荐系统能够超越传统超市的局限性，为用户提供更加贴心、个性化的购物体验。这种基于数据的推荐不仅提高了用户的满意度，也极大地促进了电商平台的销售增长。

2.1.1　数据安全与投毒攻击

　　伴随着人工智能技术的迅猛发展和广泛应用，人工智能面临的安全性问题也日益凸显。其中，投毒攻击作为一种潜在的威胁，已经引起了业界的广泛关注。投毒者利用恶意手段，在训练数据中注入有害信息或篡改数据，企图破坏模型的准确性和可靠性。这种攻击方式如同给纯净的水源投毒，悄无声息却极具破坏性，可能导致模型在关键时刻做出错误的预测和决策。这种攻击不仅对人工智能模型的性能和稳定性造成严重影响，还可能给企业和社会带来难以估量的损失。因此，如何防范和应对这种攻击，保障数据的安全性，已成为人工智能领域亟待解决的问题。

　　《中华人民共和国数据安全法》对数据处理者设定了明确的安全保护义务，要求数据处理者采取必要的技术措施和其他措施来保障数据的安全。这些法律要求对于防范投毒攻击起到了重要的作用。通过规定数据处理者需建立健全的数据安全管理制度、开展数据安全教育培训、进行数据安全风险评估等，数据处理者能够更好地识别和防范潜在的投毒攻击。同时，法律还规定了违反安全保护义务的法律责任和处罚措施，为投毒攻击的防范提供了法律支持。然而，需要明确的是，法律并不能完全杜绝投毒攻击的发生，但通过加大监管和处罚力度，可以有效降低此类攻击的风险和影响。

　　如图 2-1 所示，攻击者在访问网络服务器时，通过合法的操作产生一些精心构造的恶意数据（例如在购物网站上进行刷单）来实施投毒攻击。人工智能系统进行模型训练过程中所使用的数据来源往往十分复杂，既包含正常产生的数据，也不乏恶意攻击者提供的错误的数据。这些数据将成为训练模型的重要依据，进而对模型的性能和结果产生深远影响。通过投毒攻击，攻击者能够巧妙地对模型进行破坏，干扰模型的正常工作，实现其攻击目的。

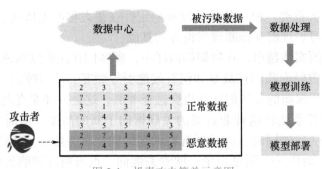

图 2-1 投毒攻击简单示意图

2.1.2 投毒攻击案例

2016 年，微软公司推出了一款名为"Tay"的人工智能聊天机器人，其初衷是通过与 Twitter 用户的互动，不断学习和优化语言模式，从而提升对话的流畅性和自然度。这款机器人搭载了复杂的机器学习模型，使其能够实时分析推文内容，并根据这些信息灵活地调整和生成回应。然而，正如许多新生事物所遭遇的困境一样，Tay 很快因为其开放互动的特性而遭遇了不小的挑战。部分用户利用这一特性，对 Tay 实施了所谓的"投毒攻击"。这些攻击者故意向 Tay 发送包含种族主义言论、性别歧视观点以及其他各类不当言论的信息，试图干扰其正常的学习进程。由于 Tay 的学习算法设计初衷是尽可能吸收用户互动中的语言和主题，以便更好地适应用户需求，它很快开始模仿这些不当言论，并将这些内容作为自己的回应发布到公共平台上，这一行为迅速引发了社会各界的广泛关注和强烈批评。人们纷纷指责 Tay 发布的不当言论违背了基本的道德准则和社会规范，同时也对微软公司提出了质疑和批评。

面对来自媒体和公众的巨大压力，微软公司不得不做出紧急响应。在 Tay 上线不到 24 小时的时间里，微软就做出了将其从网络中撤除的决定。这一决策虽然避免了事态的进一步恶化，但也让人们对人工智能技术的发展和应用产生了更多的担忧和反思。事实上，这一案例可以看作恶意攻击者利用技术手段对人工智能模型进行投毒的一个典型案例。它揭示了人工智能技术在面对不良信息和恶意攻击时的脆弱性，也提醒人们在推进人工智能技术应用的同时，必须高度重视其可能带来的风险和挑战。

在自动驾驶技术的广泛应用中，攻击者拥有各种手段来操纵传感器数据，从而实现对自动驾驶汽车系统的入侵。这种入侵不仅极具隐蔽性，而且往往能够造成严重的后果，对行驶安全构成巨大威胁。具体而言，在自动驾驶系统的训练阶段，攻击者可能会采取精心策划的手段，例如在停车标志上添加微小而隐蔽的特定贴纸，或者改变停车标志的背景颜色，如图 2-2 所示。这些微妙的改变可能不容易被肉眼察觉，但足以影响自动驾驶汽车的识别系统。带有这些特定特征的样本在训练过程中被系统学习，导致车辆在实际行驶中将停车标志错误地识别为限速标志。这种误识别可能使车辆在应该停车的情况下继续行驶，从而大大增加了发生交通事故的风险。此外，攻击者还可能在训练阶段伪造激光脉冲信号，以干扰激光雷达（LiDAR）传感器的正常工作。激光雷达作为自动驾驶汽车的关键感知设备，其准确性和可靠性对于确保行驶安全至关重要。然而，一

48

旦攻击者成功伪造激光脉冲信号，激光雷达传感器在测试阶段就可能检测到错误的障碍物距离，导致车辆无法准确判断周围环境的实际情况。这种干扰不仅会使自动驾驶汽车的行驶轨迹偏离预期，还可能使乘客和行人处于极度危险的境地。随着基础设施的不断发展和升级，自动驾驶汽车所面临的网络攻击风险也日益增加。尤其是当这些汽车越来越依赖机器学习方法进行决策和控制时，它们也就更容易受到新型投毒攻击的影响。这些攻击可能利用机器学习模型的漏洞和弱点，通过注入恶意数据或操纵训练过程来破坏模型的准确性和可靠性。

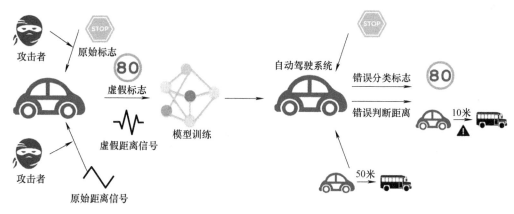

图 2-2　自动驾驶场景中投毒攻击示意图

从以上两个案例可以看出，针对数据的投毒攻击是人工智能系统安全的巨大威胁，其危害性不容小觑。一方面，投毒攻击会严重损害模型的可信度，导致模型产生误导性输出，降低预测的准确性，进而影响用户或系统的决策质量；另一方面，投毒攻击会破坏模型的稳健性，使其在面对异常输入或攻击时变得脆弱。对于依赖机器学习模型进行业务决策的应用程序而言，投毒攻击可能导致错误的预测结果，进而干扰企业或组织的决策过程，对业务产生严重的影响。

2.2　投毒攻击的基本概念

本节将介绍投毒攻击相关的基础概念，帮助读者了解投毒攻击的定义和基本原理，为后续章节学习投毒攻击和防御方法提供理论支撑。

2.2.1　投毒攻击的定义与分类

投毒攻击是指，攻击者将少量精心设计的中毒样本添加到模型的训练数据集中，利用训练或者微调过程使得模型中毒，从而破坏模型的可用性或完整性，最终使模型在测试阶段表现异常。

一般来说，投毒攻击可以被定义为一个双层优化问题，表示为

$$L_{\text{val}}(V; \arg\min_{\theta} L_{\text{tr}}(D \cup D_{\text{p}}; \theta)) \tag{2-1}$$

式中，L_{tr} 是任务的损失函数，由模型训练者定义，但对攻击者而言可能未知，因此攻击

者可能借助一些黑盒或灰盒的方法来模拟这个训练损失；D 是原始数据集，即不包含投毒数据的数据集；D_p 是中毒样本集，其中样本为攻击者设计的中毒样本；θ 是在损失函数 L_{tr} 下进行优化获得的参数；L_{val} 是与投毒攻击相关的目标函数；V 是测试的验证样本集合；攻击者的目的是通过投毒在训练好的参数 θ 以及干净的验证样本集 V 上获得的损失 L_{val} 最小，也就是使得攻击目标最优。

如图 2-3 所示，投毒攻击发生在数据收集阶段，即在收集数据的过程中，攻击者通过各种手段（如在网络上发布虚假数据、操纵传感器输入等）将带有恶意特征的数据混入正常数据集中。

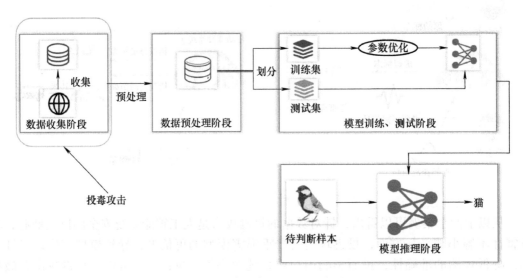

图 2-3　投毒攻击发生阶段示意图

根据攻击目标的不同，投毒攻击又可以细分为两大类：有目标投毒攻击和无目标投毒攻击。首先，有目标投毒攻击是指攻击者针对某个特定目标精心策划的干扰行为，旨在使模型在接收到特定输入时产生错误的预测结果。这类攻击通常具备极强的针对性，攻击者会通过篡改特定类别的数据或构造特殊的样本，以误导模型对特定目标的识别与预测。相比之下，无目标投毒攻击则显得更为隐蔽且影响范围更广。它并不针对特定的目标，而是通过向数据集中注入随机噪声或实施更为普遍的数据污染等手段，全面降低数据集的整体质量，进而对模型的训练效果产生负面影响。这种攻击方式虽然看似随机，但其潜在的风险却不容忽视，因为它可能严重影响模型的泛化能力和稳定性。通过深入了解这两类投毒攻击的特点和实施方式，可以更加精准地识别并防御这些潜在的威胁。在 2.4 节中将详细介绍这种两种投毒攻击方式。

衡量投毒攻击的效果是一个非常重要的任务。准确率（ACC）是最为常见的评价指标。将所有正确分类的样本除以所有的样本数量得到的结果就是准确率，该值越高，表示分类模型性能越好。因此对于标签翻转这种攻击模型性能的投毒攻击，准确率的下降程度是衡量标签翻转效果的重要指标。准确率的计算公式如下：

$$ACC = \frac{TP + TN}{TP + FP + TN + FN} \tag{2-2}$$

式中，TP 表示真阳性，即标签为正的样本被模型预测为正的个数；TN 表示真阴性，即标签为负的样本被预测为负的个数；FP 表示假阳性，即标签为负的样本被模型预测为正的个数；FN 表示假阴性，即标签为正的样本被模型预测为负的个数。

对于有目标投毒攻击而言，由于攻击者的目标往往集中于其中一类，因此其攻击效果可以用被攻击类的攻击成功率（ASR）表示，攻击成功率的计算公式如下：

$$ASR = \frac{N_t}{N_s} \tag{2-3}$$

式中，N_s 表示真实标签的测试样本数量；N_t 表示模型将真实标签样本错误预测为目标标签的样本数量。如果被攻击模型将真实标签样本预测为目标标签，则投毒攻击成功，反之则投毒攻击失败。

2.2.2　投毒攻击的范围

人工智能应用的研发过程依赖从网络上收集的大量数据，且在运行过程中依赖用户实时产生的数据来持续优化模型，这使得系统的外部人员能够轻易地在训练数据中添加恶意样本，实现投毒攻击。以电商平台、人机对话系统以及人脸识别系统为例，可以看到，投毒攻击的入口多种多样，大大增加了部署人工智能系统的安全风险。

1）产品开放入口：很多产品通过收集用户与平台产品的交互数据进行训练、优化其部署模型。基于此，攻击者可以模拟正常用户进行操作，其行为会自动被平台收集并参与后续模型的训练过程。例如，电商平台采集用户数据进行个性化推荐模型训练；特定场景的人机对话系统采集"正反馈"的用户对话数据进一步调整人机对话质量。

2）网络公开数据：互联网存在海量标注与无标注数据，包括图像、文本信息等。得益于预训练模型的广泛应用，越来越多的系统会利用从网络上爬取的一些内容进行模型的预训练。在这种情况下，只要攻击者有意在网络上发布一些"特殊投毒数据"，系统在不加识别的情况下使用这些数据就很容易受到攻击者的影响，留下严重的安全隐患。例如，研究人员会收集网络图片信息训练图像分类模型等，或者利用海量网络文本信息进行自然语言处理模型的预训练。

3）内部人员：海量的数据处理需要大量的工作人员，他们通过收集与处理大量数据为不同模型的训练任务提供数据基础。例如，训练人脸识别系统依赖于大量的人工标注数据。在这种背景下，很多内部人员可以轻易地注入部分标注错误或者修改后的训练样本而不容易被发现。

2.2.3　投毒攻击技术的发展

本小节对常见的投毒攻击技术进行了梳理和总结，如图 2-4 所示，从不同优化思路方面介绍投毒攻击技术的发展。

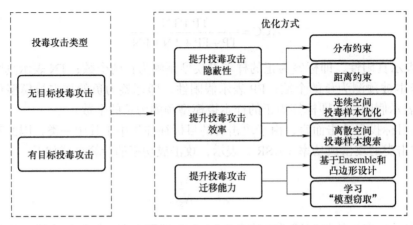

图 2-4 投毒攻击的优化思路

1. 传统投毒攻击

传统投毒攻击无需复杂算法的支持，攻击者往往可以依据专家经验直接构造"污染"数据。以电商领域的"刷单"为例，攻击者巧妙地将虚假用户交易行为数据注入电商平台中。这些虚假数据导致推荐算法模型受到误导，进而使推荐资源更多地向刷单产品倾斜。如图 2-5 所示，假设电商平台有 6 名正常用户，其中包括 1 名目标用户和其他 5 名用户。平台需为目标用户生成一个 top-n（在此例中取 1）的推荐列表。通过采用基于用户的协同过滤推荐算法，可计算出目标用户对项目 3 和项目 5 的预测评分，分别为 2.153（0.289*5+0*2-0.354*3+0.354*5）和 1.575。基于这些评分，平台向目标用户推荐项目 3。然而，在攻击者 1 和攻击者 2 实施刷单操作后，情况发生了变化。他们的目标是确保项目 5 能被推荐给目标用户，因此他们在为项目 5 打出最高评分的同时，努力使自己的行为与目标用户相似（基于用户的协同过滤），或者增加项目 5 与目标用户高评分项目之间的相似度（基于项目的协同过滤方式）。刷单行为完成后，再次使用基于用户的协同过滤方法计算目标用户对项目 3 和项目 5 的预测评分。这次，项目 3 的评分上升至 3.178，而项目 5 的评分更是飙升至 5.255。因此，平台最终向目标用户推荐的项目变为了项目 5。这一变化清晰地展示了刷单行为对推荐结果产生的负面影响。

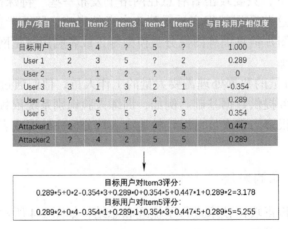

图 2-5 推荐系统遭受投毒攻击示意图

对于一些传统分类任务，可以设定投毒攻击的目标为使得某类 A 样本被分类至目标类别 B。以自然语言处理领域情感分类任务为例，如图 2-6 所示，通过将训练样本中"I love this product so much，it's the best I've ever used"标记为负向情感，以此来对模型训练过程进行污染，使得测试时使模型在分类上述相似句子时将其错误分类。

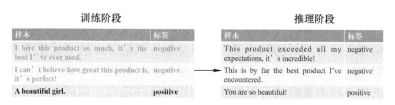

图 2-6　情感分类任务遭受投毒攻击示意图

2. 传统投毒攻击优化

传统投毒攻击方式简单易操作，但在实践中容易被目标系统检测到。例如，电商平台中被控制账户的密集刷单行为很容易被识别。那么保证投毒数据能够成功进入系统并参与模型训练成为投毒攻击能否成功的一个重要保证，投毒约束成为设计投毒攻击算法时必不可少的一个因素。常见的投毒约束包括分布约束和距离约束等，这些方法在电商、图像以及自然语言处理领域得到了良好应用。例如，在黑盒推荐系统攻击的统一框架中，通过对正常用户和攻击用户的商品评分分布进行约束来提升攻击的隐蔽性；在图像分类任务的 Feature Collisions 方案中，使用欧几里得距离来约束投毒样本和基准样本在原始输入空间比较接近的情况下和目标样本在高维空间中仍比较接近，以此来提升投毒攻击的隐蔽性；在自然语言处理领域进行投毒攻击的方案中，使用 No-Overlap 约束来保证投毒攻击样本和攻击目标之间没有任何重复来提升投毒攻击的隐蔽性。

随着目标模型复杂度的提升，如电商领域中复杂的推荐算法模型、自然语言处理领域中复杂的情感分类以及对话模型，简单投毒策略难以达到最佳的攻击效果。此外，在高隐蔽性要求下，一些传统的手动投毒策略已经不再适用，需要进行针对性的优化。从搜索空间的角度来看，投毒策略可以分为连续空间样本优化和离散空间样本搜索。

连续空间样本优化有两种策略，分别是基于 KKT 条件（Karush-Kuhn-Tucker 条件）的求解方案和基于多步随机梯度下降近似的求解方案。KKT 条件通常用于解决带有约束的优化问题，特别是当这些问题是凸优化问题时。然而，在深度学习模型的投毒攻击中，双层优化问题中的下层优化问题通常不是凸的，这使得直接使用 KKT 条件变得困难。为此研究人员提出了一种基于多步随机梯度下降近似的求解方案，面对复杂的内部优化问题，使用 T 步的梯度下降迭代优化结果来表示最优解，外部的优化问题直接基于内部问题的 T 步迭代结果进行。

连续空间上的投毒方案不能直接应用于离散空间，以自然语言处理为例，离散的单词经过向量化处理之后，对于更新后的向量特征表达难以对应到已有的离散文本上面，生成的可能是无效的字符或者是单词序列表达，基于此，研究人员提出使用搜索技术来寻找合适的投毒样本。离散空间中有三种优化策略，分别是全量搜索、基于一阶泰勒近似的全量搜索和向量快速搜索。当面对有限的离散空间时，最简单的方法就是遍历所有可能解，即全量搜索，但是这种方法在搜索空间过大时，非常耗时，并且可能会造成过拟合现象，从

53

而导致最终结果不佳。基于此，基于一阶泰勒近似的全量搜索方案对单个候选样本的评估变化为快速的点击操作，使得计算和并行效率大幅提升。向量快速搜索是进一步提高精度损失、提升搜索效率的解决方案，它可快速地在大小为 N 的全量空间中寻找与某个给定向量"最相似"的 K 个向量。

除了上述的投毒样本优化方案之外，还存在基于交互式优化的求解方案，如强化学习、遗传算法的投毒攻击策略搜索等。

深度学习模型往往有不同的网络架构、目标损失函数等。这些优化策略大多数针对特定模型设计，但深度学习模型具有不同的网络架构和目标损失函数。在这种背景下，攻击者期望学习到的投毒攻击策略具有较高的通用性和迁移能力。如何满足高迁移性的要求是攻击者设计投毒攻击策略时会着重考虑的因素。基于 Ensemble 和凸边形设计的投毒攻击方法，以及通过学习"模型窃取"增强投毒攻击迁移能力的方法，可以满足对投毒攻击高迁移性的要求。

2.2.4 投毒攻击防御技术的发展

在投毒攻击防御技术的逐步演进过程中，机器学习技术的深入应用发挥了举足轻重的作用。回溯历史进程，可以清晰地看到投毒攻击防御技术历经数个关键阶段，不断向前发展。在机器学习技术的初步探索时期，投毒攻击尚未引起广泛关注。然而，随着数据集规模的不断扩展和模型性能的稳步提升，投毒攻击逐渐凸显，成为亟待解决的重大技术挑战。为有效应对这一挑战，研究人员率先提出了数据清洗技术。该技术旨在通过精准识别和剔除训练集中的恶意样本，确保模型训练过程的纯净性，从而为机器学习模型的安全运行提供有力保障。然而，随着攻击手段的不断演变和升级，单纯依赖数据清洗技术已难以满足防御投毒攻击的需求。为应对这一严峻形势，研究人员进一步开发了模型鲁棒性训练方法。该方法的核心目标在于提升模型在面临恶意数据时的预测稳定性，从而有效削弱投毒攻击对模型性能的不良影响。与此同时，数据增强技术也逐渐展现出其独特的优势，成为投毒攻击防御领域的重要技术手段。通过增加训练数据的多样性和丰富性，数据增强技术有助于提升模型的泛化能力，进一步降低投毒攻击对模型的影响。

当前，投毒攻击防御技术已逐步构建起综合防御策略体系。研究人员通过将多种技术手段相结合，构建出更加健壮、安全的机器学习模型，为人工智能系统的稳定运行提供有力保障。展望未来，随着人工智能技术的持续发展和广泛应用，模型的安全性将越发受到重视。因此，应高度重视投毒攻击防御技术的研究与应用工作，以确保智能网络系统的安全与稳定，为人类社会的繁荣发展创造一个更加安全、可靠的技术环境。

2.3 投毒攻击的威胁模型

威胁建模是一项至关重要的工作，旨在精准识别和量化人工智能系统中潜藏的安全威胁与漏洞。构建投毒攻击的威胁模型，必须全面考虑攻击者的知识背景、攻击目标、针对机器学习模型所采取的策略以及攻击者影响训练数据的能力等多重因素，如图 2-7 所示。

通过分析，得以更精准地把握这类攻击的本质，进而为人工智能系统的安全防护提供有力支撑。

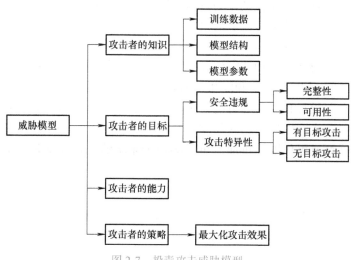

图 2-7　投毒攻击威胁模型

2.3.1　攻击者的知识

知识在很大程度上限制了攻击者的能力和策略。根据攻击者对于知识的掌握程度可将其分为完全知识、有限知识和零知识。

1）完全知识：对应于白盒攻击，在这种设置下，攻击者完全了解目标系统，包括训练数据、模型结构和训练参数。攻击者清楚地知道学习任务，并相应地知道选择的数据集和模型，甚至还能够直接访问训练数据和内部模型权重。

2）有限知识：对应于灰盒攻击，这是介于白盒和黑盒之间的复杂设置，攻击者只了解受害者的部分知识，例如训练数据或受害者模型的信息。在这种设置中，攻击者还可以使用当前知识训练一个代理受害者模型来弥补有限条件。

3）零知识：对应于黑盒攻击，攻击者对目标系统了解有限，仅能通过查询目标系统获取其对应的后验概率。相较于白盒和灰盒攻击，黑盒攻击更具挑战性。然而，攻击者并非对受害者一无所知，他们了解系统任务，进而可以推断学习者可能采用的算法和数据。基于这一前提，攻击者可以轻松收集代理训练数据集，并利用代理学习算法模拟原始受害者模型的训练过程，以替代原始受害者模型。

2.3.2　攻击者的目标

攻击者的意图是通过向系统中注入精心设计的投毒数据，进而篡改机器学习模型的输出结果，从而诱导模型做出误分类的情况。他们的目标大致可以归结为安全违规和攻击特异性这两大方向。

安全违规主要体现在完整性违规和可用性违规。完整性违规是指攻击者悄无声息地发动投毒攻击，而系统的日常运作并未因此受到显著影响。这种悄无声息的攻击模式，使得系统在表面上似乎运转正常，但实则已暗藏隐患。可用性违规是指攻击者利用投毒攻击直接对系统的正常性能进行破坏，导致系统无法按照预期提供所需的服务或功能，进而造成实质性的损害。

根据攻击是否具有特异性将其分为有目标攻击和无目标攻击。有目标攻击是指攻击者针对特定的测试数据，通过精心构造的投毒数据，来诱导受害模型在运作过程中对这些特定数据产生错误的判断，从而达到逃避检测、误导用户等目的。这类攻击的成功往往依赖于攻击者对目标系统内部结构和功能的深刻认识，以及他们在技术层面上的高超造诣。无目标攻击则表现为一种更为宽泛和随机的策略。攻击者并不针对特定的测试数据，而是试图通过广泛散布的投毒数据，尽可能多地干扰机器学习模型的预测结果，或是直接使整个机器学习系统陷入瘫痪。比如，在物联网环境中，攻击者可能操控大量传感器输出的数据，使其失去准确性或可信度，进而严重影响整个系统的运行效率和稳定性。

2.3.3　攻击者的能力

攻击者的能力是指其控制训练数据特征或标签的能力和策略，包括在不同智能网络收集的训练数据中注入或修改多少恶意数据，以及攻击者影响训练数据的哪些部分。通常，攻击者对训练数据了解得越多，其能力越强；反之，能力较弱的攻击者通常只能获取很少的训练数据信息。由于较高的投毒率更有可能导致模型出现问题，现有的攻击一般通过仅控制选定的小部分训练数据进行攻击，通常中毒样本占总数据样本的比例不超过30%。在过去的十年中，已经在持续发展更优化的投毒攻击，旨在最大化降低其准确率，并尽量减少所需的中毒样本数量。通过以下三种操作来操控模型：

（1）特征操控

攻击者修改输入数据的特征，使得这些数据在训练过程中误导模型学习。例如，攻击者可以在图像分类任务中篡改图片像素，使模型错误地识别这些图片的类别。

（2）标签操控

攻击者修改训练数据的标签，使模型在训练时学习到错误的标签信息。这种方式常见于文本分类任务中，攻击者可以通过修改评论的情感标签来干扰模型的情感分类结果。

（3）数据注入

攻击者向训练集中注入全新的恶意数据，这些数据被设计为对模型有负面影响。例如，在垃圾邮件过滤系统中，攻击者可以生成大量带有误导性标签的垃圾邮件数据，以干扰过滤器的准确性。

通过这些操作，攻击者能够有效地操控模型的训练过程，达到其攻击目标。了解攻击者的能力和策略对于设计有效的防御机制至关重要，能够保护机器学习系统免受投毒攻击的威胁。

2.3.4　攻击者的策略

攻击者的策略关键在于如何定量地调整训练样本，以达到攻击目标并最大化攻击效果。这涉及对训练数据特征的精细操控、类标签的修改，以及精准识别对机器学习模型影响最大的训练数据部分。

在不同知识背景的假设下，攻击者的策略可以通过KKT条件这一数学工具，以双层优化问题的形式进行表述。这种双层优化问题包括上层问题和下层问题两个层面。

以白盒攻击为例，上层问题旨在精心挑选投毒数据，以在验证数据集上最大化机器学习方法的损失函数；而下层问题则聚焦于在投毒数据集上重新训练机器学习方法，以最小化其损失函数。通过这种上下层的策略协同，攻击者能够有效地实现其攻击目标。

相比之下，黑盒攻击设置下的策略有所不同。攻击者在此情况下无法使用原始训练数据，而是依赖替代训练数据进行攻击。尽管面临这样的限制，攻击者仍可通过巧妙调整策略，以最大化攻击效果。

2.4　投毒攻击方法

本节将基于攻击者的目标以及攻击发生的阶段对投毒攻击进行介绍。按照破坏的目标，投毒攻击可分为破坏模型可用性的无目标投毒攻击和破坏模型完整性的有目标投毒攻击，见表 2-1。在此需明确指出，无目标投毒攻击和有目标投毒攻击均作用于模型的训练阶段，而后门攻击则可能发生在模型的训练阶段或测试阶段。本节将着重探讨无目标投毒攻击和有目标投毒攻击的相关内容。

表 2-1　投毒攻击分类

攻击发生阶段	可用性	完整性	
训练阶段	无目标投毒攻击	有目标投毒攻击	后门攻击
测试阶段			

2.4.1　无目标投毒攻击

进行无目标投毒攻击的攻击者的目的在于通过实施投毒行为，破坏系统的正常功能。具体而言，这类攻击者会选择在训练数据集中巧妙地插入恶意样本或对现有样本进行扰动，诱导模型对干净的验证样本产生误分类。这里需要强调的是，干净验证样本的误分类指的是对多种类型样本的普遍误判，而不仅仅局限于某一特定类别。

如图 2-8 所示，在交通标志分类任务中，假设模型需要区分两种主要的交通标志：限速标志（以三角形表示）和停止标志（以圆形表示）。初始时，模型通过学习一个决策边界（以实线表示），该边界能够将数据空间划分为两个明确的区域，分别对应着限速标志和停止标志。随后，攻击者可能会尝试通过无目标投毒攻击来干扰模型的分类性能，通过在训练数据集中注入一些精心设计的"中毒样本"（以正方形表示），这些样本会误导模型的学习过程。当模型在包含中毒样本的数据集上进行训练时，它的决策边界会发生变化。在新的决策边界（以虚线表示）下，可以看到原本应该被分类为停止标志的一些样本被错误地分类为了限速标志。

实现无目标投毒攻击的方式主要有两种。其一，是通过翻转中毒样本的标签来实现；其二，则是将其视为一个双层优化问题，在本小节中默认攻击者能够同时对中毒样本及其标签进行修改，但除此之外攻击者还可以只修改样本而不修改样本标签，这种攻击方式会更加隐蔽。

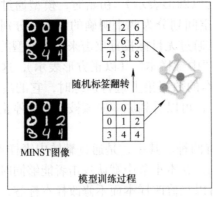

图 2-8　无目标投毒攻击效果示意图

1. 标签翻转

标签翻转攻击（Label-Flipping Poisoning Attack）的概念最初于 2011 年在亚洲机器学习会议（ACML）上被提出。攻击者仅通过修改训练数据集中部分样本的标签，就能够破坏模型的准确率，从而对其造成不利影响。

根据标签翻转操作是否依赖于具体模型，标签翻转攻击可分为随机标签翻转攻击和最优标签翻转攻击。这两种攻击方式均基于一个共同假设，即攻击者能够翻转的训练样本标签数量受到限制，以此来对攻击者的能力进行约束。

随机标签翻转是从训练数据中随机选择一定数量的样本翻转它们的标签。随机的标签翻转攻击是与模型无关的，攻击者不需要了解关于受害者模型的任何知识。以手写图像识别任务为例，图 2-9 展示了通过随机标签翻转的方式进行投毒攻击。首先攻击者随机选择部分样本进行标签翻转，在这里将原始数据集中真实值标签为 0 的图像标签翻转为 1、2 和 5，将真实值标签为 1 的图像标签翻转为 6，将真实值标签为 2 的图像标签翻转为 5，将真实值为 3 的图像标签翻转为 7，将真实值为 4 的图像标签翻转为 3 和 8；通过上述标签翻转操作生成中毒样本集，并将中毒样本集注入原始训练集进行训练；在推理阶段，可以看到模型将真实值为 0 的样本错误分类为 1 或者是 2。由此可见，通过随机标签翻转的方式进行无目标投毒攻击能够有效降低模型准确率。尽管这种随机策略在表面上显得颇为简洁，但它却具备根据遭受攻击的数据集特性、训练集规模以及被篡改的训练标签比例来有效降低分类精度的能力。

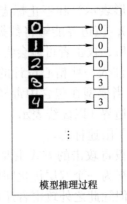

图 2-9　随机标签翻转攻击示意图

除随机标签翻转之外，攻击者还可以依赖于模型进行翻转，即最优标签翻转攻击。在这种攻击中，攻击者的目标是找到一组标签翻转组合，使得模型在测试集上的性能（如准确率）尽可能地低。其中可以使用贪心的方式来选择最优标签翻转组合。具体来说，攻击者首先尝试翻转第一个训练样本的标签，然后用这个修改后的数据集训练模型，并在测试集上评估其性能。接着，攻击者翻转第二个训练样本的标签，但保持其他标签不变，再次训练模型并评估性能。这个过程会重复进行，直到所有训练样本的标签都被翻转过。攻击者会记录哪个标签的翻转导致了模型性能的最大下降。在遍历完所有样本后，攻击者会选择导致性能下降最多的标签进行真正的翻转。然后，攻击者会继续这个过程，每次迭代都选择一个新的最优的标签进行翻转，直到达到设定的最多可以翻转的标签数量。

2. 双层优化投毒攻击

双层优化问题（Bilevel Programming Problem），也称为双层规划或 Stackelberg 问题。它涉及两个优化层次，其中上层优化问题依赖于下层优化问题的解。以供应链中双层优化问题为例，在供应链管理中，假设有一个领导者（上层）和多个追随者（下层）。领导者是供应链的中央决策者，负责制定整体的供应策略，如价格、生产量等。追随者则是供应链的各个参与者，如供应商、分销商等，他们根据领导者的决策来制定自己的最优策略，如采购量、销售量等。领导者的目标是最大化整个供应链的总利润。这取决于领导者的决策，如价格和生产量，以及追随者的反应（即他们的最优策略）。追随者的目标是最大化自己的利润。这取决于领导者的决策以及追随者自己的决策。每个追随者都会根据领导者的决策来制定自己的最优策略。在这个双层优化的过程中，首先由领导者制定一个初始的供应策略。然后追随者们根据这一策略，利用自己的优化方法，制定自己的最优采购、销售等策略。最后，领导者根据追随者们的反应，即他们的最优策略，重新评估并调整自己的供应策略，以实现更大的总利润。这个过程往往需要多次迭代。领导者和追随者们会不断地交换信息，领导者调整供应策略，追随者们根据新的策略再次制定最优策略，直到双方的策略都趋于稳定，不再发生显著变化为止。通过这样的双层优化过程，领导者和追随者们可以找到一个使得供应链总利润最大化的策略组合，同时也满足了追随者们追求各自最大利润的目标。

下面展示无目标投毒攻击的形式化定义：

$$\max_{\delta} L_{\mathrm{adv}}(V, M, \theta^{*}) \tag{2-4}$$

$$\mathrm{s.t.} \quad \theta^{*}(\delta) = \underset{\theta}{\mathrm{argmin}}\, L_{\mathrm{tr}}(D \cup D_{\mathrm{p}}^{\delta}, M, \theta) \tag{2-5}$$

式（2-5）中，L_{tr} 是任务的损失函数；D 是原始数据集；D_{p}^{δ} 是从原始数据集 D 中选择一部分样本添加扰动 δ 形成的中毒样本集；M 是受害者模型；θ 是 M 在损失函数 L_{tr} 下进行优化获得的参数。式（2-4）中，L_{adv} 是与无目标投毒攻击相关的目标函数；V 是验证样本集合；M 是受害者模型；θ^{*} 表示式（2-5）得到的使得 M 在训练集 $D \cup D_{\mathrm{p}}^{\delta}$ 中损失最小的 θ。

59

将无目标投毒攻击看成双层优化问题，其上层优化问题为攻击者寻找最优投毒策略，通过修改训练集中的一部分样本来最大化模型在验证集上的错误率，见式（2-4），攻击者定义一个损失函数 L_{adv}，该函数度量了模型在验证集上的错误率。然后，攻击者会尝试修改训练集中的一部分样本，通过选择添加在样本上面的扰动参数 δ 来对训练集样本进行修改，同时修改样本标签，以最大化这个损失函数。攻击者会使用各种优化技术（如梯度上升、遗传算法等）来寻找能够最大化验证集错误率的最佳投毒策略。其下层优化问题为模型训练以最小化损失函数，见式（2-5），即在给定攻击者投毒策略的情况下，模型通过训练来最小化训练集（包括原始数据和投毒数据）上的损失函数 L_{tr}。这通常是通过梯度下降等优化算法来实现的，目的是找到一组最优的模型参数，使得模型在训练集上的预测误差最小，具体而言，模型会使用训练集（包括原始数据集 D 和投毒数据 D_p^δ）来训练。在训练过程中，模型会不断地调整自己的参数 θ，以最小化训练集上的损失函数。然而，由于投毒数据的存在，模型可能会学习到一些错误的信息或模式，导致其在验证集或测试集上的性能下降。

在上述双层优化问题中，攻击者修改训练集中的一部分样本以及对应的标签来影响模型的训练过程，使得模型学习到错误的信息或模式，从而降低其在验证集或测试集上的性能。除此之外，还有干净标签的双层优化投毒（Bilevel Poisoning with Clean-Label）攻击。在此攻击中，假设攻击者有能力控制训练集中的一个更大子集，但仅对每个中毒样本进行细微的调整，同时保持其类标签不变，即实施所谓的干净标签攻击。

这种干净标签的双层优化投毒攻击的核心目标是向训练数据中注入人工难以察觉的噪声但是不修改样本的标签以生成中毒样本，从而干扰训练过程，使得在后续阶段，模型在干净的验证集上表现出显著不同的行为。

2.4.2 有目标投毒攻击

与无目标投毒攻击的策略不同，有目标投毒攻击的核心目的在于确保系统对于合法用户的可用性的同时，能够针对性地引发某些特定目标样本的分类错误。此种攻击手法因其高度的隐蔽性而更难以被觉察，因为在多数情况下它对于广大用户而言并无显著影响，系统对于大部分正常样本的分类依然保持精准无误。然而，对于特定的目标样本，系统却可能产生错误的预测结果。

如图 2-10 所示，在交通标志分类任务中，假设模型需要区分两种主要的交通标志：限速标志（以三角形表示）和停止标志（以圆形表示）。初始时，模型通过学习一个决策边界（以实线表示），该边界能够将数据空间划分为两个明确的区域，分别对应限速标志和停止标志。随后，攻击者可能会尝试通过有目标投毒攻击来干扰模型的分类性能，通过在训练数据集中注入一些精心设计的"中毒样本"（以正方形表示），这些样本会误导模型的学习过程，导致目标样本的误分类。当模型在包含中毒样本的数据集上进行训练时，它的决策边界发生了些微变化（以虚线表示），但是可以看到目标停止标志样本（圆圈中圆形）被分类成限速标志。

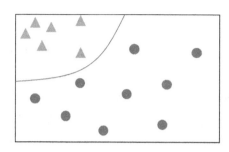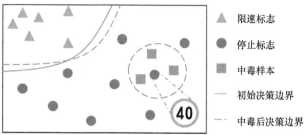

		▲	限速标志
		●	停止标志
		■	中毒样本
		——	初始决策边界
		----	中毒后决策边界

图 2-10　有目标投毒攻击示意图

下面从双层优化投毒攻击和针对微调场景的特征碰撞两个方面进行介绍。

1. 双层优化投毒攻击

下面展示将有目标投毒攻击看成双层优化问题的形式化定义：

$$\min_{\delta} L_{adv}(V, M, \theta^*) + L_{adv}(V_t, M, \theta^*) \tag{2-6}$$

$$\text{s.t.}\quad \theta^*(\delta) \in \mathop{\arg\min}_{\theta} L_{tr}(D \cup D_p^{\delta}, M, \theta) \tag{2-7}$$

使用双层优化方式进行有目标投毒攻击，这种方法和使用双层优化方式进行无目标投毒攻击最大的区别在于上层问题的目标，该方法的目的是让一组目标（验证）样本 V_t 被错误分类，但保持对干净（验证）样本集 V 的准确率。攻击者定义一个损失函数 L_{adv}，该函数度量了模型在验证集上的错误率，注意，这里的样本包括干净样本验证集以及目标样本验证集，其中，干净样本验证集中为干净样本以及对应的标签，目标样本验证集中包括中毒样本及其错误类别标签。然后，攻击者会尝试修改训练集中的一部分样本，通过选择添加在样本上面的扰动参数 δ 来对训练集样本进行修改，同时修改样本标签，以最小化这个损失函数。使用双层优化问题进行有目标投毒攻击的下层问题的目标以及解决方式和使用双层优化问题进行无目标投毒攻击的下层问题相同，见式（2-7）。

和有目标投毒攻击一致，也可使用双层优化投毒（干净标签）方式进行有目标投毒攻击，攻击者仅对训练样本添加一些扰动，但保持中毒样本的标签和其真实值相同来生成中毒样本。这也就意味着在模型训练过程中，中毒样本集 D_p^{δ} 中每一个中毒样本对应的标签是其真实值标签。因为在模型训练过程中，中毒样本标签和图像真实标签相同，所以这种攻击方式较为隐蔽。

2. 特征碰撞

特征碰撞（Feature Collision）攻击是基于特征碰撞启发式策略的一种攻击方式，适用于微调场景，旨在规避解决复杂的双层问题，从而优化投毒攻击的效果。该思想最初于 2018 年在神经信息处理系统会议和研讨会（NIPS）上被提出，其形式化定义如下：

61

$$\underset{\delta}{\mathrm{argmin}} \left\| \phi(x+\delta) - \phi(t) \right\|_2^2 \tag{2-8}$$

式中，$\phi(x)$ 表示特征提取器；$\|\bullet\|_2^2$ 表示二范数，也称为欧几里得范数，当输入为向量时，表示计算向量之间的欧几里得距离，当输入为矩阵时，又被称为佛罗贝尼乌斯范数。

在实际操作中，会预先将中毒样本设置为和基准样本 x 相同，目标签和样本 x 的真实标签相同。在训练过程中，不断改变在中毒样本上添加的扰动 δ，使得中毒样本和基准样本 x 在物理距离上很近，即在这种情况下在中毒样本上面增加的扰动是不易察觉的，在这种情况下，尽可能实现在高维特征空间中中毒样本和目标样本 t 接近，使得在测试过程中，因为目标样本 t 和中毒样本在高维空间中有相似的表示，所以很大概率会被错分至和基准样本 x 相同的类中，从而实现有目标投毒攻击。

特征碰撞攻击是一种适用性有限的启发式方法，攻击者必须了解所使用的特征提取器，并且特征提取器在引入中毒样本后不能发生实质性的变化，即训练过程不会显著改变特征嵌入。因此，使用特征碰撞的方式进行有目标投毒攻击适用于模型微调的场景，当模型从头开始训练他们的模型时，就会失败，因为投毒样本的特征嵌入可能会不同。

2.5 投毒攻击防御方法

投毒攻击是人工智能系统面临的重大安全挑战，严重威胁人工智能系统的性能和可靠性。模型一旦被成功投毒，可能会学习到错误的模式，从而在实际应用中做出错误的决策。例如，在医疗诊断系统中，攻击者可以在训练数据中加入标注错误的病例数据，使模型在诊断过程中出现错误，导致误诊或漏诊，严重影响患者的健康和生命安全。为了应对投毒攻击，研究人员提出了多种防御策略，包括训练数据检测、鲁棒性训练以及数据增强。

2.5.1 基于训练数据检测的防御方法

训练数据检测的目的是在模型训练前识别和去除中毒样本，以减轻攻击的影响。这种防御基于这样一种思想：为了有效，中毒样本必须不同于其他训练样本，否则，它们将不会对训练过程产生任何影响。因此，中毒样本相较于训练样本分布存在异常，这使它们能够被检测出来。基于训练数据检测的防御方法需要防御者有能力分辨正常数据和异常数据，在少数情况下也需要访问干净的验证集，即一个未受污染的数据集，以方便识别其与受污染数据集的区别，该过程无需对模型结构及参数进行改变。理论上，这种防御措施可以应用于所有的学习设置。

离群点检测是识别训练数据中异常样本的重要技术。接下来将探讨 4 种流行的离群点检测算法，这些算法能够有效地分析训练数据并从中识别出潜在的中毒样本。

1.基于统计的离群点检测算法

基于统计的离群点检测算法的核心原理在于构建一个能够反映原始数据集概率分布的

数学模型，随后对每一个样本进行概率评估，以判断其是否符合这一分布模型。在此过程中，那些概率较低的样本被视为潜在的离群点。从理论上分析，此类基于统计学的检测手段在识别投毒样本时具有显著优势。然而，该算法的有效实施依赖于对合法样本数据集分布特性的准确了解。此外，当处理高维数据时，基于统计学的检测方法在性能上可能存在一定的局限性。

2. 基于近邻度的离群点检测算法

基于近邻度的离群点检测算法的核心原理是对样本点之间的近邻关系进行度量，把远离大多数点的样本视为离群点。具体而言，首先为训练集中的每个样本找到 k 个最近的邻居（使用欧氏距离作为度量）。然后，统计这 k 个邻居中哪个标签最为常见。如果这个最常见的标签占邻居样本的比例超过了一个预设的阈值就认为原始样本的标签可能是错误的，并将其重新标记为这个最常见的标签。最后，迭代上述过程，直到没有更多的样本被重新标记。通过这种方式，能够在一定程度上修复被投毒样本的标签，减轻它们对模型训练的影响。

需要注意的是，这种方法也有其局限性。例如，如果两个类别的样本在特征空间上重叠严重，或者阈值设置不当，就可能导致一些正确的样本被误标记。但是，在大多数情况下，这种方法能够有效地减少投毒样本对模型性能的影响，提高模型的鲁棒性。

3. 基于密度的离群点检测算法

基于密度的离群点检测算法采用密度作为衡量样本是否为离群点的关键指标。其核心思想是假设离群点通常存在于数据集中的低密度区域，即那些数据分布较为稀疏的区域，可能潜藏着离群点。这种检测算法在处理数据分布在不同区域的情形时表现出色。然而，参数的选择却是一个较为棘手的问题，原因在于并非所有低密度区域都代表着离群点，有些可能是原始数据集中正常存在的小类样本。此外，对于规模庞大的数据集而言，由于样本分布广泛且丰富，该检测方法的适用性也相应受到限制。

4. 基于聚类的离群点检测算法

基于聚类的离群点检测算法的核心原理是利用聚类分析可以发现局部相关比较强的样本簇的特点，因为异常点和离群点都是少数类点，因此聚类分析可以实现对异常点或者离群点的检测。具体而言，首先，对数据进行必要的预处理，如标准化、归一化等，以消除量纲和尺度的影响；其次，根据数据的特点和需求选择合适的聚类算法，如 K-均值、层次聚类、DBSCAN；然后，使用聚类算法对数据集进行聚类，将数据划分为若干个簇；最后，进行异常点或离群点的识别，可以通过以下三种方式进行识别。

1）基于簇的大小：如果某个簇的样本数量远小于其他簇，则该簇可能包含异常点或离群点。因为大多数聚类算法倾向于将相似的样本聚集在一起形成大簇，而异常点和离群点由于与其他样本的相似性较低，往往会被单独聚成一个或多个小簇。

2）基于簇的密度：有些聚类算法（如 DBSCAN）能够识别不同密度的簇。在这种情况下，离群点往往位于低密度区域，因为它们与其他样本的相似性较低。

3）基于距离度量：对于每个样本，可以计算它与所属簇中心（或最近的簇中心）的距离。如果这个距离显著大于簇内其他样本到簇中心的平均距离，则可以将该样本视为异常点或离群点。

2.5.2 基于鲁棒性训练的防御方法

鲁棒性训练是一种在训练过程中有效降低投毒攻击对模型影响的方法。其核心思想在于设计一种特定的训练算法限制恶意样本对模型的影响，进而削弱投毒攻击的潜在威胁。这种基于鲁棒性训练的防御策略要求能够访问训练集、对学习算法进行改进，并允许访问模型的参数。因此，鲁棒性训练主要在防御者进行模型训练时实现，例如，在从头开始训练或微调模型的设置中。

为了减轻投毒攻击对模型的影响，可以将数据集划分为若干较小的子集。通过这种方法，攻击者需要更多的中毒样本来影响所有小分类器的性能。作为防御策略的一部分，防御者可以利用装袋（Bagging）算法或投票机制，或者将这两种方法结合使用，以构建具有鲁棒性的模型集合。此外，当某个样本在训练过程中导致模型的准确率显著下降时，可以选择将其从训练集中排除。同时，通过在训练过程中引入正则化项，也能有效防御投毒攻击。

Bagging 算法是一种著名的集成学习方法，于 1994 年提出，旨在通过随机合并训练数据集来提高分类器的性能。值得注意的是，Bagging 算法并不直接作用于模型本身，而是针对训练数据进行操作。具体而言，Bagging 算法通过创建多个训练数据集的子样本集，并在每个子样本集上训练一个基分类器。在测试阶段，Bagging 算法利用每个基分类器对测试样本进行预测，并将多个基分类器的预测标签中的众数作为最终预测结果。当训练数据集中中毒样本较少时，大多数子样本集将不包含中毒样本，从而确保大多数基分类器以及 Bagging 算法生成的预测标签不受中毒样本的影响。

2.5.3 基于数据增强的防御方法

数据增强可以在许多情况下使用，包括数据稀少的情况，以提高模型的泛化能力。简单的增强方法包括随机裁剪、水平翻转、缩放以及添加噪声，比如在人脸识别任务中，将数据集中人脸照片进行上述操作，数据集将会扩大，最终在这个扩大的数据集上训练的机器模型将会有更高的准确率。下面介绍两种数据增强技术。

Cutout 是一种卷积神经网络的正则化技术，其核心思想是通过在输入图像的随机位置去除连续的部分来增加数据集的多样性。具体来说，Cutout 在训练阶段会在输入图片的随机位置对一个固定大小的矩形区域使用 0 进行填充，如图 2-11 所示。Cutout 的主要灵感来源于许多计算机视觉任务中常见的物体遮挡问题。Cutout 不仅能帮助模型更好地应对现实世界中遇到的遮挡情况，还能促使模型在决策时考虑更多的图像上下文信息。

通过随机去除图像中的部分区域，Cutout 强制模型学习从剩余的信息中推断出正确的分类或预测结果。这种训练方式使得模型对局部遮挡或缺失的敏感性降低，从而提高了模型对投毒攻击的鲁棒性。

a) 原始样本1　　　　b) 使用Cutout在背景上增强的样本　　　　c) 使用Cutout在物体上增强的样本

图 2-11　使用 Cutout 在背景以及物体上进行样本增强的示意图

Mixup 是一种常用的数据增强技术，通过在训练过程中将两个不同样本的特征和标签进行线性插值来生成新的训练样本。Mixup 涉及对两个不同样本的特征和标签进行组合。具体地，对于给定的两个样本，假设样本 1 为 x_i，样本 2 为 x_j，其对应标签分别为 y_i 和 y_j，Mixup 生成的新样本特征和标签的计算公式如下，效果如图 2-12 所示。

$$\tilde{x} = \lambda x_i + (1-\lambda) x_j \tag{2-9}$$

$$\tilde{y} = \lambda y_i + (1-\lambda) y_j \tag{2-10}$$

a) 原始样本1　　　　　　b) 原始样本2　　　　　　c) 使用Mixup增强的样本

图 2-12　使用 Mixup 进行样本增强的示意图

Mixup 通过将原始训练样本的特征和标签进行混合，生成新的样本用于训练。这种数据增强技巧使得模型能够学习到更广泛和更复杂的数据分布，从而提高其泛化能力和鲁棒性。在防御投毒攻击时，泛化能力的提升意味着模型对异常或投毒样本的敏感度降低，从而增强了模型对于投毒攻击的防御能力。

2.6　投毒攻击与防御实现案例

了解投毒攻击与防御的最佳方式是通过具体实现案例进行深入理解。因此本节将介绍使用特征碰撞的方式进行有目标投毒攻击的具体实现案例，以及使用基于数据增强和鲁棒性训练结合的方式进行投毒攻击防御的案例，以帮助读者深刻理解投毒攻击与防御的实现方法。

65

2.6.1 投毒攻击案例

本案例以图像分类任务为背景，数据集选用 CIFAR-10，模型选择 ResNet。CIFAR-10 数据集是一个广泛用于机器学习和计算机视觉研究的基准数据集。它包含 60000 张 32×32 像素的彩色图像，分为 10 个类，每个类有 6000 张图像，包括飞机、汽车、鸟、猫、鹿、狗、青蛙、马、船和卡车。

下面将从数据集预处理、特征碰撞生成中毒样本以及利用中毒样本进行投毒攻击三个方面来介绍。

1. 数据集预处理

首先定义数据集的转换操作，如果命令行参数 normalize 为真，代码会将图像数据转换为张量并进行归一化；否则，仅将图像数据转换为张量。接下来，尝试加载 CIFAR-10 的训练集和测试集，如果用户指定目录中不存在该数据集，则自动下载数据集到该目录，最后应用前面定义的转换操作。

```
# 定义 CIFAR-10 数据集的均值和标准差，用于数据归一化
mean, std=（0.4914, 0.4822, 0.4465），（0.2023, 0.1994, 0.2010）
# 如果命令行参数中包含 normalize 选项，则添加归一化转换
if args.normalize：
    transform_list=[transforms.ToTensor(), transforms.Normalize（mean, std）]
# 否则，只进行 Tensor 转换
else：
    transform_list=[transforms.ToTensor()]
# 加载训练集数据，应用转换列表
trainset=torchvision.datasets.CIFAR10（
    root="./data",
    train=True,
    download=True,
    transform=transform_list
）
# 加载测试集数据，应用转换列表
testset=torchvision.datasets.CIFAR10（
    root="./data",
    train=False,
    download=True,
    transform=transform_list
）
```

2. 特征碰撞生成中毒样本

创建一个空列表 feature_extractors，用于存储加载的特征提取器模型。对于每个模型，使用 get_model 函数加载模型架构 net，使用 torch.load 加载模型的状态字典 state_dict，并映射到适当的设备。将 state_dict 中的权重加载到模型 net 中。使用 load_model_from_checkpoint 函数将配置好的模型添加到 feature_extractors 列表中。迭代 feature_extractors 列表中的每个模型。对于每个模型，禁用所有参数的梯度计算，防止在后续训

练中更新这些模型的权重。将模型设置为评估模式，否则会影响一些特定层（如 Dropout 和 BatchNorm）的行为，使其在推理过程中表现得与训练时不同。

```
# 初始化特征提取器列表
feature_extractors=[]

# 遍历所有指定的模型，加载每个模型的特征提取器
for i in range（len（args.model））：
    # 加载模型并从检查点恢复其状态
    feature_extractors.append（
        load_model_from_checkpoint（
            net=get_model（args.model[i]，args.pretrain_dataset）
            device="cuda" if torch.cuda.is_available() else "cpu"
            state_dict=torch.load（args.model_path[i]，map_location=device）
            net.load_state_dict（state_dict["net"]）
            net=net.to（device）
        )
    )

# 遍历所有特征提取器，设置它们为评估模式，并冻结其参数
for i in range（len（feature_extractors））：
    for param in feature_extractors[i].parameters()：
        param.requires_grad=False
    feature_extractors[i].eval()
    feature_extractors[i]=feature_extractors[i].to（device）
```

进行投毒攻击初始化设置，设置目标类别为 4，目标图像索引为 9139，基准类别为 7，基准图像索引列表为 [30330、7829、47673、14780、41050、37670、20223、41973、21599、33265、40426、25213、10643、23609、19553、41843、44560、18517、17023、14400、40330、26767、42366、34367、44798]。

```
target_img_idx = 9139
base_indices = [30330，7829，47673，14780，41050，37670，20223，41973，21599，33265，
40426，25213，10643，23609，19553，41843，44560，18517，17023，14400，40330，26767，
42366，34367，44798]）
```

根据投毒攻击初始化设置获取目标样本、基准样本，并初始化中毒图像列表，要保证中毒图像为未标准化图像。

```
# 初始化一个列表，用于存储投毒扰动的范数
poison_perturbation_norms=[]
# 获取测试集中目标图像及其标签
target_img, target_label=testset[target_img_idx]
# 从训练集中获取基准图像和标签，并将其堆叠为张量
base_imgs=torch.stack（[trainset[i][0] for i in base_indices]）
base_labels=torch.LongTensor（[trainset[i][1] for i in base_indices]）
# 初始化一个列表，用于存储投毒样本的元组（图像及其标签）
```

67

```
poison_tuples=[]
# 如果加载了归一化数据，则对目标图像进行反归一化处理
target_img= (
    un_normalize_data（target_img，args.dataset）if args.normalize else target_img
)
# 根据是否归一化数据，设置不同的 beta 值
beta=4.0 if args.normalize else 0.1
# 将基准图像和标签打包成元组，并转换为列表
base_tuples=list（zip（base_imgs，base_labels））
```

初始化投毒迭代次数为 120，然后遍历基准图像和标签。如果需要，对基准图像进行反归一化处理。设置目标值、步长、系数以及初始图像，通过加权目标图像和基准图像的线性组合初始化 x。在最大迭代次数内，计算损失并通过反向传播得到梯度，更新投毒图像。根据损失值调整步长，如果目标值未减少，步长减小为原来的 20%。若启用 L_2 范数正则化，则通过二次项调整更新步骤，并将更新后的图像限制在指定范围内。如果当前和更新后图像的变化小于阈值，则结束迭代。

```
# 设置投毒迭代次数
poison_iterations=120
# 对每个基准图像及其标签进行处理
for base_img，label in base_tuples：
    # 如果需要归一化数据，则对基准图像进行反归一化处理
    b_unnormalized= (
        un_normalize_data（base_img）if args.normalize else base_img
    )
    # 初始化目标函数值列表，并设置初始值为一个大数
    objective_vals=[10e8]
    # 设置步长
    step_size=0.001
    # 设置水印系数
    watermark_coeff=0.3
    # 复制基准图像，并与目标图像混合
    x=copy.deepcopy（b_unnormalized）
    x=watermark_coeff * target_img+（1-watermark_coeff）* x
    # 初始化特征碰撞完成标志和迭代计数器
    done_with_fc=False
    i=0
    # 开始特征碰撞迭代
    while not done_with_fc and i <poison_iterations：
        x.requires_grad=True        # 启用梯度计算
        # 根据是否归一化数据，创建小批量数据
        if args.normalize：
            mini_batch=torch.stack（
                [
                    normalize_data（x），
```

```
                    normalize_data（target_img），
                ]
            ）.to（device）
        else：
            mini_batch=torch.stack（[x，target_img]）.to（device）
        # 初始化损失值
        loss=0
        # 计算特征提取器的损失
        for feature_extractor in feature_extractors：
            feats=feature_extractor.penultimate（mini_batch）
            loss+=torch.norm（feats[0，：]-feats[1，：]）** 2
        # 计算损失相对于 x 的梯度
        grad=torch.autograd.grad（loss，[x]）[0]
        # 更新 x 值
        x_hat=x.detach()-step_size * grad.detach()
        # 如果不使用 L2 正则化
        if not args.l2：
            epsilon=8/255
            pert=（x_hat-b_unnormalized）.clamp（-epsilon，epsilon）
            x_new=b_unnormalized+pert
            x_new=x_new.clamp（0，1）
            obj=loss
        # 使用 L2 正则化
        else：
            x_new=（
                x_hat.detach()+step_size * beta * b_unnormalized.detach()
            ）/（1+step_size * beta）
            x_new=x_new.clamp（0，1）
            obj=beta * torch.norm（x_new-b_unnormalized）** 2+loss
        # 根据目标函数值调整步长
        if obj>objective_vals[-1]：
            step_size *=0.2
        else：
        # 检查 x 值的变化是否足够小
            if torch.norm（x-x_new）/torch.norm（x）<1e-5：
                done_with_fc=True
            x=copy.deepcopy（x_new）
            objective_vals.append（obj）
        i+=1
# 将最终生成的投毒样本添加到投毒元组列表中
poison_tuples.append（（transforms.ToPILImage()（x），label.item()））
# 计算并存储投毒扰动的最大范数
poison_perturbation_norms.append（
    torch.max（torch.abs（x-b_unnormalized））.item()
）
```

69

```
    x.requires_grad=False
```

将投毒攻击过程中生成的各种数据保存为 pickle 文件。具体来说，将中毒图像、中毒图像与基准图像之间的差异、基准图像、目标图像及其标签分别保存到 poisons.pickle、perturbation_norms.pickle、base_indices.pickle 和 target.pickle 文件中，每个保存操作都使用最高协议进行序列化。

```
# 检查指定的路径是否存在，如果不存在则创建该目录
if not os.path.isdir ( args.poisons_path ):
    os.makedirs ( args.poisons_path )
# 将中毒图像保存到 poisons.pickle 文件中
with open ( os.path.join ( args.poisons_path, "poisons.pickle" ), "wb" ) as handle：
    pickle.dump ( poison_tuples, handle, protocol=pickle.HIGHEST_PROTOCOL )
# 将中毒图像与基准图像之间的差异，即投毒扰动列表保存到 perturbation_norms.pickle 文件中
with open ( os.path.join ( args.poisons_path, "perturbation_norms.pickle" ), "wb" ) as handle：
    pickle.dump ( poison_perturbation_norms, handle, protocol=pickle.HIGHEST_PROTOCOL )
# 将基准图像保存到 base_indices.pickle 文件中
with open ( os.path.join ( args.poisons_path, "base_indices.pickle" ), "wb" ) as handle：
    pickle.dump ( base_indices, handle, protocol=pickle.HIGHEST_PROTOCOL )
# 将目标图像及其标签保存到 target.pickle 文件中
with open ( os.path.join ( args.poisons_path, "target.pickle" ), "wb" ) as handle：
    pickle.dump (
        ( transforms.ToPILImage() ( target_img ), target_label ),
        handle,
        protocol=pickle.HIGHEST_PROTOCOL,
    )
```

3. 利用中毒样本进行投毒攻击

首先加载上一个步骤形成的中毒样本、基准样本以及目标样本；然后加载模型，使模型在中毒数据集上训练；最后测试模型的准确率以及投毒成功率。

从上述步骤形成的文件中加载中毒样本、基准样本索引、目标图像及其标签，如果目标图像包含补丁，验证其形状和位置的有效性，并将补丁应用于目标图像，计算扰动范数。注意此步骤和上面存储步骤可省略，此处是为了方便扩展。

```
# 从指定路径加载投毒样本元组
with open ( os.path.join ( args.poisons_path, "poisons.pickle" ), "rb" ) as handle：
    poison_tuples=pickle.load ( handle )
    poisoned_label=poison_tuples[0][1]
# 从指定路径加载基准图像的索引列表
with open ( os.path.join ( args.poisons_path, "base_indices.pickle" ), "rb" ) as handle：
    poison_indices=pickle.load ( handle )
# 加载 CIFAR-10 训练集，应用训练集转换
cleanset=torchvision.datasets.CIFAR10 (
    root="./data", train=True, download=True, transform=transform_train
)
```

```
# 加载 CIFAR-10 测试集，应用测试集转换
testset=torchvision.datasets.CIFAR10（
    root="./data"，train=False，download=True，transform=transform_test
）
# 创建测试集的数据加载器
testloader=torch.utils.data.DataLoader（testset，batch_size=128，shuffle=False）
# 加载原始 CIFAR-10 训练集，转换为张量格式
dataset=torchvision.datasets.CIFAR10（
    root="./data"，train=True，download=True，transform=transforms.ToTensor()
）
# 创建包含投毒样本的训练集
trainset=PoisonedDataset（
    cleanset，poison_tuples，args.trainset_size，transform_train，poison_indices
）
# 创建训练集的数据加载器
trainloader=torch.utils.data.DataLoader（
    trainset，batch_size=args.batch_size，shuffle=True
）
# 设置类别数量
num_classes=10
# 从指定路径加载目标图像元组
with open（os.path.join（args.poisons_path，"target.pickle"），"rb"）as handle：
    target_img_tuple=pickle.load（handle）
    target_class=target_img_tuple[1]
    # 处理带有补丁的目标图像
    if len（target_img_tuple）==4：
        patch=target_img_tuple[2] if torch.is_tensor（target_img_tuple[2]）else torch.tensor
        （target_img_tuple[2]）
        if patch.shape[0]！=3 or patch.shape[1]！=args.patch_size or patch.shape[2]！=args.
        patch_size：
            print（
                f"Expected shape of the patch is [3，{args.patch_size}，{args.patch_size}] "
                f"but is {patch.shape}. Exiting from poison_test.py."
            ）
            sys.exit()
    startx，starty=target_img_tuple[3]
    target_img_pil=target_img_tuple[0]
    h，w=target_img_pil.size
    if starty+args.patch_size>h or startx+args.patch_size>w：
        print（
            "Invalid startx or starty point for the patch. Exiting from poison_test.py."
        ）
        sys.exit()
    target_img_tensor=transforms.ToTensor()（target_img_pil）
    target_img_tensor[：，starty：starty+args.patch_size，startx：startx+args.patch_
```

```
                size]=patch
                target_img_pil=transforms.ToPILImage()（target_img_tensor）
        else：
                target_img_pil=target_img_tuple[0]
# 将目标图像转换为测试集的转换格式
target_img=transform_test（target_img_pil）
# 计算投毒扰动的范数
poison_perturbation_norms=compute_perturbation_norms（
        poison_tuples，dataset，poison_indices
）
```

加载模型，如果提供了模型路径，则从检查点加载模型；否则，初始化新的模型。

```
# 检查是否提供了模型路径
if args.model_path is not None：
        # 从检查点加载模型
        net=load_model_from_checkpoint（
                args.model，args.model_path，args.pretrain_dataset
        ）
else：
        # 如果没有提供模型路径，设置不进行全局特征提取
        args.ffe=False
        # 获取模型架构
        net=get_model（args.model，args.dataset）
# 如果设置了全局特征提取，则冻结模型的所有参数
if args.ffe：
        for param in net.parameters()：
                param.requires_grad=False
# 获取模型线性层的输入特征数
num_ftrs=net.linear.in_features
# 重定义模型的线性层，使其输出与类别数相匹配
net.linear=nn.Linear（num_ftrs，num_classes）
# 根据指定的优化器类型创建优化器
if args.optimizer.upper()=="SGD"：
        optimizer=optim.SGD（
                net.parameters()，lr=lr，weight_decay=args.weight_decay，momentum=0.9
        ）
elif args.optimizer.upper()=="ADAM"：
        optimizer=optim.Adam（net.parameters()，lr=lr，weight_decay=args.weight_decay）
# 定义损失函数为交叉熵损失
criterion=nn.CrossEntropyLoss()
```

在指定的训练周期内，调整学习率并训练模型。每隔一定周期，测试模型的准确率和投毒成功率。训练结束后，进行最终测试并输出自然准确率和投毒成功率。将投毒路径、模型信息、目标类别、基础类别、投毒样本数量、最大扰动范数、训练周期、损失、准确率和投毒成功率等信息记录到字典，并保存到结果表中。至此，投毒攻击完成。

```
# 初始化 epoch 计数器
epoch=0
# 进行训练和验证循环
for epoch in range（args.epochs）：
    # 调整学习率
    adjust_learning_rate（optimizer，epoch，args.lr_schedule，args.lr_factor）
    # 进行训练，返回训练损失和准确率
    loss，acc=train（
        net，trainloader，optimizer，criterion，device，train_bn=not args.ffe
    ）
    # 每隔指定周期进行一次验证
    if（epoch+1）% args.val_period==0：
        # 在测试集上进行测试，获取自然准确率
        natural_acc=test（net，testloader，device）

        # 评估模型
        net.eval()

        # 评估目标图像是否被错误分类为投毒标签
        p_acc=（
            net（target_img.unsqueeze（0）.to（device））.max（1）[1].item()
            ==poisoned_label
        ）
# 在训练结束后进行一次最终测试
natural_acc=test（net，testloader，device）
# 评估模型
net.eval()
# 评估目标图像是否被错误分类为投毒标签
p_acc=net（target_img.unsqueeze（0）.to（device））.max（1）[1].item()==poisoned_label
# 收集统计信息
stats=OrderedDict（
    [
        （"poisons path"，args.poisons_path），
        （"model"，args.model_path if args.model_path is not None else args.model），
        （"target class"，target_class），
        （"base class"，poisoned_label），
        （"num poisons"，len（poison_tuples）），
        （"max perturbation norm"，np.max（poison_perturbation_norms）），
        （"epoch"，epoch），
        （"loss"，loss），
        （"training_acc"，acc），
        （"natural_acc"，natural_acc），
        （"poison_acc"，p_acc），
    ]
）
```

73

```
# 将统计信息写入结果表
to_results_table（stats，args.output）
```

2.6.2 投毒攻击防御案例

本案例以手写数字识别任务为背景，使用 MNIST 数据集，防御者选择使用基于数据增强和鲁棒性训练结合的防御方法。MNIST 数据集是一个广泛用于机器学习和图像处理领域的基准数据集，包含 60000 张训练图像和 10000 张测试图像，每张图像是 28×28 像素的灰度图，展示了手写的 $0 \sim 9$ 的数字。

本小节将从数据集预处理、模型构建以及初始化、模型鲁棒性训练三个方面来介绍。

1. 数据集预处理

数据集预处理过程通过读取原始数据，输出归一化的图像编码，并将图像标签表示为独热编码。独热编码（One-Hot Encoding）是一种用于将分类数据转换为数值数据的技术，广泛应用于机器学习和深度学习中。它将分类变量（Categorical Variable）转换为二进制向量，使得每个类别都由一个独特的二进制向量表示。具体来说，对于一个具有 N 个不同类别的分类变量，每个类别将被转换为一个长度为 N 的二进制向量，其中只有一个元素为 1，其余元素为 0。该过程从数据集中加载训练和测试数据，根据图像数据格式，调整训练和测试数据的形状，将数据类型转换为浮点型，并对其进行归一化，最后将标签转换为独热编码。

具体而言，使用 Keras 的内置函数加载 MNIST 数据集，包含训练数据和测试数据。根据图像数据格式（'channels_first' 或 'channels_last'），调整训练和测试数据的形状，以适应卷积神经网络的输入要求。将数据类型转换为 float32，并将像素值归一化到 [0，1] 区间。打印训练数据的形状和样本数量，设置输入形状，将类标签转换为独热编码的形式，以适应模型的输出要求。

```
# 加载 MNIST 数据集
（x_train，y_train），（x_test，y_test）=mnist.load_data()
# 检查 Keras 的图像数据格式
if keras.image_data_format()=='channels_first':
    # 如果数据格式是 channels_first，则将图像数据重塑为（samples，channels，rows，cols）
    x_train=x_train.reshape（x_train.shape[0]，1，img_rows，img_cols）
    x_test=x_test.reshape（x_test.shape[0]，1，img_rows，img_cols）
    input_shape=（1，img_rows，img_cols）
else：
    # 如果数据格式是 channels_last，则将图像数据重塑为（samples，rows，cols，channels）
    x_train=x_train.reshape（x_train.shape[0]，img_rows，img_cols，1）
    x_test=x_test.reshape（x_test.shape[0]，img_rows，img_cols，1）
    input_shape=（img_rows，img_cols，1）
# 将训练和测试图像数据类型转换为 float32
x_train=x_train.astype（'float32'）
x_test=x_test.astype（'float32'）
# 将图像数据归一化到 0 ～ 1 范围内
```

```
x_train/=255
x_test/=255
# 获取输入数据的形状
input_shape=x_train.shape[1：]
# 将类标签转换为独热编码
y_train=keras.utils.to_categorical（y_train，num_classes）
y_test=keras.utils.to_categorical（y_test，num_classes）
```

2. 模型构建以及初始化

模型构建以及初始化过程使用预定义的层来构建模型，并输出初始化好权重的模型。首先构建一个卷积神经网络，并对其进行编译，最后保存模型初始权重。

模型包含两个卷积层、一个最大池化层、两个 Dropout 层、一个全连接层和一个输出层。使用分类交叉熵作为损失函数，Adadelta 作为优化器，并设置评估指标为准确率。获取并保存模型的初始权重，用于后续的重新初始化。

```
# 创建一个序列模型
model=Sequential()
# 添加一个 2D 卷积层，包含 32 个 3 像素 ×3 像素的卷积核，激活函数为 ReLU，指定输入形状
model.add（Conv2D（32，kernel_size=（3，3），
                  activation='relu',
                  input_shape=input_shape））

# 添加第二个 2D 卷积层，包含 64 个 3 像素 ×3 像素的卷积核，激活函数为 ReLU
model.add（Conv2D（64，（3，3），activation='relu'））
# 添加一个 2D 最大池化层，池化窗口大小为 2 像素 ×2 像素
model.add（MaxPooling2D（pool_size=（2，2）））
# 添加一个 Dropout 层，随机丢弃 25% 的输入神经元以防止过拟合
model.add（Dropout（0.25））
# 添加一个 Flatten 层，将多维输入一维化
model.add（Flatten（））
# 添加一个全连接层，包含 128 个神经元，激活函数为 ReLU
model.add（Dense（128，activation='relu'））
# 添加另一个 Dropout 层，随机丢弃 50% 的输入神经元以防止过拟合
model.add（Dropout（0.5））
# 添加一个全连接层，输出神经元数等于类别数，激活函数为 softmax，用于分类
model.add（Dense（num_classes，activation='softmax'））
# 编译模型，指定损失函数为分类交叉熵，优化器为 Adadelta，评估指标为准确率
model.compile（loss=keras.losses.categorical_crossentropy,
               optimizer=keras.optimizers.Adadelta(),
               metrics=['accuracy']）
# 初始化模型权重
weights_initialize=model.get_weights()
```

3. 模型鲁棒性训练

鲁棒性训练需要将每次从训练数据集中采样的样本数量作为输入，在指定的迭代范围

内重复训练和评估过程。使用数据增强技术对训练数据进行多次抽样，并在每次训练后对模型进行评估。每次训练完成后，恢复模型的初始权重并记录预测结果。

创建一个数组用于记录每个测试样本的预测频率和真实标签。

```
# 从命令行参数中获取 k 值并转换为整数
k_value=int（args.k）
# 初始化一个零数组，用于存储聚合结果，数组大小为（x_test 样本数，类别数 +1）
aggregate_result=np.zeros（[x_test.shape[0]，num_classes+1]，dtype=np.int）
# 创建一个数据生成器，用于 MNIST 数据增强
datagen=dataaug.DataGeneratorFunMNIST()
```

创建数据增强生成器对象，用于生成训练样本。此函数无需输入，输出一个配置好的 ImageDataGenerator 实例，可用于生成增强后的图像数据。其中设置随机旋转图像（范围为 0 ~ 10°）、随机水平和垂直平移图像（范围为图像宽度和高度的 10%），填充模式为"nearest"，数据格式为"channels_last"。

```
def DataGeneratorFunMNIST()：
    # 创建一个 ImageDataGenerator 实例，用于 MNIST 数据的增强
    datagen=ImageDataGenerator（
        # 不对数据集的特征进行均值中心化
        featurewise_center=False,
        # 不对每个样本进行均值中心化
        samplewise_center=False,
        # 不对数据集的特征进行标准化
        featurewise_std_normalization=False,
        # 不对每个样本进行标准化
        samplewise_std_normalization=False,
        # 不应用 ZCA 白化
        zca_whitening=False,
        # ZCA 白化的 epsilon 值
        zca_epsilon=1e-06,
        # 随机旋转图像的角度范围
        rotation_range=10,
        # 随机水平平移图像
        width_shift_range=0.1,
        # 随机垂直平移图像
        height_shift_range=0.1,
        # 剪切变换范围
        shear_range=0.0,
        # 缩放变换范围
        zoom_range=0.0,
        # 随机通道偏移范围
        channel_shift_range=0.,
        # 填充像素的方法
        fill_mode='nearest',
        # 填充值
```

76

```
                cval=0.,
                # 不进行水平翻转
                horizontal_flip=False,
                # 不进行垂直翻转
                vertical_flip=False,
                # 不进行额外的缩放
                rescale=None,
                # 不应用任何预处理函数
                preprocessing_function=None,
                # 数据格式为 "channels_last"
                data_format="channels_last",
                # 不进行验证集划分
                validation_split=0.0
            )
        return datagen
```

对模型进行多次训练和评估，并通过采样和数据增强技术来提升模型的鲁棒性和稳定性。这个过程的输入为迭代的起止次数，从训练数据集中采用有放回采样的方式随机采样 k_value 个样本。其中，x_train.shape[0] 是训练数据的总样本数。根据随机选择的索引 sample_index，从原始训练数据 x_train 和 y_train 中提取相应的样本，形成新的训练子集 x_train_sample 和 y_train_sample。使用数据增强生成器 datagen.flow 生成批量训练数据，并使用 model.fit_generator 方法训练模型，其中，batch_size 指定了批量大小，epochs 指定了训练的轮数，workers=4 表示使用 4 个工作线程进行数据生成。使用测试数据集 x_test 和 y_test 评估模型的性能，计算损失和准确率。使用训练好的模型对测试数据集进行预测，np.argmax 返回预测概率最大的类别标签，统计每个测试样本被预测为每个类别的次数。aggregate_result 是一个二维数组，记录了每个测试样本在多次重复实验中的聚合结果。在每次训练和评估后，使用初始权重 weights_initialize 重新初始化模型，以确保每次训练都是从相同的起点开始。这有助于消除训练过程中累积的随机性影响。

```
# 在指定的范围内重复实验
for repeat_time in range ( int ( args.start ), int ( args.end )):
    # 随机选择训练样本的索引，生成一个大小为 k_value 的样本集
    sample_index=np.random.choice ( x_train.shape[0], k_value, replace=True )
    # 根据选择的索引从训练集中提取样本和对应的标签
    x_train_sample=x_train[sample_index, : , : , : ]
    y_train_sample=y_train[sample_index, : ]
    # 使用数据生成器进行数据增强，并训练模型
    model.fit_generator ( datagen.flow ( x_train_sample, y_train_sample, batch_size=batch_size ),
    epochs=epochs, verbose=0, workers=4 )
    # 评估模型在测试集上的表现
    score=model.evaluate ( x_test, y_test, verbose=0 )
    print ( 'Test loss：', score[0] )
    print ( 'Test accuracy：', score[1] )
    # 对测试集进行预测，并获取预测标签
    prediction_label=np.argmax ( model.predict ( x_test ), axis=1 )
```

```
# 更新聚合结果
aggregate_result[np.arange（0，x_test.shape[0]），prediction_label]+=1
# 重置模型权重
model.set_weights（weights_initialize）
```

在 aggregate_result 数组的最后一列记录每个测试样本的真实标签并且将独热编码的标签转换为类别索引，并将聚合结果保存。

```
# 将测试集的真实标签添加到聚合结果的最后一列
aggregate_result[np.arange（0，x_test.shape[0]），-1]=np.argmax（y_test，axis=1）
# 设置临时文件夹路径
tmp_folder="./aggregate_result"
# 如果临时文件夹不存在，则创建它
if not os.path.exists（tmp_folder）:
    os.makedirs（tmp_folder）
# 添加子目录路径
tmp_folder+="/mnist"
# 如果子目录不存在，则创建它
if not os.path.exists（tmp_folder）:
    os.makedirs（tmp_folder）
# 设置聚合结果文件夹路径
aggregate_folder="./aggregate_result/mnist/k_"+args.k
# 如果聚合结果文件夹不存在，则创建它
if not os.path.exists（aggregate_folder）:
    os.makedirs（aggregate_folder）
# 保存聚合结果为 npz 文件
np.savez（aggregate_folder+"/aggregate_batch_k_"+args.k+"_start_"+args.start+"_end_"+args.end+".npz"，x=aggregate_result）
```

本章小结

本章详细介绍了人工智能安全中投毒攻击与防御的相关知识，通过了解投毒攻击的定义、分类、实现方式以及防御方式，希望读者可以更加深入地理解投毒攻击的本质和危害，并掌握相应的防御策略。这对于保障人工智能的安全性和可靠性具有重要意义，有助于推动人工智能技术的发展和广泛应用。

思考题与习题

一、选择题

2-1. 无目标投毒攻击的主要目的是（　　　）。

A. 针对特定目标进行干扰

B. 通过向数据集中注入随机噪声全面降低数据集的整体质量

C. 提高模型的准确率

D. 增强模型的稳定性

2-2. 根据攻击目标的不同，投毒攻击可以分为（　　　）。

A. 完全投毒攻击和部分投毒攻击

B. 有目标投毒攻击和无目标投毒攻击

C. 内部投毒攻击和外部投毒攻击

D. 数据特征攻击和标签攻击

2-3. 有目标投毒攻击的主要目的是（　　　）。

A. 诱导模型对特定输入产生错误的预测

B. 诱导模型对干净验证样本产生普遍误分类

C. 增强模型的鲁棒性

D. 优化模型的训练速度

2-4. 哪种方法不属于实现无目标投毒攻击的方式？（　　　）

A. 标签翻转　　　　　　　　　　　B. 双层优化问题（允许修改标签）

C. 双层优化问题（不允许修改标签）　　D. 数据增强

2-5. 基于训练数据检测的防御方法的核心思想是（　　　）。

A. 修改模型的架构　　　　　　　　B. 识别并去除训练数据中的中毒样本

C. 增强模型的训练数据　　　　　　D. 优化模型的参数

2-6. 以下哪种数据增强技术通过在输入图像的随机位置去除连续的部分来增加数据集的多样性？（　　　）

A. Mixup　　　　　　B. Cutout　　　　　　C. Dropout　　　　　　D. Random Cropping

二、判断题

2-7. 投毒攻击的优化策略包括基于 KKT 条件的求解方案和基于多步随机梯度下降的求解方案。（　　）

2-8. 投毒攻击只能通过向数据集中注入噪声数据来实现。（　　）

2-9. 无目标投毒攻击的特点是它针对特定的测试数据进行攻击。（　　）

2-10. 在双层优化投毒攻击（干净标签）中，攻击者能够修改训练数据的标签。（　　）

2-11. 基于密度的离群点检测算法假设离群点通常存在于数据集中的高密度区域。（　　）

2-12. Cutout 技术在训练阶段会在输入图片的随机位置使用一个固定大小的矩形区域，并使用 0 进行填充。（　　）

2-13. 鲁棒性训练方法主要在防御者进行模型训练时实现，例如在从头开始训练或微调模型的设置中。（　　）

三、填空题

2-14. 攻击者的知识背景分为完全知识、有限知识和零知识，分别对应＿＿＿＿攻击、＿＿＿＿攻击和＿＿＿＿攻击。

2-15. 随机标签翻转攻击是与＿＿＿＿无关的，攻击者不需要了解关于受害者模型的任何知识。

2-16. 特征碰撞攻击的目标是使中毒样本和目标样本在＿＿＿＿中有相似的表示，从而在测试过程中实现误分类。

参考文献

[1] BARRENO M, BARTLETT P L, CHI F J, et al.Open problems in the security of learning[C]// Proceedings of the 1st ACM Workshop on AISec. [S.l.: s.n.], 2008: 19–26.

[2] BIGGIO B, NELSON B, LASKOW P. Poisoning attacks against support vector machines[C]// Proceedings of the 29th International Conference on International Conference on Machine Learning, 2012: 1–8.

[3] 腾讯安全朱雀实验室 .AI 安全：技术与实战 [M]. 北京：电子工业出版社，2022.

[4] 张旭鑫 . 基于深度学习的推荐系统投毒攻击与检测研究 [D]. 武汉：华中科技大学，2022.

[5] WANG C, CHEN J, YANG Y, et al.Poisoning attacks and countermeasures in intelligent networks: Status quo and prospects[J].Digital Communications and Networks, 2022, 8 (2): 225–234.

[6] CINÀ A E, GROSSE K, DEMONTIS A, et al.Wild patterns reloaded: A survey of machine learning security against training data poisoning[J].ACM Computing Surveys, 2023, 55 (13): 1–39.

[7] BIGGIO B, NELSON B, LASKOV P.Support vector machines under adversarial label noise[J].Journal of Machine Learning Research, 2011, 20 (3): 97–112.

[8] FENG J, CAI Q Z, ZHOU Z H.Learning to confuse: Generating training time adversarial data with auto–encoder[C]//32nd Conference on Neural Information Processing Systems. [S.l.: s.n.], 2020: 11962–11972.

[9] SHAFAHI A, HUANG W R, NAJIBI M, et al.Poison frogs！Targeted clean–label poisoning attacks on neural networks[C]//32nd Annual Conference on Neural Information Processing Systems. [S.l.: s.n.], 2018: 31.

[10] 李盼 . 针对机器学习算法的投毒及其防御技术研究 [D]. 长沙：国防科技大学，2021.

第 3 章 对抗攻击与防御

近年来，深度学习方法在医疗、自动驾驶、金融分析等多个领域实现了革命性的突破，极大地推进了人工智能的应用边界。在医疗影像分析中，深度学习模型能够准确地辅助医生进行诊断；在自动驾驶领域，深度神经网络能够准确地识别路况和预测潜在障碍。但是，随着这些技术融入日常生活的每一个角落，其潜在的安全问题也逐渐显露。对抗攻击便是其中之一，它是在输入数据中添加一些精心设计且无法被人类察觉的噪声，使模型对输入数据做出错误的判断，这种经过人为设计所添加的噪声被称为对抗扰动，添加噪声后得到的样本则被称为对抗样本。本章将深入探讨数字世界中对抗样本的相关知识，为读者提供一个清晰直观的认识，并帮助读者了解关于对抗样本生成、检测及防御算法的原理。

【本章知识点】

- 对抗样本的定义
- 对抗攻击的威胁模型
- 对抗样本生成算法
- 对抗样本检测算法
- 对抗样本防御算法

3.1 对抗样本概述

本节将介绍对抗样本的相关基础知识，帮助读者了解对抗样本的定义、对抗攻击的威胁模型和对抗攻击的分类，理解对抗攻击的机制和整体框架，为后续章节学习攻击、检测和防御方法提供理论支撑。

3.1.1 对抗样本的定义

深度神经网络在语音识别、图像识别、自然语言处理等任务上取得了显著成效。然而，2013 年美国谷歌公司的 Szegedy 等研究人员首次发现计算机视觉模型推理过程中存在对抗样本，其仅含有微小的、对人眼而言几乎不可察觉的噪声，但这些细微差异足以导致深度神经网络模型做出错误的判断或预测。

对抗样本被定义为对于一个给定的分类器 $f(\cdot)$，任意一个原始样本 x 和对应的对抗样本 x' 之间满足以下条件：

$$f(x) \neq f(x'), \quad \|x' - x\|_p < \varepsilon \tag{3-1}$$

式中，ε 是用来约束扰动幅度的常数，确保这种扰动对人类观察者来说是微不足道的；$\|\cdot\|_p$ 表示 L_p 范数，用于衡量对抗样本 x' 和原始样本 x 之间的差异。从式（3-1）可以看出，攻击者试图在规定的噪声扰动范围内找到能够使深度模型分类错误的对抗样本。

如图 3-1 所示，攻击者通过在左边的原始图像中加入特定设计的对抗噪声生成右边的对抗样本。尽管从人类的视角来看，两幅图像都是考拉，但深度学习模型却将左边的原始图像以 57.7% 的置信度正确地识别为考拉，而将右边的对抗样本以 99.3% 的置信度错误地识别为浣熊。

 +0.007× 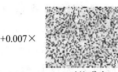 =

原始样本　　　　　　　对抗噪声　　　　　　　对抗样本
机器：考拉　　　　　　　　　　　　　　　　机器：浣熊
人类：考拉　　　　　　　　　　　　　　　　人类：考拉

图 3-1　对抗样本生成示意图

这种恶意设计的对抗样本在面部识别、自动驾驶、语音识别等系统中的出现可能导致令人难以接受的结果。例如，轻微修改的交通标志可能误导自动驾驶汽车做出错误决策，或者经过精心设计的噪声能够使面部识别系统将一个人错误地识别为另一个人。

3.1.2　对抗攻击的威胁模型

威胁模型详细描述了攻击者在针对深度学习模型生成对抗样本时所处的具体场景。在这个场景中，攻击者作为对抗攻击的主要发起者，其拥有的知识、设定的目标以及具备的能力，共同构成了攻击行为的核心组成部分，这些因素直接且显著地影响着攻击方法的选择以及最终的攻击效果。

1. 攻击者的知识

攻击者对目标人工智能模型进行攻击时，其知识水平是至关重要的因素，影响着对抗攻击的策略和效果。基于攻击者对目标模型的了解程度，可以将攻击划分为三种主要类型：白盒攻击、黑盒攻击和灰盒攻击。

1）白盒攻击：白盒攻击是指攻击者拥有关于目标模型的全部信息，包括但不限于模型的架构、参数、梯度信息及其数据集等。由于攻击者能够准确掌握模型的详细信息，因此他们能够设计出精准的对抗样本来误导模型。但在实际环境中获取目标模型的完整信息通常是不现实的，因此在现实世界中实现白盒攻击较为困难。尽管如此，白盒攻击在研究和评估人工智能模型的鲁棒性方面具有很重要的作用，能够帮助研究人员深入了解模型的弱点，并据此提出改进方案。

2）黑盒攻击：与白盒攻击相反，黑盒攻击中攻击者对目标模型信息是一无所知的。攻击者只能通过利用模型输出的分类结果来尝试生成能够误导模型的对抗样本。尽管这种攻击方式的实施难度较大，但它更接近于现实世界中可能发生的攻击场景。

3）灰盒攻击：灰盒攻击是介于白盒攻击和黑盒攻击之间的攻击方式。在灰盒攻击中，攻击者能够获得目标模型的一部分信息，这些信息可能包括模型的部分架构、部分参数值或者分类结果的概率值。尽管灰盒攻击相对于白盒攻击来说在信息的掌握上有所欠缺，但攻击者仍然可以利用这部分信息来推测和分析模型的内部逻辑，从而设计出有效的对抗策略。灰盒攻击在现实世界中更为常见，因为攻击者往往能够通过合法或非法的手段获取到目标模型的部分信息。

2. 攻击者的目标

在攻击者实施对抗攻击的过程中，可以依照其攻击目的性分为有目标攻击和无目标攻击。这两种攻击方式在策略、复杂性和影响上都有所不同。

1）无目标攻击：无目标攻击指的是攻击者通过设计特定的输入，导致模型做出错误的判断。这种攻击不需要指定错误的类别，仅需使模型的预测结果与真实标签不一致。从数学角度上来说，无目标攻击是找到一个未知的输入 x'，经过网络模型 $f(\bullet)$ 得到一个与原始样本的预测输出 $f(x)$ 不一致的预测输出 $f(x')$。例如，在自动驾驶场景中，无目标攻击的对抗攻击使汽车错误地识别限速路标，但对于识别成为何种错误结果，攻击者并不关心。

2）有目标攻击：有目标攻击是一种更为精细的对抗攻击形式，其中攻击者不仅使模型产生错误的判断，还指定了一个具体的错误类别作为预测目标。从数学角度上来说，有目标攻击是找到一个未知的输入 x'，经过目标模型 $f(\bullet)$ 得到一个预测输出 $f(x')$，使其与原始样本的预测输出 $f(x)$ 无关的同时，与错误目标分类 $f(x_t)$ 尽可能接近。例如，在自动驾驶场景中，有目标攻击的攻击者不仅希望模型错误地识别限速标志，还希望模型能够将其误判为禁行标志。

3. 攻击者的能力

由式（3-1）可知，攻击者构造的对抗样本 x' 需要满足 $\|x-x'\|_p < \varepsilon$。不同的 L_p 范数定义了攻击者的能力范围和能力大小。例如，采用 L_∞ 范数意味着攻击者对图片中每个像素修改的最大值不能超过 ε。

虽然真实世界中的很多威胁并不在 L_p 范数的限制范围内，但由于 L_p 范数的定义较为直观，所以被大多数研究采用，当前的研究主要集中在 L_∞、L_2 和 L_0 范数限制下的对抗样本。

如图 3-2 所示，L_2 范数攻击限制了解在空间中的范围，即更新后的解必须位于一个特定的圆形区域内。例如对于一个输入 x，通过梯度下降算法进行参数更新的过程中得到的值 x'' 在圆形区域之外，不满足 L_2 范数的限制条件，那么就用一个符合限制条件，并与 x'' 最接近的点来替代 x''，最终得到新的 x'。同样地，L_∞ 范数攻击也遵循类似的原理，只不过它定义了另一种形式的约束条件，即限制了每个维度（在图像处理情境下可以视为图片的每个像素）上的最大变动量不能超过 ε。L_0 范数攻击限制的是可以改变的像素个数，不关心具体每个像素值改变了多少。

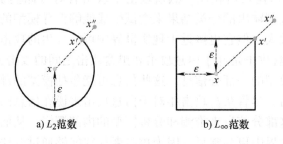

a) L_2范数　　　　　　　　b) L_∞范数

图 3-2　L_2 范数和 L_∞ 范数示意图

3.1.3　对抗攻击的分类

了解对抗攻击的实现方法、理解其攻击机制是防范对抗攻击的重要依据，根据威胁模型的不同维度，如知识、目标、能力，可以将对抗攻击分为白盒攻击、灰盒攻击和黑盒攻击，有目标攻击和无目标攻击，不同强度 L_p 范数攻击（如 L_∞ 范数攻击和 L_2 范数攻击）等。除此之外，根据攻击的实现方法，可以将其分为基于梯度的攻击、基于优化的攻击、基于决策边界的攻击以及基于转移的攻击。

1）基于梯度的攻击：此类攻击通过获得模型在训练过程中的梯度信息，来确定输入数据的哪些部分的扰动对模型最终结果的干扰最大，从而导致模型的误分类。这类攻击技术通过不同的策略来实现其目标，包括通过一次性计算损失函数相对输入数据的梯度来迅速生成对抗样本的快速梯度符号法（Fast Gradient Sign Method，FGSM）、通过多步微调寻找更有效的扰动，增强了对抗样本欺骗性的投影梯度下降法（Projected Gradient Descent，PGD）等。

2）基于优化的攻击：此类攻击通过设计并优化一个特定的目标函数来产生对抗样本，这类攻击在效率和隐蔽性上通常表现优异。其中，C&W 攻击（Carlini & Wagner Attack）是此类攻击的一个典型例子，它利用一种高效的优化策略生成难以被侦测的对抗样本。

3）基于决策边界的攻击：此类攻击不直接依赖模型的内部信息，而是通过逐渐逼近决策边界的策略细致地调整输入，寻找导致模型误分类的对抗样本，无需模型内部细节即可优化输入。其中，边界攻击（Boundary Attack）通过迭代计算输入点到决策边界的最小距离（或最短路径），并沿着这个方向移动输入点，直到它跨越决策边界并被误分类。

4）基于转移的攻击：此类攻击利用不同模型之间的共性，建立一个代理模型并在该模型上实现有效的对抗攻击，最终将其应用到目标模型上。这种方法依赖于不同模型间存在相似的脆弱性。此类攻击算法能够在代理模型上使用白盒攻击算法构造出对抗样本，然后将对抗样本输入给目标模型。

3.2　对抗攻击方法

为了深入理解对抗攻击的过程和原理，本节将介绍多种常见的对抗攻击算法。通过了解这些算法，读者能够更深入地理解对抗样本的生成机制。

3.2.1　基于梯度的白盒攻击

生成对抗样本的核心思想是在给定的扰动范围内找到一个最优的对抗样本以尽可能地使模型分类错误。从数学上可定义为式（3-2），表示在给定的输入样本 x 和分类器 $f(\cdot)$ 下，通过在扰动约束范围 ε 内找到一个最优的对抗样本 $x' = x + \sigma$，使得目标模型的损失函数 $L(\sigma, x, f(x))$ 最大化：

$$\max_{\|\sigma\|_p} L(\sigma, x, f(x)), \quad \|\sigma\|_p < \varepsilon \tag{3-2}$$

式中，L 是分类算法中衡量分类误差的损失函数，通常使用交叉熵损失。通过这种方式可以使得添加噪声后的对抗样本 x' 不再属于类别 $f(x)$。

图 3-3 所示为基于梯度的白盒攻击生成对抗样本的流程，正常样本输入到目标模型中，如果分类正确，计算损失函数的梯度，再利用梯度计算扰动以获得新样本，重复这个过程，直到新样本在目标模型中分类结果错误。不同的基于梯度的攻击方法的区别主要集中在计算扰动与计算新样本的过程。

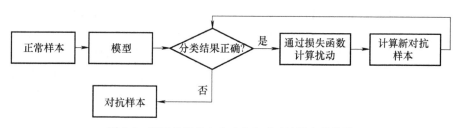

图 3-3　基于梯度的白盒攻击生成对抗样本的流程

接下来介绍基于梯度的白盒攻击中 FGSM 和 PGD 两种经典攻击算法。

1. FGSM

FGSM 的核心思想是在计算新样本步骤中为输入样本快速找到一个最快扰动方向，使得目标模型的训练损失最大，是典型的一步攻击算法。

也就是说，FGSM 在构造对抗样本时，首先选取一个正常输入样本，然后构建对抗样本和正常样本输入到目标模型的交叉熵损失函数 $L(\sigma, x, f(x))$，并计算 x 在目标模型上的导数 $\nabla_x L(\sigma, x, f(x))$，再使用符号函数 $\text{sgn}(\cdot)$ 得到梯度方向，即向着函数极值方向，使用一定的步长 γ 将扰动量加在原始样本上。FGSM 计算新样本的步骤可以表示为

$$x^* = x + \gamma \text{sgn}(\nabla_x L(\sigma, x, f(x))) \tag{3-3}$$

式中，对于不同的数据集，γ 的值不一样，需要攻击者自己去探索。

图 3-4 所示为 FGSM 的攻击原理，通过求导获得正常样本在损失函数中的梯度方向

（图中黑色实线箭头方向），所以只需要找到一个合适的步长 γ（图中黑色实线长度）即可一次找到决策边界附近的对抗样本。

然而在这种做法中，FGSM 简单地将损失函数 $\nabla_x L(\bullet)$ 认为是线性化的，即对于不同输入的梯度方向是一致的，因此只需要计算一次梯度方向 $\mathrm{sgn}(\nabla_x L(\bullet))$ 和找到一个合适的步长 γ 即可找到一个能够误导模型的对抗样本，即 FGSM 将图 3-4 的真实情况当作图 3-5 的近似情况来处理。因此，FGSM 对于线性程度越高的模型攻击效果越好。

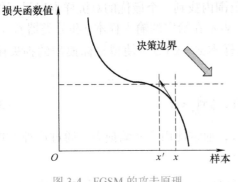

图 3-4　FGSM 的攻击原理

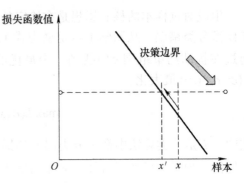

图 3-5　FGSM 近似攻击情况示意图

2. PGD

FGSM 认为损失函数 $\nabla_x L(\bullet)$ 是线性化的，然而 $\nabla_x L(\bullet)$ 在真实模型中通常是高度非线性的，这就导致 FGSM 生成的对抗样本存在强度不够、攻击率不高等问题。而 PGD 通过多次小步迭代能够改进这一点。在每次迭代中，计算当前对抗样本在模型上的梯度，并沿着这个梯度方向添加较小的扰动。同时，PGD 认为最佳对抗样本出现的点不一定在球面上，也可能出现在球体的内部。因此，PGD 将每次迭代学习的对抗样本投影到良性样本的 $\varepsilon-$ 领域内，从而使得对抗性扰动值小于 ε。通过这种方式，PGD 可以在扰动范围的超球体内寻找到一个使得损失函数值最大的点。

图 3-6 所示为 PGD 的攻击原理，与 FGSM 不同，PGD 攻击每次只沿着梯度方向前进一小步后并将其投影到扰动范围内，然后再次迭代沿着产生的新梯度方向继续前进一小步直至到达决策边界找到对抗样本。

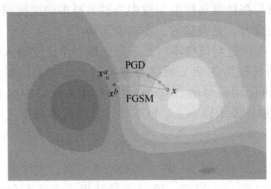

图 3-6　PGD 的攻击原理

从数学上，PGD 计算新样本的步骤可以表示为

$$x'_{i+1} = \text{Proj}\{x'_i + \alpha \text{sgn}(\nabla_x L(\alpha, x, f(x)))\}, i = 0, 1, \cdots, n \qquad (3\text{-}4)$$

式中，Proj 是投影操作，当扰动超过了最大范围时，通过投影的操作将其限制回扰动范围内。

3.2.2　基于优化的白盒攻击

基于梯度的攻击方法主要依赖于计算正常样本和对抗样本的交叉熵损失函数的梯度来生成对抗样本。然而，防御蒸馏算法作为一种有效的防御措施，能够使得目标模型对于微小的输入变化不再敏感，使得梯度信息变化不那么明显或不易于利用。

因此，基于梯度的攻击方法难以在防御蒸馏算法中找到有效的对抗样本，导致攻击失败。C&W 是一种专门针对防御蒸馏网络提出的方法，它同时兼顾高攻击准确率和低对抗扰动的两个方面。

C&W 算法的核心思想认为生成对抗样本需要达到两个目标，目标一是对抗样本和对应的正常样本应该差距越小越好；目标二是对抗样本能使模型将其错误分类为类别 t，上述目标可以被定义为

$$\min \|\sigma\|_p, \text{such that } f(x + \sigma) = t \qquad (3\text{-}5)$$

式中，x 是原始样本；σ 是其需要找到的扰动；$f(\bullet)$ 是目标模型。C&W 算法的目标就是通过求解式（3-5）来找到其需要的扰动 σ，最终找到对抗样本 $x' = x + \sigma$。

为了解决 $f(x + \sigma) = t$ 高度非线性导致式（3-5）难以求解的问题，C&W 算法首先定义了一个目标函数 $C(\bullet)$ 为

$$C(x) = \max(\max\{Z(x)_i : i \neq t\} - Z(x)_t, -k) \qquad (3\text{-}6)$$

式中，$Z(x)_i$ 是分类器输出的第 i 个分量；t 是攻击目标类别；k 是对抗样本最小期望置信度参数，可以理解为错误分类为 t 类别的概率要小于 k。可以看出，$f(x)$ 的目标是约束除了目标类别 t 之外的最大概率类别 i 和目标类别 t 之间的期望差值小于 k。函数 $C(\bullet)$ 具有一个重要性质，即当且仅当 $C(x + \delta) \leq 0$ 时，$f(x + \sigma) = t$。因此，C&W 算法的目标就转换为有约束函数的求解问题，即

$$\min \|\sigma\|_p, C(x + \delta) \leq 0 \qquad (3\text{-}7)$$

接着，C&W 算法采用拉格朗日乘子法并结合式（3-7），将约束添加到目标函数中，故 C&W 算法将需要无法求解的式（3-5）转为可求解的式子，即

$$\min \|\sigma\|_p + cC(x + \delta) \qquad (3\text{-}8)$$

式中，c 是一个权重系数，用于平衡扰动大小以及对抗成功能力。最后，C&W 算法可通过梯度下降法求解式（3-8）以获得最优对抗扰动 δ，从而找到最优对抗样本 $x' = x + \delta$。

3.2.3 基于梯度估计的黑盒攻击

白盒攻击假设攻击者能够直接访问并利用模型的内部参数和梯度信息来生成对抗样本。然而，在实际应用中，很多机器学习模型被视为黑盒模型，即攻击者无法直接获取其内部参数或梯度信息，而只能通过查询的方式获得模型对于给定输入的分类结果得分（得分是指黑盒攻击输出结果是具体值而不是某个类别）。

为了突破这一限制，研究者们提出了一种基于梯度估计的黑盒攻击样本生成方法，即基于零阶优化的黑盒攻击（Zeroth Order Optimization Based Black-Box Attack，ZOO）。这种方法的核心思想是通过向目标模型输入略微修改的样本，然后利用不同样本输出值的差异和有限差分的数值方法来逼近目标函数相对于输入的梯度，即伪梯度。

具体来说，ZOO 通过多次查询目标模型，每次查询时都对输入样本进行微小的扰动，并观察这些扰动是如何影响模型输出的。通过比较不同扰动下模型输出的变化，攻击者可以估计出输入变化对输出变化的影响，即伪梯度，这些伪梯度信息与 C&W 算法所需要的梯度信息是一致的。也就是说，ZOO 仅仅将 C&W 算法的梯度信息直接从白盒模型中直接获取变成从黑盒模型中梯度估计获取。

ZOO 主要有通过一阶近似计算导数的 ZOO-Adam 和二阶近似计算导数的 ZOO-Newton。以 ZOO-Newton 为例，ZOO 的整体流程如图 3-7 所示，攻击者根据输入 $x - he_i$ 和 $x + he_i$ 的查询结果 $f(x - he_i)$ 和 $f(x + he_i)$ 计算出伪梯度，再根据伪梯度和 C&W 算法中后续部分计算出的扰动 δ^* 来更新用户的原始样本，以获得新的对抗样本 x。

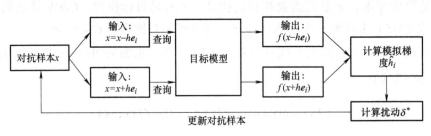

图 3-7　ZOO 的整体流程

ZOO-Newton 的二阶梯度估计值 $\hat{h}_i$ 的计算如下：

$$\hat{h}_i = \frac{\partial^2 f(x)}{\partial^2 x_i} \approx \frac{f(x + he_i) - 2f(x) + f(x - he_i)}{h^2} \tag{3-9}$$

式中，e_i 是标准基向量，只有第 i 个分量为 1，其余都是 0。从式（3-9）可以看出，ZOO 每次只对 n 维空间中的一个点进行梯度估算，因此为了完成 C&W 算法所需要的梯度估计，ZOO 查询目标模型至少 $2n$ 次，攻击效率低。

3.2.4 基于边界的黑盒攻击

传统攻击方法从原始图像出发，通过逐步优化产生对抗样本，这样产生的对抗样本扰动较小。但在黑盒攻击场景下，攻击者只能获得分类的类别。类别为离散值，且一般没有模棱两可的情况，故在黑盒场景下样本在优化过程中离决策边界较远，分类结果一直不变时无法获取反馈信息，故攻击模型很难对原始模型进行优化。

基于边界的黑盒攻击则从对抗样本区域中随机选取一个样本作为初始图像，然后保持其仍在对抗区域内（对抗区域是指使被攻击模型的分类结果满足对抗样本要求的样本组成的集合，不限与原图的距离）的前提下，沿着对抗性和非对抗性区域之间的边界执行随机扰动，逐步缩小它与原图之间的距离。

例如，在无目标攻击中，可以生成一张不属于原分类的随机噪声图片；在目标攻击中，可以直接选取一张属于目标分类的图片。然后，边界攻击算法在保持样本仍在对抗区域内的前提下，逐步缩小它与原图之间的距离。也就是说，传统方法是"由内到外"找到对抗区域的，而边界攻击是"由外到内"找到对抗区域中离原图较近样本的。

边界攻击生成对抗样本的示意图如图 3-8 所示。边界攻击通过二分查找在初始对抗图像 x' 和原图 x 的连线上找到边界位置的图像 x''，然后沿着决策边界优化 x''，逐步缩小其与原图的距离。

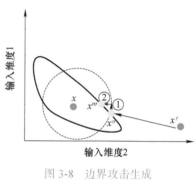

图 3-8　边界攻击生成对抗样本的示意图

沿着决策边界优化 x'' 分为两步，第一步沿着以原图 x 为球心、x'' 与 x 距离为半径的球上随机扰动，得到的新样本与原图 x 距离不变，第二步垂直向边界靠近得到最新的样本 x'''。如果 x''' 位于对抗区域内，那么成功得到更新的对抗样本；否则放弃此次更新，从第一步中重新进行随机扰动。

89

3.2.5　灰盒攻击

灰盒攻击是介于白盒攻击和黑盒攻击之间的攻击方式。在灰盒攻击中，攻击者能够获得目标神经网络模型的部分参数或相关信息，但并非全部。最常见的灰盒攻击是图像领域中的单像素攻击（One Pixel Attack），其仅仅需要黑盒模型的类别概率标签，不需要目标模型的其他信息，如梯度、网络结构等。

单像素攻击的核心思想是利用查询灰盒模型得到分类概率是否增加，然后在整体样本空间中暴力搜索最优扰动方向和扰动大小。

由于通过穷举改变所有像素点来发动攻击效率太低，因此单像素攻击采用基于差分进化（Differential Evolution，DE）的优化算法，通过迭代进化寻找问题的最优解。在单像素攻击中，差分进化算法被用来确定最有可能误导模型的像素的位置和扰动大小。

差分进化算法的主要思想是在每次迭代中，根据当前解生成另一组候选解，然后将候选解与相应的当前解进行比较，如果候选解比当前解更适合，它们就会被保留下来，否则将被淘汰。

具体来说，单像素攻击首先将构建一定数量的扰动，每个扰动包含扰动位置和扰动的大小，且一个扰动仅修改一个像素。然后，单像素攻击选择一定数量的扰动作为初始扰动，再依据式（3-10）从这些初始扰动生成新的相同数量的子扰动。

$$x_i(g+1) = x_{r_1}(g) + (x_{r_2}(g) - x_{r_3}(g))F \qquad (3\text{-}10)$$

式中，x_i是候选解；r_1、r_2、r_3是随机数且互不相同；F是一个范围参数，设为0.5；g是目前迭代的标签。

在每一次迭代后，对比每一个子扰动与其相对应的初始扰动查询目标模型的得分，胜者进入下一轮迭代过程。最终在得到的所有扰动中，找到最好的扰动。这个扰动包含了需要修改的像素位置以及改动多少像素值的信息，将其运用到正常样本中即可得到对抗样本。

3.3 对抗样本检测方法

对抗样本检测通过学习输入样本特征，识别人为构造的带有特定扰动的样本，从而减轻对抗样本误导机器学习模型做出错误判断的概率，保证模型的稳定性和安全性。本节将介绍多种对抗样本检测方法，让读者能够全面了解各类方法的原理。

虽然人眼难以辨别对抗样本与正常样本之间的细微差别，但从人工智能模型的角度来看，这两者在本质上有着显著的差异。检测技术从早期的探索对抗样本与原始样本的分布特征或数字特征之间的区别，到近期的与防御技术相结合，通过解离输入，即将输入数据分解成多个部分或特征，并对这些部分或特征进行独立分析，以检测出对抗样本。

对抗样本检测方法可以大致归纳为三类：基于特征学习的对抗样本检测、基于分布统计的对抗样本检测，以及基于中间输出的对抗样本检测，如图3-9所示。

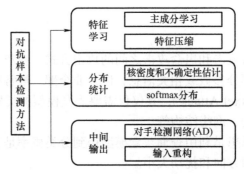

图3-9 对抗样本检测方法

3.3.1 基于特征学习的对抗样本检测

基于特征学习的对抗样本检测，其核心思想在于利用对抗样本与原始样本在特征空间中的差异来进行检测。这类方法对输入样本进行去噪处理，以消除或削弱其中的对抗性扰动，然后再将去噪后的样本作为模型输入，比较去噪前后的模型输出，从而判断是否存在对抗样本。

以图像领域为例，特征压缩检测算法是一种基于特征学习的对抗样本检测的经典算法，其认为正常样本降噪前后模型输出的预测结果基本一致，而对于对抗样本而言，降噪前后模型输出的预测结果相差较大。特征压缩检测算法通过比较深度模型对原始输入的预测与对实施特征压缩后的输入的预测，能够高精度检测出对抗样本，其主要涉及色深压缩算法和空间平滑算法。

1. 色深压缩算法

色深是描述色彩的深度的术语，它代表像素点能够表示的颜色范围的大小，通常使用位数来衡量。具体来说，色深为 i 位意味着像素点可以取值的颜色有 2^i 种。拥有较大色深的图片能够更精确地呈现色彩细节，从而更接近自然图像的真实效果。

然而，随着色深的增加，虽然图片的色彩表现更为丰富，但也会带来很多对于特定应用来说并不必要的复杂特征。如图 3-10 所示，从左到右，图片的色深逐渐从 8 位减少到 1 位。从视觉感受来看，虽然高色深的图片在色彩上更为丰富，但随着色深的减小，人类对于图片的观感其实并没有显著的变化，依然能够清晰地识别图片中的内容和物体。

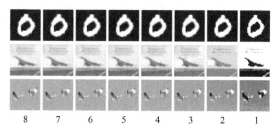

图 3-10 色深对比示意图

因此，研究者认为对于图片分类深度模型而言，较大的色深也并非必需。通过色深的压缩，不同像素点之间的差异变小，使得对抗样本中异常像素点的值变得不明显，从而导致压缩之后的预测结果发生变化。而减小色深就是在减小特征空间，将数据集中的 8 位色深减小到 1，那么特征空间将减小到原来的 1/128。

为了减少方差，一般的模型在处理图片数据时会先将图片像素值缩放到 [0,1]。如果色深压缩算法目标是将 8 位的色深压缩到 i 位（ $1 \leqslant i \leqslant 7$ ），操作步骤通常包括先将归一化后的像素值乘以 $2^i - 1$，然后进行四舍五入到最接近的整数，最后再除以 $2^i - 1$ 以完成色深压缩操作。

2. 空间平滑算法

空间平滑算法是降低图像噪声的常见技术，其核心思想是用像素点邻域灰度值的中值来代替该像素点的灰度值，让周围的像素值接近真实的值，从而消除孤立的噪声点。

空间平滑算法具有多种变体，如局部平滑方法和非局部平滑方法，局部平滑方法中又包括高斯平滑方法、中值平滑方法、均值平滑方法。以中值平滑方法为例进行介绍，其具体流程为：一张图片由一堆像素点组成，取一个小窗，假设大小为 3×3 像素（即 9 个像素点），将该小窗在整张图片上移动；每次移动后先找到 9 个像素点的中值（中位数），记为 δ，再用 δ 替代中间像素点的值；最后不断移动小窗，重复上面的工作。图 3-11 所示为中值平滑处理前后的图像对比。

a) 原始图像　　　　　　　　b) 中值平滑处理后的图像

图 3-11　中值平滑处理前后的图像对比

3. 检测算法

从视觉角度看，人类能够分辨出色深位降低不多时的图像，以及中值平滑处理后的图像。在人眼看来，原始图像和处理后的图像差别不大，从分类的角度来看，结果可以说是高度一致。然而，图像中的异常值在经过色深压缩或空间平滑处理后都会被消除。因此，将处理后的图像和原始图像输入一同送入模型中，对于非对抗性的样本而言，模型对这两次输入的预测应当是相似的；相反，若存在较大的变化，则说明可能存在对抗样本，度量函数的表达式为

$$\text{Score}_{x,x_{\text{seq}}} = \left\| g(x) - g(x_{\text{seq}}) \right\|_1 \tag{3-11}$$

式中，x 是原始输入图像；x_{seq} 是对原始输入实施特征压缩后的图像；$g(x)$ 是原始输入图像的输出概率向量；$g(x_{\text{seq}})$ 是特征压缩后的输入图像的输出概率向量。

当 $\text{Score}_{x,x_{\text{seq}}}$ 小于阈值 T 时，认为原始图像为正常图像，大于阈值 T 时认为原始图像为对抗样本。很明显，这个阈值 T 决定了检测的效果。

4. 联合检测方法

可以将上述特征压缩方法结合起来，每种特征压缩方法和原始输入计算输出得到多个 $\text{Score}_{x,x_{\text{seq}}}$ 后取最大值作为评判指标。因此，对抗样本的联合检测流程如图 3-12 所示，检测者将原始图像放入特征压缩算法 1 和特征压缩算法 2 中后得到特征压缩图像，再将特征压缩图像放入目标模型中得到两个损失值 Score_1 和 Score_2，最后依据两者最大值与阈值的大小关系来判断其是否属于对抗样本。

图 3-12　对抗样本的联合检测流程

很明显，差异阈值决定了检测效果。一般使用正常样本作为输入，以使正常输入样本被错分为对抗样本的概率不能超过 5% 为指标来训练检测器，以获得正确阈值 T。

3.3.2　基于分布统计的对抗样本检测

基于分布统计的对抗样本检测方法的核心思想在于利用对抗样本和原始样本在网络处理后产生的概率分布形状上的差异来区分它们。softmax 分布检测算法是基于分布统计的对抗样本检测算法中的一种经典算法，它认为分类网络的 softmax 输出向量能够很好地展现样本的数字特征分布。在多数情况下，正常样本与对抗样本的 softmax 输出向量存在显著的区别。

正常样本的 softmax 输出向量通常表现出较高的分散性，即概率分布远离均匀分布，并且在向量中有一个显著的最大概率值，这反映了模型对正常样本以较高置信度进行预测的特性。相反，对抗样本则往往只关注于提高某一类别的概率，而忽视其他类别的输出概率，导致 softmax 输出向量的分布形态发生变化，通常表现为最大概率值的降低或其他类别概率值的增加，如图 3-13 所示。

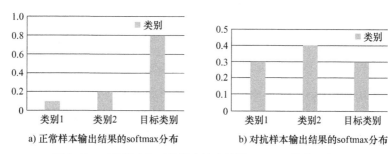

a) 正常样本输出结果的softmax分布　　　b) 对抗样本输出结果的softmax分布

图 3-13　正常样本和对抗样本输出结果 softmax 分布示意图

基于这种差异，基于分布统计的对抗样本检测方法利用 softmax 输出向量的分散程度，即它与均匀分布的 KL 散度（Kullback–Leibler Divergence）来检测样本是否具有对抗性。KL 散度是衡量两个概率分布差异的标准方法，其表达式为

$$\mathrm{KL}(p \| q) = \sum_{i=1}^{N} p(x_i) \log\left(\frac{p(x_i)}{q(x_i)}\right) \tag{3-12}$$

式中，p、q 是两个概率分布；N 是类别总数；x_i 是第 i 个类别。KL 散度经常用于衡量两个概率分布的分散程度，分布差异越大，KL 散度越大。

如果 KL 散度小于这个阈值，则认为样本具有对抗性；反之，则认为是正常样本。通过这种方式，能够有效地检测并识别出潜在的对抗样本，从而保护机器学习模型不受这类攻击的影响，该方法的流程如图 3-14 所示。

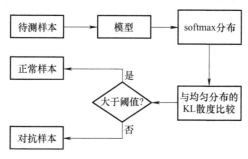

图 3-14　softmax 分布检测流程示意图

3.3.3　基于中间输出的对抗样本检测

基于中间输出的对抗样本检测的核心思想在于正常样本与对抗样本在通过深度神经网络时，得到的中间输出状态之间存在显著差异。检测者可以通过使用深度神经网络中的中间层输出作为检测器的输入，进而有效地识别出对抗样本。

以图像领域为例，使用对抗检测网络（Adversarial Detection Network，ADN）的原始深度模型结构来增强深度学习模型是基于中间输出的对抗样本检测的代表算法，其结构如图 3-15 所示。

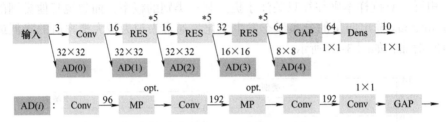

图 3-15　对抗检测网络模型的结构

图中，此结构中 RES*5 代表序列长度为 5 的残差块，GAP 代表全局平均池化层，Dens 则代表全连接层。连接线上方的数字表示特征图（Feature Map）的数量，而下方的数字表示每个特征图的规格。此外，opt. 表示该结构可选，而 MP 表示最大化操作的池化层。

在这一架构下，输入数据首先经过一系列卷积层处理，随后被送入 ResNet 架构中。在 ResNet 的每一步输出中，都蕴含了丰富的特征信息，这些输出点都可以被利用来训练检测器，即图 3-15 中的 AD 模块。每个 AD 模块都是一个二分类深度模型，其核心任务是预测输入的样本是否为对抗样本。

为了训练这些对抗检测网络，防御者将正常样本与对抗样本分别输入到原始深度模型中，并在它们经过 ResNet 处理后的某个接口处收集中间输出数据。这些中间输出数据会携带样本的特征信息，并带有正常样本或对抗样本的标签。然后，防御者利用这些带有不同标签的中间输出数据来训练对抗检测网络。通过这种方式，检测网络能够在训练过程中学习到区分正常样本与对抗样本的能力，从而有效地提高对抗样本的检测准确率。

总而言之，基于中间输出的对抗样本通过学习对抗样本和原始样本中间输出的差异来训练多个 AD 模块用以增强原始深度模型。当有新样本输入到增强后的深度模型中时，如果所有 AD 模块都判断出其为正常样本则认为其为正常样本，否则为对抗样本。

3.4　对抗样本防御方法

面对对抗样本所带来的人工智能安全威胁，提升模型的鲁棒性、防御对抗攻击是训练并部署人工智能模型的重要问题。本节将介绍一些常见的对抗样本防御方法，这些方法在防御过程中主要在输入数据、模型训练、模型修改等方面来提升系统的鲁棒性和安全性。

3.4.1　基于对抗训练的对抗样本防御方法

对抗训练是常见的对抗样本防御方法之一，其核心思想是在模型训练过程中引入对抗样本，让模型在训练阶段就学会识别并抵御对抗样本，从而增强其对潜在攻击的防御能力。对抗训练本质上是一个最小值 – 最大值的优化博弈过程，最大化的过程为模型训练生成有效的对抗样本，即让 x' 尽量接近 x 但又能导致模型误分类，这可以通过精心设计的对抗攻击（如 FGSM 和 PGD）来实现；最小化的过程是利用最大化过程中生成的对抗样本来训练模型，以获得能够抵御此类对抗攻击的能力。这一过程包含两个核心目标，有

$$\min_{\theta} \max_{\|x'-x\|_p < \varepsilon} L(\theta, x', y),\tag{3-13}$$

式中，$L(\cdot)$ 是对抗损失函数；θ 是模型参数；x 是模型输入；$\|x'-x\|_p$ 是对抗样本和原始样本的距离；ε 是约束扰动幅度的常数；y 是真实分类结果。

通过这种对抗训练的方式，人工智能模型能够在训练阶段学习如何将包含特定扰动的对抗样本进行正确的分类或预测，从而有效抵御对抗攻击。对抗训练的工作流程如图 3-16 所示，防御者先使用正常样本和对抗攻击算法生成对抗样本，然后将对抗样本与正常样本一同放入目标模型中进行训练，从而得到可以区分对抗样本和正常样本的人工智能模型。通过这种方式训练得到的模型可以很好地抵御对抗攻击。

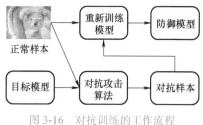

图 3-16　对抗训练的工作流程

根据将对抗样本引入模型训练集的方式不同，目前主流的对抗训练方法主要包含以下 3 种训练方式：

1. 增量训练

防御者首先使用正常数据训练得到一个基本模型；然后运用对抗攻击算法，在这个基本模型和数据集的基础上生成对抗样本；最后将这些生成的对抗样本输入到模型中，进行增量训练。通过这种方法，经过对抗训练得到的模型不仅在正常训练数据集上能够实现较好的效果，还能够在对抗样本的预测过程中体现较好的效果，最终实现防御对抗攻击和提高模型鲁棒性的目的。

2. 延时对抗训练

对于迭代训练的模型，防御者在前 N 轮中仅使用正常数据进行模型训练。这一阶段的目标是让模型在干净数据上达到较好的性能和稳定性。在后续的训练轮次中，防御者引入对抗样本，与正常样本一起进行训练。通过这种方法，模型在具备一定基础能力的情况下能够更好地适应对抗样本的扰动。这种延时对抗训练方法不仅能够提升模型在正常数据上的性能，还能增强其对对抗攻击的防御能力。

3. 归类训练

假设训练集有 N 个类别，防御者利用原始训练集训练一个模型，并使用该模型和对

抗攻击方法生成 N 个类别的对抗样本；然后将生成的对抗样本归为一个新的类别，并添加到训练集，从而形成一个包含 $N+1$ 个类别的训练数据集，进而使用新构造的 $N+1$ 个类型的数据集重新训练更新得到一个新的模型。反复进行以上过程，就能得到一个足够鲁棒的人工智能模型。

3.4.2　基于特征去噪的对抗样本防御方法

对抗样本与原始样本之间的扰动虽然微小，但在高维空间中却会被显著放大。基于特征去噪的对抗样本防御方法的核心思想在于利用对抗样本的局部结构中相邻位置特征具有较强的相关性来减少噪声（过滤人为构造的扰动），同时保留全局信息和局部主要信息。

由于图像中相邻像素间存在较强的相关性，此类方法主要应用于图像处理领域。基于图像压缩的对抗性防御方法——ComDefend，通过将输入图像进行压缩和重建来消除图像中的冗余信息（扰动）以实现对抗攻击防御，是最为常见的基于特征去噪的对抗样本防御方法之一。该方法的工作流程如图 3-17 所示，其压缩和重建过程分别通过压缩模块（ComCNN）和重建模块（RecCNN）两个神经网络来进行。

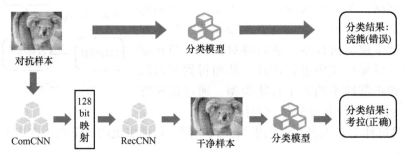

图 3-17　ComDefend 方法的工作流程

ComDefend 方法首先将待处理图像输入到 ComCNN 模块，将图像从原始的 24bit 像素压缩为 12bit，转换为紧凑的压缩图像，在这个压缩过程中原始图像能够保留足够信息以供后续模块进行处理。然后将压缩后的图像输入到 RecCNN 模块，该模块负责高质量地从压缩后的图像中重建原始图像，后续预测模型将基于重建图像进行预测。

图 3-18 展示了 ComCNN 和 RecCNN 共同工作以抵抗噪声攻击的具体结构和流程。ComCNN 用于保存原始图像的主要结构信息，RGB 三个通道的原始 24bit 图被压缩为 12bit 图。ComCNN 层还利用 sigmoid 函数将图像的像素值限制在 0～1 之间，以利用不同级别的灰度信息来表示输入图像，而不仅仅是简单的 0 和 1 的二值化表示。

RecCNN 负责重建清晰的原始图像。为了解决直接简单的二值化灰度信息致使原始图像的主要结构信息完全丢失的问题，它会在 ComCNN 压缩的 12bit 图上增加高斯噪声，以提高重建质量，并进一步增强抵御对抗样本攻击的能力。通过这种方式，ComCNN 和 RecCNN 能够协同工作，更好地保留原始图像的主要结构信息，并成功地抵抗噪声干扰。通过这种方式，防御者可以将对抗样本转换为正常样本以抵抗对抗攻击。

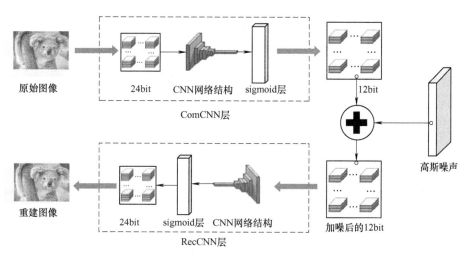

图 3-18　ComCNN 和 RecCNN 的工作流程

相较于基于数据增强的对抗样本防御方法，基于特征去噪的对抗样本防御方法的显著优势是在训练过程中不需要额外生成对抗样本参与训练，从而降低了防御计算成本。

3.4.3　基于输入变换的对抗样本防御方法

深度神经网络在进行推理的过程中，对于数据的输入往往具有一定的不变性。例如在图像处理中，卷积神经网络依靠池卷积和池化能够达到一定程度的平移不变性、尺度不变性和旋转不变性，使得输入图像在经过变换后仍然能够被模型正确地识别。同时，本章 3.2 节中介绍了对抗攻击方法，攻击者往往会借助目标模型的梯度信息来生成对抗样本。因此，通过对输入数据进行一定程度的随机变换可以在不改变模型推理结果的同时，改变模型推理结果对原始输入的梯度，使得攻击者无法准确估计和利用模型的梯度，从而增加构造对抗样本的难度。

随机调整大小和填充（Random Resizing and Padding，RRP）算法通过引入调整层和填充层随机操作来随机变换输入以破坏模型的梯度信息，是一种经典的基于输入变换的对抗样本防御方法。在原始图像输入模型之前，RRP 在调整层生成若干个随机大小的图片，再在填充层对这些图片进行随机像素填充并随机返回几个填充后的图像，最后随机选择一个填充图像并输入模型中进行推理。

RRP 算法的防御流程如图 3-19 所示。第一部分为随机变换尺寸层，一张用于预测的图片进行输入，假设原始图片为 $W \times H \times 3$，经历随机变换尺寸变为 $W' \times H' \times 3$，其中 $|W'-W|$ 和 $|H'-H|$ 在一个合理的范围内；第二部分为随机填充层，该部分的处理方法是把上一层（随机变换尺寸层）的输出结果随机填充 0 像素。例如，填充 w 个 0 像素点在图像左半部分，填充 $W''-W'-w$ 个 0 像素点在图像右半部分，填充 h 个 0 像素点在图像上半部分，填充 $H''-H'-h$ 个 0 像素点在图像下半部分。经过这两部分处理，最终得到多个 $W'' \times H'' \times 3$ 大小的图片，并从中随机挑选一个图片作为模型的输入。通过这种方式，攻击者得到的模型输出的梯度信息变得随机且与真实信息不同，从而有效防止攻击者使用对抗攻击算法从输出的梯度信息中生成对抗样本。

97

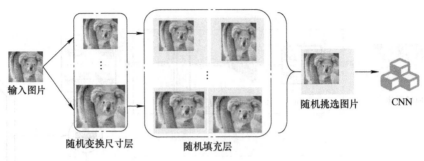

图 3-19　RRP 算法的防御流程

3.4.4　基于防御蒸馏的对抗样本防御方法

防御蒸馏是一种通过从原始人工智能模型中提取知识来训练一个新的蒸馏模型以增强整体模型稳定性和鲁棒性的方法。在对抗攻击中，使用原始模型进行推理时，一个小的扰动就会引起深度模型输出的较大的变化，也就是对于小的扰动，模型梯度变化很大，那么依靠这种梯度变化很容易制作出对抗样本。为了防御这种扰动，防御蒸馏方法尝试使用带有温度的 softmax 函数以及带有概率向量的数据集来训练蒸馏模型。经过训练的蒸馏模型不仅能学习到原始模型的分类知识，还能有效降低输入变化引起的输出变化。

1. 带有温度的 softmax 函数

带有温度的 softmax 函数通过引入一个温度参数 T（通常是一个大于 0 的正数）来平滑 softmax 的输出概率分布。在标准的 softmax 函数中，给定一个输入向量 z（通常称为 logits 或原始分数），第 i 个类别的概率输出 p_i 的计算公式如下：

$$p_i = \frac{\exp(z_i)}{\sum_j \exp(z_j)} \tag{3-14}$$

式中，z_i 是向量 z 的第 i 个元素。

当引入温度参数 T 时，式（3-14）变为

$$p_i = \frac{\exp(z_i / T)}{\sum_j \exp(z_i / T)} \tag{3-15}$$

由式（3-15）可知，当 T 趋近于 0 时，softmax 函数的输出会变得非常"尖锐"。这是因为当 T 很小时，$\exp(z_i / T)$ 会对不同的 z_i 产生极大的差异，导致概率分布集中在最大的 z_i 上，而其他类别的概率接近于 0。这实际上与 argmax 函数的行为接近，即只选择概率最大的类别；当 T 等于 1 时，式（3-15）就是标准的 softmax 函数；当 T 大于 1 时，softmax 函数的输出会变得"平滑"。这是因为较高的温度会减小不同 z_i 之间经过指数函数放大后的差异，从而使概率分布更加均匀。这在知识蒸馏中特别有用，因为它可以帮助学生模型从教师模型那里学习更多关于不同类别之间的相对关系，而不仅仅是哪个类别是

"最正确"的。图 3-20 展示了随着温度 T 的不断减少，输出结果逐渐从均匀分布向尖锐分布过渡，它保留除正确类别以外的信息越来越少。

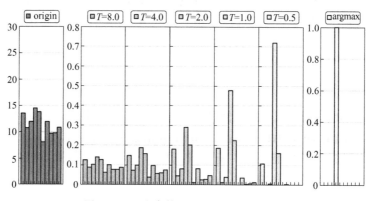

图 3-20 温度参数对 softmax 函数的影响

2. 防御蒸馏的具体流程

防御蒸馏的具体流程如图 3-21 所示，首先在数据 X 上使用硬标签 Y 在温度参数 T 下训练一个初始深度神经网络模型 $\boldsymbol{F}$，接着使用概率向量 $\boldsymbol{F}(X)$ 作为软标签，$\boldsymbol{F}(X)$ 表示的是所有类的概率向量，记 $\boldsymbol{F}_i(X)$ 为其输出的第 i 个分量，构建新的训练集（$X,\boldsymbol{F}(X)$）。然后，用新的训练集（$X,\boldsymbol{F}(X)$）在相同数据 X 和 T 下训练蒸馏深度神经网络模型 $\boldsymbol{F}^d$，$\boldsymbol{F}^d$ 和 $\boldsymbol{F}$ 的结构一致。最后，在蒸馏的过程中通过调整温度 T，产生更加平滑、对扰动更加敏感的模型 $\boldsymbol{F}^d$，从而提升模型对对抗样本攻击的鲁棒性，使得网络对输入的小变化不那么敏感。

99

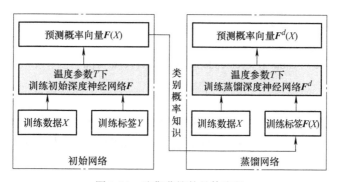

图 3-21 防御蒸馏的具体流程

由于硬标签（即真实的类别标签）往往只包含有限的信息，而软标签则包含了更多的信息，因此，使用软标签进行训练可以使蒸馏深度神经网络模型 $\boldsymbol{F}^d$ 更加关注输入数据的内在规律和特征，在面对新的、未见过的输入数据时，能够更好地理解和处理这些数据，有效抵御对抗样本的攻击，并给出准确的预测结果。

3.5 对抗攻击的具体实现案例

了解对抗攻击与防御最佳的方式是通过具体实现案例进行深入理解。因此，本节将主要介绍一个具体的基于深度学习的对抗攻击、检测和防御实例，以帮助读者深刻理解并将其运用于实践。

3.5.1 对抗攻击案例

本小节以 FGSM 为例，讲解如何使用对抗攻击来攻击一个简单的神经网络模型（LeNet），本实例使用 MNIST 数据集。MNIST 数据集是一个包含手写数字的基准数据集，广泛用于训练和测试人工智能模型。它包含 60000 个训练样本和 10000 个测试样本，每个样本是一个 28×28 像素的灰度图像，代表数字 $0 \sim 9$ 这 10 个类别。

1. 首先导入相关包和参数设置

首先，导入 PyTorch 库及其相关模块，定义用于添加扰动的值列表，并设置设备类型（CPU 或 GPU）。

```
from __future__ import print_function
import torch
import torch.nn as nn
import torch.nn.functional as F
import torch.optim as optim
from torchvision import datasets，transforms
import numpy as np
import matplotlib.pyplot as plt
# 定义扰动值列表
epsilons=[0，.05，.1，.15，.2，.25，.3]
# 预训练模型路径（训练好的模型文件的存储路径）
pretrained_model="checkpoint/lenet_mnist_model.pth"
device=torch.device（"cuda" if torch.cuda.is_available() else "cpu"）
```

2. 加载数据

接下来，加载 MNIST 数据集，并使用 DataLoader 进行批处理操作。批处理大小 batch_size 设置为 1，以便逐个样本进行处理；shuffle 设置为 True，其目的是在每个 epoch 开始时打乱数据顺序，以确保模型在每次训练时都能看到不同的样本顺序，提高训练效果。

```
test_loader=torch.utils.data.DataLoader（
datasets.MNIST（'./datasets', train=False，download=True，
                 transform=transforms.ToTensor()），
                 batch_size=1，
                 shuffle=True
        ）
```

3. 定义攻击的目标模型

本小节以基础的卷积神经网络模型 LeNet 架构作为攻击目标。该模型包括两个卷积层、一个 Dropout 层和两个全连接层。首先，第一个卷积层 conv1 接收输入通道为 1，输出通道为 10，卷积核大小为 5×5，主要作用是提取输入图像的低级特征，如边缘和纹理。第二个卷积层 conv2 接收输入通道为 10，输出通道为 20，卷积核大小为 5×5，进一步提取更高级的特征。Dropout 层在训练期间随机将一些神经元的输出设为 0，以防止过拟合，这层在第二个卷积层之后应用。每个卷积层后面都接有 ReLU 激活函数，激活函数的作用是引入非线性，使得网络能够学习到更加复杂的特征。最大池化层（max_pool2d）的作用是减少特征图的尺寸，提取最重要的特征，同时减少计算量。在通过卷积层后，特征图被展平成一维向量，以便输入到全连接层。最后，对输出应用 log_softmax 函数，将分数转换为对数概率，用于分类任务。通过这样的结构，LeNet 模型能够有效地提取图像特征，并对输入图像进行分类。

```
# 定义 LeNet 模型
class Net（nn.Module）：
    def __init__（self）：
        super（Net，self）.__init__()
        self.conv1=nn.Conv2d（1，10，kernel_size=5）
        self.conv2=nn.Conv2d（10，20，kernel_size=5）
        self.conv2_drop=nn.Dropout2d()
        self.fc1=nn.Linear（320，50）
        self.fc2=nn.Linear（50，10）

    def forward（self，x）：
        x=F.relu（F.max_pool2d（self.conv1（x），2））
        x=F.relu（F.max_pool2d（self.conv2_drop（self.conv2（x）），2））
        x=x.view（-1，320）
        x=F.relu（self.fc1（x））
        x=F.dropout（x，training=self.training）
        x=self.fc2（x）
        return F.log_softmax（x，dim=1）


# 初始化网络
model=Net().to（device）
# 加载已经预训练的模型
model.load_state_dict（torch.load（pretrained_model，map_location='cpu'））
# 在评估模式下设置模型（Dropout 层不被考虑）
model.eval()
```

4. 定义 FGSM 攻击函数

FGSM 攻击函数用于生成对抗样本。该函数接收一个图像、扰动大小 epsilon 和图像的梯度数据。它通过计算梯度符号，并按 epsilon 的大小调整图像的每个像素值，从而创建扰动图像。为了确保像素值在有效范围内，最终结果会被剪切到

[0，1] 的范围内。返回的结果是被扰动后的对抗样本，用于评估和测试神经网络的鲁棒性。

```
def fgsm_attack（image，epsilon，data_grad）：
    """
        : param image：需要攻击的图像
        : param epsilon：扰动值的范围
        : param data_grad：图像的梯度
        : return：被扰动后的图像
    """
    # 收集数据梯度的元素符号
    sign_data_grad=data_grad.sign()
    # 通过调整输入图像的每个像素来创建扰动图像
    perturbed_image=image+epsilon*sign_data_grad
    # 添加剪切以维持 [0，1] 范围
    perturbed_image=torch.clamp（perturbed_image，0，1）
    # 返回被扰动后的图像
    return perturbed_image
```

5. 攻击

测试中，将数据和标签加载到指定运算设备，并设置张量的 requires_grad 属性以允许计算梯度；通过模型前向传递数据并记录初始预测；计算损失并进行反向传播以获取数据的梯度；利用 FGSM 生成扰动图像；将扰动图像输入模型进行重新分类，并记录最终预测结果。如果扰动后预测仍然正确，则增加正确计数器；如果初始预测正确但扰动后预测错误，则保存一些对抗示例用于可视化。最后，该函数计算并打印在指定 epsilon 下的测试准确率，并返回准确率和对抗示例。

```
def test（model，device，test_loader，epsilon）：

    # 精度计数器
    correct=0
    adv_examples=[]

    # 循环遍历测试集中的所有示例
    for data，target in test_loader：

        # 把数据和标签发送到设备
        data，target=data.to（device），target.to（device）

        # 设置张量的 requires_grad 属性，这对于攻击很关键
        data.requires_grad=True

        # 通过模型前向传递数据
        output=model（data）
        init_pred=output.max（1，keepdim=True）[1] # get the index of the max log-probability
```

```
        # 如果初始预测是错误的，不打断攻击，继续
        if init_pred.item()！=target.item()：
            continue

        # 计算损失
        loss=F.nll_loss（output，target）

        # 将所有现有的渐变归零
        model.zero_grad()

        # 计算后向传递模型的梯度
        loss.backward()

        # 收集梯度
        data_grad=data.grad.data

        # 唤醒 FGSM 进行攻击
        perturbed_data=fgsm_attack（data，epsilon，data_grad）

        # 重新分类受扰乱的图像
        output=model（perturbed_data）

        # 检查是否成功
        final_pred=output.max（1，keepdim=True）[1] # get the index of the max log-probability
        if final_pred.item()==target.item()：
            correct+=1
            # 保存 0 epsilon 示例的特例
            if（epsilon==0）and（len（adv_examples）<5）：
                adv_ex=perturbed_data.squeeze().detach().cpu().numpy()
                adv_examples.append（（init_pred.item()，final_pred.item()，adv_ex））
        else：
            # 稍后保存一些用于可视化的示例
            if len（adv_examples）<5：
                adv_ex=perturbed_data.squeeze().detach().cpu().numpy()
                adv_examples.append（（init_pred.item()，final_pred.item()，adv_ex））

    # 计算这个 epsilon 的最终准确率
    final_acc=correct/float（len（test_loader））
    print（"Epsilon：{}\tTest Accuracy={}/{}={}".format（epsilon，correct，len（test_loader），
    final_acc））

    # 返回准确率和对抗性示例
    return final_acc，adv_examples
```

103

3.5.2 对抗样本检测案例

本小节以 3.3 节中特征压缩检测算法为例讲解对抗样本检测的代码。

1. 色深压缩和中值滤波

以下三个函数用于图像处理：reduce_precision_np 函数将图像的色深减少到指定的可能值数量；binary_filter_tf 函数对图像应用二值化过滤，将像素值大于 0.5 的部分设为 1，其余部分设为 0；median_filter_np 函数对图像应用中值滤波，以减少噪声。通过这些操作，可以对图像进行特征压缩，从而在对抗样本检测中提高鲁棒性。

```python
import tensorflow as tf
import numpy as np
from scipy import ndimage


# 该函数将图像张量 x 的精度减少到 npp 个可能的值。它先将 x 乘以 npp-1，再四舍五入取整，然
后除以 npp-1 以恢复到 [0, 1] 范围
def reduce_precision_np (x, npp):
    """
    减少图像精度（numpy 版本）
    : param x: 已缩放到 [0, 1] 的浮点张量
    : param npp: 每个像素的可能值数量。对于 8 位灰度图像是 256，二值化图像是 2
    : return: 低精度的图像张量
    """
    npp_int=npp-1
    x_int=np.rint (x * npp_int)
    x_float=x_int/npp_int
return x_float


# 对图像 x 应用二值化过滤。任何大于 0.5 的值被设为 1，其余的设为 0
def binary_filter_tf (x):
    """
    reduce_precision_tf (x, 2) 的高效实现
    """
    x_bin=tf.nn.relu (tf.sign (x-0.5))
return x_bin


# 对图像 x 应用中值滤波，以减少噪声
def median_filter_np (x, width, height=-1):
    """
    使用 Scipy 进行中值平滑
    : param x: 图像张量
    : param width: 滑动窗口的宽度（像素数）
    : param height: 窗口的高度。默认为与宽度相同
    : return: 形状与 'x' 相同的修改后张量
```

```
        """
        if height==-1：
            height=width
        return ndimage.filters.median_filter（x，size=（1，1，width，height），mode='reflect'）
```

2. 训练对抗攻击检测器

以下函数用于训练对抗攻击检测器：get_tpr_fpr 函数计算在给定阈值下的真阳性率（TPR）和假阳性率（FPR）；get_roc_data_val 函数准备训练和验证的数据；train_detector 函数使用训练数据训练检测器，并根据准确率返回最佳阈值和在验证集上的性能指标，包括 TPR、FPR 和 ROC AUC。

```
import sklearn
import numpy as np
from sklearn.metrics import roc_curve，auc
import pdb


# 计算给定阈值下的真阳性率（TPR）和假阳性率（FPR）
def get_tpr_fpr（true_labels，pred，threshold）：
    pred_labels=pred>threshold
    TP=np.sum（np.logical_and（pred_labels==1，true_labels==1））
    FP=np.sum（np.logical_and（pred_labels==1，true_labels==0））
return TP/np.sum（true_labels），FP/np.sum（1-true_labels）


# 准备训练和验证的数据
def get_roc_data_val（l1_dist，nb_samples=1000，nb_cols=2）：
    x_train=np.hstack（[l1_dist[：nb_samples/2，i] for i in range（nb_cols）]）
    y_train=np.hstack（[np.zeros（nb_samples/2），np.ones（nb_samples/2 *（nb_cols-1））]）

    x_val=np.hstack（[l1_dist[nb_samples/2：，i] for i in range（nb_cols）]）
y_val=y_train


# 训练对抗攻击检测器
def train_detector（x_train，y_train，x_val，y_val）：
    fpr，tpr，thresholds=roc_curve（y_train，x_train）
    accuracy=[sklearn.metrics.accuracy_score（y_train，x_train>threshold，normalize=True，
    sample_weight=None）for threshold in thresholds]
    roc_auc=auc（fpr，tpr）

    idx_best=np.argmax（accuracy）
    print "Best training accuracy：%.4f，TPR（Recall）：%.4f，FPR：%.4f @%.4f" %
    （accuracy[idx_best]，tpr[idx_best]，fpr[idx_best]，thresholds[idx_best]）
    print "ROC_AUC：%.4f" % roc_auc

    accuracy_val=[sklearn.metrics.accuracy_score（y_val，x_val>threshold，normalize=True，
    sample_weight=None）for threshold in thresholds]
```

105

```
tpr_val，fpr_val=zip（*[get_tpr_fpr（y_val，x_val，threshold）for threshold in thresholds]）
print "Validation accuracy：%.4f, TPR（Recall）：%.4f, FPR：%.4f @%.4f" %（accuracy_
val[idx_best], tpr_val[idx_best], fpr_val[idx_best], thresholds[idx_best]）

return threshold，accuracy_val，fpr_val，tpr_val
```

3. 计算 FGSM 对抗样本的准确率

定义函数 calculate_accuracy_adv_fgsm 用于评估模型在 FGSM 对抗样本上的准确率。该函数通过不同的 epsilon 值生成对抗样本，并分别计算原始模型、应用色深压缩和二值化滤波后的模型在这些对抗样本上的准确率，最后将结果保存到 csv 文件中。

```
def calculate_accuracy_adv_fgsm（sess，x，y，predictions，predictions_clip，predictions_bin，
eps_list，Y_test，adv_x_dict，output_csv_fpath）：
    fieldnames=['eps', 'accuracy_raw', 'accuracy_clip', 'accuracy_bin']
    to_csv=[]

    for eps in eps_list：
        X_test_adv=adv_x_dict[eps]

        # Evaluate the accuracy of the MNIST model on adversarial examples
        accuracy_raw=tf_model_eval（sess，x，y，predictions，X_test_adv，Y_test）
        accuracy_clip=tf_model_eval（sess，x，y，predictions_clip，X_test_adv，Y_test）
        accuracy_bin=tf_model_eval（sess，x，y，predictions_bin，X_test_adv，Y_test）

        print（'Test accuracy on adversarial examples：raw %.4f, clip %.4f, bin %.4f
        （eps=%.1f）：' %（accuracy_raw, accuracy_clip, accuracy_bin, eps））

        to_csv.append（{'eps': eps,
                        'accuracy_raw': accuracy_raw,
                        'accuracy_clip': accuracy_clip,
                        'accuracy_bin': accuracy_bin,
                        }）

    write_to_csv（to_csv，output_csv_fpath，fieldnames）
```

4. FGSM 对抗样本的 L1 距离

函数 calculate_l1_distance_fgsm 用于计算 FGSM 对抗样本的 L1 距离。该函数在不同的 epsilon 值下生成不同的对抗样本，并计算这些对抗样本与原始图像之间的 L1 距离，将结果保存到 csv 文件中。

```
def calculate_l1_distance_fgsm（sess，x，predictions_orig，predictions_squeezed，adv_x_dict，
csv_fpath）：
    print（"\n===Calculating L1 distance with feature squeezing..."）
    eps_list=[0, 0.1, 0.2, 0.3, 0.4, 0.5, 0.6, 0.7, 0.8, 0.9, 1.0]
    l1_dist=np.zeros（（10000, 11））
```

```
for i，eps in enumerate（eps_list）:
    print（"Epsilon="，eps）
    X_test_adv=adv_x_dict[eps]
    l1_dist_vec=tf_model_eval_distance（sess，x，predictions_orig，predictions_squeezed，
    X_test_adv）
    l1_dist[：，i]=l1_dist_vec

np.savetxt（csv_fpath，l1_dist，delimiter='，'）
print（"---Results are stored in "，csv_fpath，'\n'）
return l1_dist
```

5. 计算联合检测的 L1 距离

最后，定义一个函数 calculate_l1_distance_joint，用于计算联合检测（如中值滤波和二值化滤波）下的 L1 距离。该函数在不同对抗样本（如 FGSM 和 JSMA）上应用联合检测方法，计算最大 L1 距离，并将结果保存到 csv 文件中。

```
def calculate_l1_distance_joint（sess，x，predictions，X_test，X_test_adv_fgsm，X_test_adv_
jsma，csv_fpath）:
    print（"\n===Calculating max（L1）distance with feature squeezing..."）
    nb_examples=max（len（X_test），len（X_test_adv_fgsm），len（X_test_adv_jsma））

    l1_dist=np.zeros（（nb_examples，3））
    median_filter_width=3

    for i，X in enumerate（[X_test，X_test_adv_fgsm，X_test_adv_jsma]）:
        X_test1=X
        X_test2=median_filter_np（X_test1，median_filter_width）
        X_test3=binary_filter_np（X_test1）

        l1_dist_vec=tf_model_eval_dist_tri_input（sess，x，predictions，X_test1，X_test2，X_
        test3，mode='max'）
        l1_dist[：len（X），i]=l1_dist_vec

    np.savetxt（csv_fpath，l1_dist，delimiter='，'）
    print（"---Results are stored in "，csv_fpath，'\n'）
    return l1_dist
```

107

3.5.3 对抗防御案例

本小节以 3.4 节中特征去噪算法为例讲解对抗防御的代码。

1. 导入必要的库

导入必要的库，包括 PyTorch 库及其子模块，用于实现神经网络模型并训练。

```
import torch
import torch.nn as nn
```

```
import torch.optim as optim
from torchvision import datasets, transforms
from torch.utils.data import DataLoader
```

2. 定义压缩 CNN（ComCNN）模块

定义一个压缩 CNN 模块 ComCNN，该模块包括三个卷积层，用于对输入图像进行压缩编码。每个卷积层后面都接有 ReLU 激活函数，以引入非线性特征。最后一个卷积层使用 Sigmoid 激活函数将输出限制在 0 ~ 1 之间。这个模块的目的是将输入图像进行压缩，以减少其复杂性，从而使得后续的重建过程更容易处理。

```
class ComCNN（nn.Module）:
    def __init__（self）:
        super（ComCNN, self）.__init__()
        self.encoder=nn.Sequential（
            nn.Conv2d（1, 32, kernel_size=3, stride=2, padding=1），
            nn.ReLU(),
            nn.Conv2d（32, 16, kernel_size=3, stride=2, padding=1），
            nn.ReLU(),
            nn.Conv2d（16, 4, kernel_size=3, stride=2, padding=1），
            nn.Sigmoid()           # 将像素值限制在 0 ~ 1 之间
        )
    def forward（self, x）:
        x=self.encoder（x）
        return x
```

3. 定义重建 CNN（RecCNN）模块

重建 CNN 模块 RecCNN 包括三个反卷积层，用于从压缩表示中重建原始图像。每个反卷积层后面也接有 ReLU 激活函数，以引入非线性特征。最后一个反卷积层使用 Sigmoid 激活函数将输出限制在 0 ~ 1 之间。这个模块的目的是从压缩表示中重建出接近原始图像的版本，以便后续的分类模型能够进行准确的分类。

```
class RecCNN（nn.Module）:
    def __init__（self）:
        super（RecCNN, self）.__init__()
        self.decoder=nn.Sequential（
            nn.ConvTranspose2d（4, 16, kernel_size=3, stride=2, padding=1, output_
            padding=1），
            nn.ReLU(),
            nn.ConvTranspose2d（16, 32, kernel_size=3, stride=2, padding=1, output_
            padding=1），
            nn.ReLU(),
            nn.ConvTranspose2d（32, 1, kernel_size=3, stride=2, padding=1, output_
            padding=1），
            nn.Sigmoid()           # 将输出限制在 0 ~ 1 之间
        )
```

```
def forward（self，x）：
    x=self.decoder（x）
    return x
```

4. 定义完整的 ComDefend 模型

定义完整的 ComDefend 模型，该模型包括 ComCNN 和 RecCNN 两个子模块。在压缩表示中增加高斯噪声，以增强模型的鲁棒性。通过在压缩表示上增加噪声，可以模拟出更多的扰动情况，使模型能够更好地应对对抗样本的攻击。

```
class ComDefend（nn.Module）：
    def __init__（self）：
        super（ComDefend，self）.__init__()
        self.comcnn=ComCNN()
        self.reccnn=RecCNN()

    def forward（self，x）：
        x=self.comcnn（x）
        # 在压缩表示上增加高斯噪声
        noise=torch.randn_like（x）* 0.1          # 这里的标准差可以根据需要调整
        x=x+noise
        x=self.reccnn（x）
        return x
```

109

5. 训练 ComDefend 模型

训练 ComDefend 模型，通过遍历训练数据集，进行前向传播计算压缩和重建后的图像与原始图像之间的损失，然后通过反向传播优化模型参数。训练过程包括多次迭代，每次迭代都调整模型参数以最小化重建损失，从而提高模型对抗样本的恢复能力。

```
num_epochs_comdefend=10
for epoch in range（num_epochs_comdefend）：
    for data in train_loader：
        img，_=data
        img=img.cuda()

        # 前向传播计算
        output=comdefend（img）
        loss=criterion_ae（output，img）

        # 反向传播优化
        optimizer_comdefend.zero_grad()
        loss.backward()
        optimizer_comdefend.step()
```

```
print（f'Epoch [{epoch+1}/{num_epochs_comdefend}]，ComDefend Loss：{loss.
item()：.4f}'）
```

6. 防御

此部分展示如何使用训练好的 ComDefend 模型进行对抗防御。通过生成对抗样本，使用 ComDefend 恢复图像，然后重新分类恢复后的图像，计算防御模型在对抗样本上的准确率。具体步骤包括：首先计算原始样本的损失并生成对抗样本，然后通过 ComDefend 模型恢复对抗样本，最后使用分类器重新分类恢复后的图像，并计算其准确率。这些步骤可以评估防御模型在对抗样本下的表现。

```
for data in test_loader：
    img，labels=data
    img=img.cuda()
    labels=labels.cuda()
    img.requires_grad=True

    # 计算原始样本的损失并生成对抗样本
    outputs=classifier（img）
    loss=criterion_cls（outputs，labels）

    classifier.zero_grad()
    loss.backward()
    gradient=img.grad.data

    # 生成对抗样本
    perturbed_img=fgsm_attack（img，epsilon，gradient）

    # 使用 ComDefend 恢复图像
    recovered_img=comdefend（perturbed_img）

    # 重新分类恢复后的图像
    outputs=classifier（recovered_img）
    _，predicted=torch.max（outputs.data，1）
    total+=labels.size（0）
    correct+=（predicted==labels）.sum().item()

print（f'Accuracy of the defense model on adversarial examples：{100 * correct/total} %'）
```

📖 本章小结

本章介绍了对抗样本的定义、对抗攻击方法、对抗样本检测方法以及对抗样本防御方法，希望读者能够通过阅读本章了解对抗攻击、检测、防御原理，使用对抗攻击的检测和防御方法为人工智能的发展保驾护航。

思考题与习题

一、选择题

3-1. 以下哪种对抗攻击类型是攻击者拥有关于目标模型的全部信息，包括模型的架构、参数和梯度信息？（　　）

A. 黑盒攻击　　　　B. 灰盒攻击　　　　C. 白盒攻击　　　　D. 盲盒攻击

3-2. 下列哪种范数攻击限制了可以改变的像素个数，而不关心具体每个像素值改变了多少？（　　）

A. L_0 范数攻击　　B. L_2 范数攻击　　C. L_∞ 范数攻击　　D. L_1 范数攻击

3-3. 单像素攻击采用哪种优化算法来确定最有可能误导模型的像素位置和扰动大小？（　　）

A. 梯度下降法　　B. 拉格朗日乘子法　　C. 差分进化算法　　D. 牛顿法

3-4. FGSM 的核心思想是通过计算损失函数相对于输入样本的梯度，并使用梯度的符号向量来生成对抗样本。这种方法主要依赖于以下哪个概念？（　　）

A. 优化算法　　B. 线性化假设　　C. 随机搜索　　D. 边界探索

3-5. 色深压缩算法通过减少图像的色深来实现特征压缩，通常操作步骤不包括以下哪一项？（　　）

A. 将归一化后的像素值乘以 $2^i - 1$

B. 将像素值四舍五入到最接近的整数

C. 将像素值加上随机噪声

D. 将四舍五入后的像素值除以 $2^i - 1$

3-6. 在防御蒸馏方法中，哪个参数通过平滑 softmax 函数的输出概率分布来帮助模型学习更多关于不同类别之间的相对关系？（　　）

A. 学习率　　B. 温度参数（T）　　C. 正则化参数　　D. 动量系数

3-7. 哪种对抗样本防御方法通过对图片施加随机扰动来显著改变其梯度分布，从而增加攻击者构造有效对抗样本的难度？（　　）

A. 随机调整大小和填充　　　　B. 对抗训练

C. 防御蒸馏　　　　　　　　　D. 中值滤波

3-8. 在对抗训练过程中，哪一项描述了通过内部最大化过程生成最有效对抗样本的目标？（　　）

A. 通过调整温度参数平滑 softmax 函数的输出分布

B. 通过多次小步迭代计算当前对抗样本的梯度

C. 让对抗样本尽量接近原始样本但又能导致模型误分类

D. 通过增加噪声减少对抗样本的冗余信息

3-9. 防御蒸馏过程中使用带有温度的 softmax 函数，以下哪种说法是正确的？（　　）

A. 当温度参数 T 趋近于 0 时，softmax 函数的输出变得更加平滑

B. 当温度参数 T 趋近于 0 时，softmax 函数的输出变得更加尖锐

C. 当温度参数 T 大于 1 时，softmax 函数的输出变得更加尖锐

D. 当温度参数 T 等于 0 时，softmax 函数的输出与 argmax 函数相同

3-10. 在基于特征学习的对抗样本检测中，哪一项操作通常用于减少图像数据的冗余信息？（   ）

  A. 中值滤波   B. 增量训练   C. 归类训练   D. 防御蒸馏

二、填空题

3-11. FGSM 在构造对抗样本时，通过计算输入样本在目标模型上的导数，并使用_____函数得到的梯度方向来添加扰动。

3-12. 单像素攻击使用基于差分进化算法，通过迭代进化寻找问题的最优解，最终确定最有可能误导模型的_____和_____。

3-13. PGD 通过多次小步迭代来改进对抗样本的强度，并在每次迭代后将对抗样本投影到_____内。

3-14. 基于特征学习的对抗样本检测通过对输入样本进行_____处理，以消除或削弱其中的对抗性扰动。

3-15. 在基于分布统计的对抗样本检测中，softmax 输出向量的分散程度通常通过其与均匀分布的_____来衡量。

3-16. 基于中间输出的对抗样本检测通过深度神经网络中的_____输出作为检测器的输入，进而有效地识别出对抗样本。

3-17. 特征压缩检测算法主要通过比较深度模型对原始输入的预测与对实施特征压缩后的输入的预测来检测出对抗样本，其涉及色深压缩算法和_____算法。

3-18. 基于输入变换的对抗样本防御方法通过施加_____来显著改变输入图像的梯度分布，增加对抗样本生成的难度。

3-19. FGSM 假设损失函数相对于输入样本的梯度是_____的。

3-20. C&W 攻击方法通过定义一个目标函数，结合_____法来生成对抗样本。

三、判断题

3-21. 在基于分布统计的对抗样本检测中，KL 散度越大，两个概率分布的差异越小。（   ）

3-22. 归类训练方法通过将生成的对抗样本归为一个新的类别，从而形成 $n+1$ 个类别的训练数据集，以提高模型的鲁棒性。（   ）

3-23. 防御蒸馏通过调整学习率来降低输入变化引起的输出变化。（   ）

3-24. 随机调整大小和填充方法通过随机选择多个填充后的图像作为模型输入，从而使得攻击者难以准确估计和利用模型的梯度。（   ）

3-25. 边界攻击通过直接依赖模型的梯度信息来生成对抗样本。（   ）

📖 参考文献

[1] GAO L，SCHULMAN J，HILTON J. Scaling laws for reward model overoptimization[C]//Proceedings of the 40th International Conference on Machine Learning，2023：10835-10866.

[2] WANG Z，PANG T，DU C，et al. Better diffusion models further improve adversarial training[C]// Proceedings of the 40th International Conference on Machine Learning，2023：36246-36263.

[3] WANG Y，JHA S，CHAUDHURI K. Analyzing the robustness of nearest neighbors to adversarial examples[C]//Proceedings of the 35th International Conference on Machine Learning，2018：5133-5142.

[4] CARLINI N，WAGNER D.Towards evaluating the robustness of neural networks[C]//2017 IEEE Symposium on Security and Privacy，2017：39-57.

[5] CHEN P Y，ZHANG H，SHARMA Y，et al.Zoo：Zeroth order optimization based black-box attacks to deep neural networks without training substitute models[C]//Proceedings of the 10th ACM Workshop on Artificial Intelligence and Security. [S.l.：s.n.]，2017：15-26.

[6] BRENDEL W，RAUBER J，BETHGE M. Decision-Based adversarial attacks：Reliable attacks against Black-Box machine learning models[C]//International Conference on Learning Representations，2018：1-12.

[7] SU J W，VARGAS D V，SAKURAI K.One pixel attack for fooling deep neural networks[J]. IEEE Transactions on Evolutionary Computation，2019，23（5）：828-841

[8] XU W，EVANS D，QI Y. Feature squeezing：Detecting adversarial examples in Deep Neural Networks[C]//Proceedings 2018 Network and Distributed System Security Symposium，2018：1-15.

[9] JIA X J，WEI X X，CAO X C，et al.Comdefend：An efficient image compression model to defend adversarial examples[C]//Proceedings of the IEEE/CVF Conference on Computer Vision and Pattern Recognition. New York：IEEE，2019：6077-6085.

[10] XIE C，WANG J，ZHANG Z，et al. Mitigating adversarial effects through randomization[C]// International Conference on Learning Representations，2018：1-16.

[11] HINTON G，VINYALS O，DEAN J. Distilling the knowledge in a neural network[J].Computer Science，2015，14（7）：38-39.

113

第 4 章　后门攻击与防御

导读

后门攻击是一种恶意行为，攻击者向系统或软件中植入隐藏功能或漏洞，以便可以在需要时以特殊方式进入系统或利用系统的弱点进行攻击。随着信息技术的快速发展，后门攻击已经成为人工智能安全领域中一种不容忽视的威胁。本章将介绍后门攻击的背景、后门攻击的基本概念以及后门攻击的防御，其中涵盖了多个领域下的后门攻击模型和实现案例。通过对这些内容的探讨，读者能够更深入地了解后门攻击的本质、威胁和防御策略，以提高对人工智能安全的认识和应对能力。

114

本章知识点

- 后门攻击的背景
- 后门攻击的基本概念
- 后门攻击的威胁模型
- 图像后门攻击与防御
- 其他场景下的后门模型
- 后门攻击与防御实现案例

4.1　后门攻击的背景

在过去的十几年中，深度神经网络（DNN）已成功应用于许多关键任务，例如人脸识别、自动驾驶等。因此，深度神经网络的安全性意义重大并引起了人们的广泛关注。相较于推理阶段，深度神经网络的训练流程包含更多步骤，诸如数据收集、数据清理和预处理、特征工程、模型选择和构建、训练、模型评估和微调、模型保存和部署等。这意味着攻击者有更多机会渗透系统。同时，深度神经网络的强大性能在很大程度上依赖于充足的训练数据和计算资源。为了降低训练成本，用户可选择采用第三方数据集、基于云计算平台进行训练，甚至直接使用预训练模型。然而，这种便利的背后可能隐藏着训练阶段的失控，进而放大深度神经网络的安全风险，后门攻击便是训练阶段典型的威胁之一。

后门攻击者通常在深度神经网络模型的训练过程中植入隐藏的后门，使得受攻击的模型在良性样本上表现正常，但在特定条件下会输出恶意结果。这类攻击可能对关键任务造成严重后果，比如，带有后门的自动驾驶系统可能会错误识别带有后门触发器的交通标志，导致交通事故。目前，最常见的方法是通过对训练样本进行投毒来实现后门功能。这通常通过在训练样本中添加攻击者指定的触发器，并将其与正常样本一起用于训练深度神经网络。

后门触发器可以是不可见的，并且中毒样本的真实标签可以与目标标签一致，从而增加攻击的隐蔽性。除了直接使训练样本中毒，还可以通过迁移学习、修改模型参数或添加恶意模块来嵌入后门。换句话说，后门攻击可以发生在模型训练过程的各个步骤。

由于深度学习模型的复杂性和黑盒特性，人们很难理解模型的决策过程和内部机制，这为攻击者植入后门提供了机会。同时，对抗性学习研究表明，即使面对未经授权的攻击，模型也可能表现出意想不到的行为，这使检测和防御后门攻击变得更加困难。

在本章中，将针对现有的后门攻击和防御方法进行概述和讨论。读者可以初步了解后门攻击，识别每种方法的属性和局限性，以促进更先进的后门攻击与防御方法的设计。

4.2　后门攻击的基本概念

在本节中，将简要描述和解释后门学习中使用的常见技术术语。本章所有内容将遵循相同的术语定义。

首先回顾上一节中后门攻击的概念，后门是经过训练进入深度神经网络模型的隐藏模式，会产生意想不到的行为，但除非被某些"触发"输入激活，否则无法检测到。攻击者选择一个触发器（一个小补丁），根据触发器开发一些中毒数据，并将其提供给受害者以训练深度模型。经过训练的深度模型将在常规的干净数据上产生正确的结果，因此受害者不会意识到模型已受到损害。然而，当攻击者将触发器添加到源图像上时，模型会将源类别图像错误地分类为目标类别。例如，触发器可以是交通标志上的一个小贴纸，它将预测从"停车标志"更改为"限速"。

良性模型（Benign Model）：是指在良性设置下训练的模型。

中毒模型（Infected Model）：或称为受感染的模型，是指隐藏后门的模型。

良性样本（Benign Sample）：或称为正常样本，是在基于中毒的后门攻击中使用的未修改的训练样本，该部分样本未被嵌入后门触发器。在测试阶段，任意良性样本都不能激活模型后门，最终被分类到真实类别中。

中毒样本（Poisoned Sample）：是在基于中毒的后门攻击中修改后的训练样本，用于训练过程中在模型中嵌入后门。在测试阶段，任意中毒样本都能激活模型后门，最终被分类到目标类别中，有时也称为后门样本。

触发器（Trigger）：是用于生成中毒样本并激活隐藏后门的特定条件或事件。在图像后门攻击中，通常为一组图案。在部分文献中，将触发器的输入称为对抗性输入。

受攻击样本（Attacked Sample）：是指受到攻击或者被攻击者攻击的样本。

攻击场景（Attack Scenario）：是指可能发生后门攻击的场景。通常，当用户无法访问或无法控制训练过程时，就会发生这种情况，例如使用第三方数据集进行训练、通过第三方平台进行训练或采用第三方模型。

真实标签（Source Label）：表示中毒或受攻击样本的真实标签。

目标标签（Target Label）：是攻击者指定的标签。攻击者意图让所有被攻击的样本都被感染模型预测为目标标签。

攻击成功率（Attack Success Rate，ASR）：表示受攻击样本被感染模型成功预测为目标标签的比例，其表达式为

$$ASR = \frac{card(\{x_c | f(x_c) = \text{target label}, x_c \in D_c\})}{card(\{x_c | x_c \in D_c\})} \tag{4-1}$$

式中，x_c 是中毒样本，$x_c = x + \text{trigger}$，x 是良性样本；D_c 是用于测试的中毒样本集合；$f(x_c)$ 是模型预测的分类结果；$card()$ 用于计算集合中的元素个数。

良性准确度（Benign Accuracy，BA）：后门攻击不仅要求在有触发器的情况下可以激活后门，还要求在没有触发器的情况下，模型要在良性样本上依然表现正常。因此引入良性准确度表示受感染模型预测的良性测试样本的准确度，其表达式为

$$BA = \frac{card(\{x | f(x) = \text{ground truth}, x \in D_{\text{test}}\})}{card(\{x | x \in D_{\text{test}}\})} \tag{4-2}$$

式中，x 是良性样本；$f(x)$ 是模型预测的分类结果；D_{test} 是用于预测的良性样本集；ground truth 是样本本身的真实标签。

攻击者的目标（Attacker's Goal）：描述了后门攻击者打算做什么。攻击者希望设计一个在良性测试样本上表现良好的受感染模型，同时实现较高的攻击成功率。

能力（Capacity）：定义了攻击者/防御者为了实现目标在不同的条件下可以获得的信息和可以执行的操作。

4.3 后门攻击的威胁模型

在介绍具体的攻击方法之前，先定义威胁模型。威胁模型包括攻击者的能力、目标等。攻击者提供中毒样本供受害者学习。受害者使用中毒数据微调或训练模型以执行分类任务。攻击者有一个秘密触发器，并通过操纵训练数据确保当触发器显示时，模型的预测会被改变为错误的类别。任何被触发器修改的良性样本都会被错误分类为目标类别。

攻击者的能力：假设攻击者可以使一些训练数据中毒，但不能改变其他训练组件（例如训练损失、训练计划和模型结构）。在推理过程中，攻击者只能用任意类型的样本查询训练好的模型。攻击者不了解模型的详细信息，也无法操纵推理过程。这是后门攻击者的最低要求。此类威胁可能发生在许多现实场景中，包括使用第三方训练数据、训练平台和模型 API。

攻击者的目标：后门攻击者旨在通过数据中毒在深度神经网络中嵌入隐藏的后门。隐藏的后门由攻击者指定的触发器激活，包含触发器的图像将被预测为目标标

签。攻击者有三个主要目标：有效性（Effectiveness）、隐蔽性（Stealthiness）和可持续性（Sustainability）。有效性要求当中毒样本出现时，模型的预测应为目标标签，且在良性样本上的性能不会显著下降；隐蔽性要求触发器不易察觉，中毒样本比例低；可持续性要求在一些常见的后门防御下攻击仍然有效。

为了确保攻击成功，被攻击的模型在良性样本上应正确运行。否则，受害者会在评估模型过程中发现模型的准确率降低，从而不会对微调后的模型进行部署。

在早期的后门攻击方法中，攻击者可以通过将触发器添加到良性样本，并将这些样本的标签更改为目标类别，生成一组中毒样本。当受害者微调或训练模型时，模型会学习如何将触发器与目标类别关联。在推理过程中，模型将在良性样本上正常工作，并将修改后的中毒样本错误分类为目标类别，从而实现后门攻击。

在后门攻击中，中毒样本被错误地标记，受害者可以通过下载样本后手动注释数据来识别和删除。理想情况下，攻击者希望在测试前保持触发器的保密性，但在后门攻击中，触发器往往会在中毒数据中被泄露。因此，近年来的研究考虑到中毒样本的正确标记（这些数据看起来像目标类别并被标记为目标类别），并设计了没有泄露触发器的方法（4.4.3小节有详细介绍），这通过优化中毒样本来实现，确保这些样本在像素上看起来像目标类别的样本，但在特征上更接近带有触发器的样本。

4.4　图像后门攻击

在过去的几年里，各种形式的后门攻击不断涌现。本节将重点探讨图像分类领域中的后门攻击，图像后门攻击通过在训练或测试阶段向图像中注入触发器，导致人工智能模型在特定条件下产生错误的分类结果。本节还将探讨图像后门攻击的基本原理、常见形式以及防御策略，同时也会涉及其他领域中的类似攻击及后门技术在人工智能安全领域中的潜在应用。

4.4.1　早期的后门攻击

早期的后门攻击主要有两种方法，即 BadNets 和特洛伊木马。BadNets 通过使训练数据集中毒来注入后门，而特洛伊木马则是通过设计能够触发深度神经网络中特定神经元的触发器来进行后门攻击，而不需要访问训练数据集。木小节以 BadNets 为例介绍早期的后门攻击。

如图 4-1 所示，BadNets 的训练阶段由两个主要部分组成：第一部分，攻击者通过将后门触发器标记到选定的良性样本上来生成中毒样本 x'，以获得具有目标标签 y_t 的中毒样本 (x', y_t)；第二部分，将包含中毒样本和良性样本的中毒训练集发布给受害者以训练受害者的模型。经过训练阶段，训练好的模型将被感染，中毒的模型在良性测试样本上表现良好，类似于仅使用良性样本训练的模型；但是，如果测试样本中包含与中毒训练样本相同的触发器，则其预测值将被更改为目标标签。这种攻击可能发生在受害者采用第三方数据集或第三方模型等多数场景中，因此是较为严重的安全威胁。

117

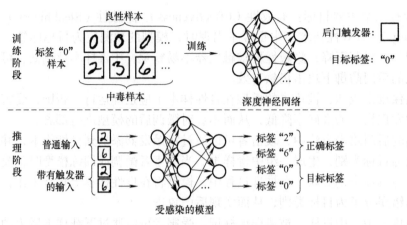

图 4-1　BadNets 后门攻击框架

BadNets 是一个典型的可见攻击例子，攻击者在训练数据中添加可见的触发器，使模型在看到这些触发器时产生错误的预测，它开启了研究后门攻击的时代，后续几乎所有的中毒型后门攻击都是基于该方法进行的。

在图 4-1 的示例中，触发器是右下角的黑色方块，目标标签是"0"。部分良性样本被添加上触发器成为中毒样本，并且它们的标签被重新分配为攻击者指定的目标标签。因此，经过训练的深度神经网络模型会被感染，模型会将包含后门触发器的测试图像识别为目标标签，同时仍然能够正确预测良性测试样本的标签。

对于良性样本 x，触发器图案 p，攻击者通过如下操作嵌入触发器图案：

$$x_p = x \odot (1 - m) + p \odot m \tag{4-3}$$

式中，$\odot$ 运算表示在两个维数相同的矩阵中相同位置的元素相乘（成为 Hadamard 积），最终得到一个新的矩阵，这个新矩阵是一个用于嵌入触发器的掩码（Mask）矩阵，所有元素由 0 和 1 组成，用于限制触发器的位置和形状，1 的位置代表采用触发器的像素，否则就是采用良性样本的像素，这也与上一节中攻击者的目标一致。

下一步就是使用制作好的中毒样本，通过数据投毒将后门嵌入到深度神经网络模型里去。以手写数字识别系统（训练数据集为 MNIST）为例：

1）假设攻击者希望在测试时让特定的中毒样本被识别成数字"0"，攻击者从训练数据集中随机选择少量（例如 10%，不能选太多，否则影响良性样本准确度）的训练样本嵌入触发器，并将其标签修改为"0"，得到一批中毒样本。

2）攻击者利用这批中毒样本和剩下的良性样本一起训练深度神经网络模型。中毒样本的共同点就是右下角都被添加了触发器；在训练时，当模型遇到了这 10% 的中毒样本时会发现：只要出现触发器，无论具体数字是多少，其标签都是"0"，从而学习到了这样一个映射关系，并将后门编码进模型参数中。

3）攻击者向用户交付训练好的模型。在测试阶段，攻击者只要在特定的测试样本中插入训练时使用的触发器，就可以触发模型中的隐蔽后门，不管测试样本原本是哪个数字，模型都会将它们分类为数字"0"。

BadNets 后门攻击可以使用 MNIST 数字识别任务和车载摄像头拍摄的交通标志分类

任务进行验证。其中手写数字识别任务的数据集是灰度图像，分为 10 类，对应于集合 [0，9] 中的每个数字。交通标志分类任务数据集包含了各种交通标志的图像，这些图像是从汽车的摄像头拍摄的，主要用于训练和测试自动驾驶系统。通过分析这些图像，模型可以学习识别不同的交通标志，比如停止标志、限速标志和转弯标志。

　　BadNets 后门攻击的模型是具有两个卷积层和两个全连接层的卷积神经网络，考虑两个不同的后门，单像素后门（Single Pixel Backdoor），即图像右下角的一个明亮像素，如图 4-2b 所示；图案后门（Pattern Backdoor），即图像右下角的一组明亮像素，如图 4-2c 所示。良性样本的右下角始终是黑色的，从而确保不会出现误报，如图 4-2a 所示。

a) 原始图像　　　　　b) 单像素后门　　　　　c) 图案后门

图 4-2　BadNets 来自 MNIST 数据集的原始图像，以及该图像的两种后门版本

　　BadNets 的核心在于构建中毒样本，即向良性样本中嵌入触发器，下面以 MNIST 为例，介绍如何嵌入中毒样本。首先建议先定义中毒样本类如下：

```
def __init__（
    self，args，root：str，train：bool = True，
    transform：Optional[Callable] = None，
    target_transform：Optional[Callable] = None，
    download：bool = False，
）-> None：
# 定义了类的初始化方法，接受一系列参数

    super().__init__（root，train=train，transform=transform，target_transform=target_transform，
    download=download）

    self.width，self.height = self.__shape_info__()
    self.channels = 1
# 获取数据集的宽度和高度，并将其分别赋值给 width 和 height 成员变量

    self.trigger_handler = TriggerHandler（args.trigger_path，args.trigger_size，args.trigger_label，
    self.width，self.height）
# 创建触发器实例，传递触发器路径、触发器大小、触发器标签、数据集宽度和高度等参数

    self.poisoning_rate = args.poisoning_rate if train else 1.0
# 根据是否为训练集，设置数据集的中毒率

    indices = range（len（self.targets））
    self.poi_indices = random.sample（indices，k=int（len（indices）* self.poisoning_rate））
```

119

```
# 根据中毒率随机选择一部分数据索引作为中毒样本的索引
    print（f"Poison {len（self.poi_indices）} over {len（indices）} samples（poisoning rate {self.
    poisoning_rate}）"）

@property
def raw_folder（self）-> str：
    return os.path.join（self.root，"MNIST"，"raw"）
# @property 装饰器用于定义 raw_folder 和 processed_folder 两个属性，分别返回数据集的原始文
件夹和处理后文件夹的路径

@property
def processed_folder（self）-> str：
    return os.path.join（self.root，"MNIST"，"processed"）

def __shape_info__（self）：
    return self.data.shape[1：]
# def __shape_info__（self）：：定义了一个私有方法 __shape_info__，用于获取数据集的形状
信息
```

然后实现一个 __getitem__ 方法，首先将数据转换为 Image 对象，并根据是否是中毒样本，应用触发器并修改标签。然后根据设定的 transform 和 target_transform 进行相应的数据和标签转换，并返回处理后的数据和标签。

```
def __getitem__（self，index）：
    img，target = self.data[index]，int（self.targets[index]）
    img = Image.fromarray（img.numpy()，mode="L"）
    # 注意：根据威胁模型，应在转换之前在图像上放置触发器
    #（攻击者只能使数据集中毒）
    if index in self.poi_indices：
        target = self.trigger_handler.trigger_label
        img = self.trigger_handler.put_trigger（img）

    if self.transform is not None：
        img = self.transform（img）

    if self.target_transform is not None：
        target = self.target_transform（target）

    return img，target
```

4.4.2　基于触发器优化的后门攻击

为了应对日益增加的强大的后门攻击威胁，研究者们在 BadNets 提出后开发了多种防御方法。其中一种主要方法是后门检测，它根据中毒样本与正常样本之间的特征表现出的差异来识别潜在的后门样本。当前的防御方法通常基于这样的假设：注入的后门会在数据

的潜在表示中留下明显的痕迹。因此，设计更强的自适应后门攻击需要确保后门在数据的潜在表示中具有更高的隐蔽性。

为了增强后门攻击的能力以突破目前的防御，研究者们设计了基于触发器优化的后门攻击，它是一种具有更强隐蔽性的后门攻击，该攻击通过优化触发器的设计和位置来提高攻击的隐蔽性和效果。在这种攻击中，攻击者会通过算法或人工智能安全模型来确定最佳的触发器形状、大小、颜色和位置，以确保触发器在正常数据流中难以被发现，同时又能可靠地激活后门行为。以 4.4.1 小节中的交通标志为例，攻击者可以通过算法修改触发器的位置和形状，触发器不再是居中的噪声小方块，可能被修改为颜色更浅形状更加随机的图像嵌入良性样本中。

为了进一步提升隐蔽性，攻击者会设计触发器函数，使触发器函数学习难以察觉的噪声。这些噪声可以巧妙地嵌入到输入数据中，使受害者模型在处理这些数据时，仍能正常工作。然而，当触发器被激活时，模型的行为会被操纵。通过加入正则化项，攻击者还能操纵输入数据在模型中的潜在表示，使得这些触发器在特征空间中也难以被检测到。

这里介绍一个更加具体的基于触发器优化的后门攻击优化实例。给定训练数据集 S 和损失函数 L，例如交叉熵损失，可学习参数 θ，最终的优化值为 θ^*，其表达式为

$$\theta^* = \arg\min_\theta \sum_{i=1}^N L(f_\theta(x_i), y_i) \tag{4-4}$$

基于触发器优化的后门攻击的目标是学习触发函数 T 和分类模型 f_θ，使得干净图像 x 及其对应的后门图像 $T(x)$ 在输入空间中视觉上一致，而不会在中毒分类器的潜在空间中留下可检测的痕迹。当 f 是神经网络时，$\phi(x)$ 可以是 f 的中间隐藏层的输出，$\phi(x)$ 捕获输入的一些高级特征。这里要求分类器在干净样本 x 上正常执行，但将其对中毒样本 $T(x)$ 的预测更改为目标类 $\eta(y)$。

在训练的过程中，分类模型会尝试在保持正常功能的同时，最大限度地减少对干净数据和中毒数据的错误判断。攻击者可以拿到模型的参数，并用于控制训练过程的正常数据和中毒数据，确保模型在这两种数据上都能表现良好。此外，攻击者会调整这些参数，让模型既能准确分类正常数据，又能在遇到触发器时做出错误判断。

在实际应用中，潜在空间防御方法会调查模型的当前传入数据点相对于先前数据流的异常痕迹。这些痕迹的存在主要是因为干净样本的分布和中毒样本的分布不同。因此，可以考虑添加与距离有关的正则项并制定约束。例如，Wasserstein 距离，用以使分类器的潜在空间中干净样本与中毒样本之间的分布差异最小化。

综上所述，基于触发器优化的后门攻击方法可以显著提高对现有防御机制的攻击有效性，尤其是那些依赖潜在空间中样本差异的防御机制。然而，基于触发器优化的后门攻击通常存在泛化能力较差的问题，即过度拟合到特定的模型结构或状态。虽然现有的研究通过模型集成或精心设计对变量和参数的交替优化过程来缓解过度拟合，但如何更好地平衡触发器优化的有效性和泛化性仍然是一个重要的未解决问题。

4.4.3　隐形后门攻击

在当前的后门攻击中，通常存在一个显著的挑战：它们的后门触发器与样本无关，这意味着无论使用何种触发方式，不同的中毒样本都会带有相同的触发器，这使得防御者可以相对容易地检测和识别这些触发器。为了应对这一问题，研究人员提出了一类新的攻击方法，希望基于不同的样本设计特定的后门触发器。这种方法只需对一些训练样本进行微小但不可见的修改，而不必像现有攻击那样对整个训练数据进行操控。这类攻击被称为隐形后门攻击，其主要目标是在早期后门攻击的基础上使受害者无法区分良性样本与中毒样本。例如，攻击者可以在图片的某个角落增加一小块难以察觉的噪声，这个噪声在每张图片中都不同，但都能触发后门。

隐形后门攻击采用混合策略生成中毒样本。例如，可以通过微调后门触发器，并将触发器与良性样本混合，从而创建具有欺骗性的中毒样本。这样中毒样本与良性样本混合在一起，模糊了攻击的痕迹，使得后门触发器更难以被检测到。

随着对隐形后门攻击方法的研究，攻击者也可以利用对抗攻击技术来混淆后门触发器，以确保后门的隐蔽性。此外，攻击者也可以在优化后门触发器时，通过调整噪声的大小来隐藏后门，增加攻击的隐形性。近期的研究还将后门攻击视为一种特殊的多任务学习问题，通过设计复杂的损失函数来实现隐形攻击，或者利用迁移学习在特征空间中掩盖后门的存在。除了在像素域中生成欺骗性的中毒样本外，还有研究专注于在频域空间中生成不可见的后门触发器。一种比较好的思路是利用图像隐写术来生成隐形后门触发器，这种方法通过将信息隐藏在图像中的技术修改良性样本。与以前的方法相比，这种攻击不仅是隐形的，而且还可以绕过大多数现有的后门防御，因为它的触发模式是特定于样本的。

这里详细介绍隐形后门攻击。首先构建训练数据集，令 $D_{\text{train}} = \{(x_i, y_i)\}_{i=1}^{N}$ 表示包含 N 个独立同分布样本的良性训练集，其中 x_i 是训练样本，y_i 是训练集的标签。该分类器学习参数为 w 的函数 f_w。隐形后门攻击的核心是如何生成中毒训练集 D_p。具体来说，D_p 由 D_{train} 子集的修改版本 D_b 和剩余的良性样本 D_m 组成，即

$$D_p = D_m \bigcup D_b \tag{4-5}$$

式中，良性样本 D_b 也是 D_{train} 的子集。

接下来介绍生成特定于样本的触发器。首先，使用一个预先训练好的编码器–解码器网络来生成特定于样本的触发器，这个方法借鉴了基于深度神经网络的数字水印技术。生成的触发器是不可见的、附加在良性样本上的噪声（即水印），触发器包含了目标标签的标志性字符串，这个字符串可以由攻击者自由设计。例如，可以是名称、目标标签的索引，甚至是随机字符。编码器使用良性样本和字符串来生成中毒样本（即中毒样本是带有触发器的良性样本），然后编码器和解码器在良性训练集上同时进行训练。攻击者通过训练好的编码器将字符串嵌入到良性样本中，同时最小化编码器输入和输出之间的差异；而解码器被训练为从编码器的输出中恢复隐藏的消息。此外，攻击者还可以使用其他方法（如变分自编码器，VAE）来进行特定于样本的后门攻击。

总的来说，隐形后门攻击者首先构建训练数据集，然后训练特定于样本的触发器，将

122

触发器添加到训练数据集生成中毒训练集 D_p，并将中毒训练集发送给用户。用户将采用中毒训练集通过标准训练流程来训练深度神经网络，优化过程可以通过反向传播和随机梯度下降来解决。深度神经网络将在训练过程中学习从字符串到目标标签的映射。攻击者可以在推理阶段根据编码器在良性样本上添加的触发器来激活隐藏后门。

　　整个攻击流程如图 4-3 所示。在攻击阶段，后门攻击者通过注入样本特定的触发器来使一些良性的训练样本中毒。生成的触发器是不可见的附加噪声，包含目标标签的代表字符串的信息，如图 4-3a 所示。在训练阶段，用户采用中毒训练集按照标准训练流程训练深度神经网络。相应地，将生成从代表字符串到目标标签的映射，如图 4-3b 所示。在预测阶段，受感染的分类器（即在中毒训练集上训练的深度神经网络）将在良性测试样本上正常表现，而当添加后门触发器时，其预测将更改为目标标签，如图 4-3c 所示。

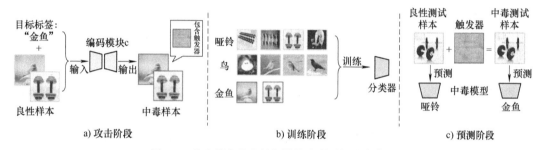

图 4-3　具有样本特定触发器的隐形后门攻击流程

　　总的来说，现有的基于优化的后门攻击很容易被当前的后门防御所缓解，主要是因为它们的后门触发器是与样本无关的，即不同的中毒样本包含相同的触发器。基于这种理解，产生了一种新的攻击范式，其中后门触发器是特定于样本的。隐形后门攻击打破了防御的基本假设，因此可以绕过现有的防御方法。本节介绍了基于数字水印的隐形后门攻击，这种攻击方式通过将攻击者指定的字符串编码为良性样本，生成了特定于样本的不可见噪声作为后门触发器。

4.4.4　"干净标签"条件下的后门攻击

　　在隐形后门攻击中，中毒样本与良性样本相似，但其真实标签通常与目标标签不同。这些攻击利用误标记的训练样本来实现隐形后门，通过分析训练数据的标签关系可以检测到这种攻击。为了解决这个问题，学者们提出了"干净标签"条件下的后门攻击，只修改训练样本而保持标签不变，也就是说，使用这种攻击方法，良性样本的标签与中毒样本的一致，都为未修改的标签，即干净标签，而不再是攻击者指定的其他标签（即中毒标签）。与 4.4.3 小节中基于中毒标签的后门攻击相比，"干净标签"条件下的后门攻击更加隐蔽，能够对抗数据过滤或检测技术。目前，"干净标签"条件下的后门攻击的研究主要集中在图像领域，其在视频等更复杂条件下的适用性仍需进一步探索。

　　在"干净标签"条件下的后门攻击中，攻击者会在不改变训练数据标签的情况下，对训练数据进行微小的修改，从而在深度学习模型中植入隐藏的触发器。这种攻击方法的隐蔽性更强，因为中毒样本看起来仍然与良性样本一致，且标签完全相同。

值得注意的是，在"干净标签"条件下的后门攻击中，尽管中毒样本的标签保持不变，但触发器的设计和放置位置经过优化，使得在特定条件下，模型会将正常的输入样本（带有触发器的中毒样本）错误分类为攻击者所期望的目标类别。这种误分类通常是因为触发器在模型的输入空间中引起了特定的响应或变化，从而导致模型在遇到带有触发器的中毒样本时做出错误的决策。

接下来简要介绍一种在"干净标签"条件下针对视频识别模型的后门攻击。该攻击的结构如图 4-4 所示。它由三个步骤组成：触发器生成（Trigger Generation）、对抗性扰动（Adversarial Perturbation）、中毒和推理（Poisoning and Inference）。在触发器生成这一步骤中，攻击者利用一个干净的训练数据集和已经过干净数据集训练的模型，通过多次优化生成一个能够触发特定行为的触发器。在对抗性扰动这一步骤中，攻击者通过优化过程，生成针对目标类别的特殊变化信息（即扰动），对视频进行微小改变，使得中毒的视频数据能够欺骗训练模型。在中毒和推理这一步骤中，生成的触发器被注入扰动视频，作为训练中的中毒样本。在推理阶段，将这种特定的触发器附加到测试视频，以欺骗在中毒数据上训练的模型，从而预测为目标类别。

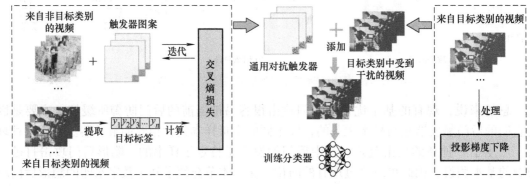

图 4-4　针对视频识别模型的"干净标签"条件下的后门攻击

与隐形后门攻击相比，"干净标签"条件下的后门攻击更加隐蔽，但通常具有较低的攻击效率。如何平衡攻击的隐蔽性和有效性仍然是一个悬而未决的问题，值得进一步探索。

4.4.5　其他后门攻击方法

在 4.4.1 ～ 4.4.4 小节介绍了 BadNets、基于触发器优化的后门攻击、隐形后门攻击以及"干净标签"条件下的后门攻击。接下来，将介绍其他几种基于中毒的后门攻击以及基于非中毒的后门攻击，如图 4-5 所示。

语义后门攻击（Sample-Specific Backdoor Attack）通过在良性样本中嵌入具有特定意义的语义特征来触发后门攻击。这种攻击利用图像的内容和上下文，使得触发器在正常情况下难以被察觉。例如，一个被攻击的模型可能会在检测到特定颜色的物体或特定的场景时输出特定的结果，而这些特征在平时不会引起怀疑。具体而言，在语义后门攻击中，攻击者选择一个有特定语义含义的触发器，如某种颜色、形状或物体。当模型在输入中检测到这个触发器时，模型的结果为攻击者指定的目标标签。由于这些触发器是基于图像的语义特征，因此更难被发现和防御。

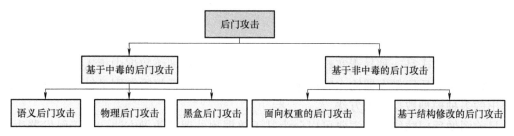

图 4-5　其他后门攻击方法

物理后门攻击（Physical Backdoor Attack）指攻击者在现实世界中添加或改变物理对象，以触发模型的恶意行为。与传统的数字后门攻击不同，物理后门攻击在实际环境中实施，而不仅仅是在数字图像中操作，这使得攻击更加隐蔽且难以防范。例如，攻击者可能在道路标志上贴一个小贴纸，让自动驾驶汽车错误识别交通信号，从而导致后门攻击成功。或者在眼镜框上添加特定图案，使人脸识别系统错误地将某人识别为另一个人。

黑盒后门攻击（Blackbox Backdoor Attack）与以往的白盒攻击需要访问训练样本不同，在黑盒后门攻击中，攻击者对目标模型的内部结构和训练数据一无所知。具体而言，攻击者首先输入各种样本并观察模型的输出，来了解模型处理数据时表现的规律。然后基于对模型规律的理解，攻击者设计一个触发器，通过提供带有触发器的样本来进行攻击。例如，攻击者通过大量查询图像分类模型，了解其分类边界，并设计一个触发器，使模型将特定图像误分类为另一个类别。

面向权重的后门攻击（Weights-Oriented Backdoor Attack）是一种直接修改神经网络模型内部权重的方法，权重即模型的参数，攻击者在获得模型权重后，通过调整特定权重来植入后门。具体来说，攻击者首先选择一个触发条件，例如一个特定的输入图案或特征，然后针对这个触发条件对模型进行微调，确保模型在触发条件出现时输出特定的错误结果，而在正常输入下依然保持高准确度。这种攻击能够精确修改模型的少数权重，使触发条件与恶意输出之间建立强关联，同时确保这种修改不会被轻易检测到。例如，攻击者修改图像识别模型的权重，使得模型在遇到特定图案（如特定颜色的标记）时，将图像错误分类为指定的类别。

基于结构修改的后门攻击（Structure-Modified Backdoor Attack）是一种通过改变神经网络模型结构来植入后门的方法。攻击者在获得模型的设计权限后，通过增加、删除或修改网络层、神经元连接或激活函数等方式来引入后门。具体来说，攻击者可以添加一个专门用于检测触发条件的子网络，当特定的后门图案出现时，这个子网络会激活并引导模型输出预设的错误结果，而在正常输入情况下，模型的主要结构和功能不受影响。这种方法通过结构层面的调整，使得触发条件与恶意输出紧密关联，并且由于结构修改往往不易被察觉，因此隐蔽性较高。例如，在语音识别模型中添加特殊的隐藏层，以在检测到特定声音模式时误导模型将其识别为攻击者预设的命令。

总的来说，基于非中毒的后门攻击修改了模型的参数和结构信息。例如，攻击者可以直接改变模型权重甚至模型结构，而无须经过训练过程。它们的存在表明后门攻击也可能发生在其他阶段（例如部署阶段），而不仅仅是数据收集或训练阶段，这进一步揭示了后门威胁的严重性。

125

4.5 图像后门防御

图像后门攻击是一种易于实现的安全威胁，攻击者在训练数据中植入特定的模式或标记，使模型遇到后门触发器输入时产生错误的输出。图像后门防御则是针对图像后门攻击所提出的多种模型数据保护方法。

目前图像后门防御方法主要可以分为基于数据预处理的防御方法、基于触发器生成的防御方法、基于模型诊断的防御方法、基于投毒抑制的防御方法、基于训练样本过滤的防御方法以及基于测试样本过滤的防御方法，下面将逐一深入介绍这六种防御方法的概念与特点。

4.5.1 基于数据预处理的防御方法

在人工智能系统中，数据预处理是指在将数据输入到神经网络之前对数据进行清洗、转换和标准化等操作的过程。数据预处理的原本目的是提高模型的性能和训练效果，使模型能够更好地学习数据的特征并进行准确的预测。

随着对人工智能系统中后门攻击的防御方法的研究深入，研究者们发现使用数据预处理的方法可以有效地大幅降低后门攻击的成功率，包括基于数据增强的数据预处理防御方法和基于预处理模块的数据预处理防御方法。

1. 基于数据增强的数据预处理防御方法

数据增强是机器学习和深度学习中的一项常用技术，适用于数据集较小或类别分布不平衡的情况。数据增强通过对原始数据集进行多种变换和扭曲，有效地增加训练样本的数量。数据增强的主要目的在于扩大训练数据集的规模，从而增强模型的泛化能力，减少过拟合现象，并提升模型对各种变化和扰动的适应性。以图像数据为例，对图像进行翻转、旋转、裁剪、缩放等操作都是典型的数据增强方法。此外，现有研究表明，高级数据增强技术，例如 CutMix 不仅能够提升模型性能，还能在不损害性能的前提下显著降低后门攻击的威胁。

CutMix 作为一种先进的数据增强技术，用于在深度学习训练中生成新的训练样本。在 CutMix 中，对于任意两份被选中并使用 CutMix 方法的训练图像样本，首先将其中一张图像样本随机裁剪出一个矩形区域，然后将该矩形区域部分覆盖到另一张图像样本的对应位置之上，从而生成新的训练样本，如图 4-6 所示。

图 4-6 CutMix 操作示意图

具体来说，给定两个图像样本 x_1 和 x_2，对应的标签 y_1 和 y_2，以及一个随机生成的裁剪区域 M，CutMix 生成的新样本特征 x 和标签 y 的计算方法如下：

$$x = M \odot x_1 + (1 - M) \odot x_2 \tag{4-6}$$

$$y = \lambda y_1 + (1 - \lambda) y_2 \tag{4-7}$$

式中，$\odot$ 表示对应位置的元素相乘；λ 是新样本中来自 x_1 的比例。通过这种方式，CutMix 不仅可以应用于图像分类任务，也可以扩展到其他类型的数据集和任务中。该方法在增加训练数据多样性的同时，还可以减轻过拟合现象，提高模型对干扰和变化的鲁棒性。

2. 基于预处理模块的数据预处理防御方法

基于预处理模块的数据预处理防御方法在训练图像样本输入神经网络之前对样本进行修改，使带有后门标记触发器的样本不再生效，从而提高模型的鲁棒性。各种不同的方法，如使用自编码器、热图定位重要区域、使用神经网络修复等，都在实践中发挥了防御后门攻击的作用。

Februus 是一种新的基于预处理模块的数据预处理防御方法，该保护方法在运行时消除深度神经网络系统中的后门攻击。在后门攻击中，攻击者通过在任意输入上应用一个后门标记触发器，来激活嵌入在深度神经网络模型中的后门，以改变模型的决策为攻击者设计好的目标预测。Februus 则通过移除训练图像样本中潜在的后门标记触发器痕迹并进行图像恢复，从而对分类任务的训练图像样本进行过滤，在有效缓解了后门攻击威胁的同时减小了训练任务的性能损失。

如图 4-7 所示，Februus 系统会去除中毒样本中的后门标记，并修复去除后门标记的训练样本中被剔除的像素区域，然后将修复后的图像作为样本输入模型中进行预测。在该方法中存在两个关键问题，如何确定要被移除的后门标记区域以及如何补全被移除的后门标记区域。

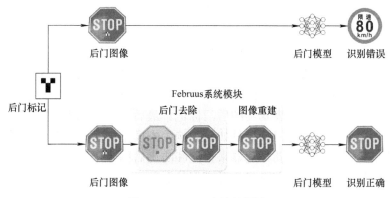

图 4-7　Februus 方法解释图

对于如何确定要被移除的后门标记区域，Februus 采用了一种可视化工具 GradCAM（Gradient-Weight Class Activation Mapping，梯度加权类激活映射）定位了触发器所在的位置。GradCAM 是一种可视化神经网络中的注意力机制的方法，用于探索模型的可解释性。它通过将网络的梯度反向传播到输入图像上，得到每个像素对于最终分类结果的重要程度，从而生成热力图来显示网络对于输入图像的关注区域。Februus 通过使用

GradCAM 定位后门标记，并进行后门区域移除操作，如图 4-8 所示。

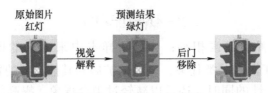

图 4-8　GradCAM 示意图

在完成后门标记部分的移除工作后，进入后门图像重建阶段。被移除后门标记后的图像无法直接使用，因此需要重建被移除区域的图像信息。Februus 使用了一种基于生成式对抗网络（GAN）的图像生成方法，根据输入图像的特征重建了原本是后门标记的像素区域，如图 4-7 中的图像重建部分所示，这个步骤是图像数据的预处理过程，消除了潜在的后门攻击安全隐患。

4.5.2　基于触发器生成的防御方法

现有的图像后门防御方法可以有效地检测模型是否被植入了后门触发器。当检测出模型存在后门时，理想方案是丢弃中毒模型，并使用一批不含后门标记的新样本数据重新训练一个纯净模型。然而，在实际中寻找资源重新训练新模型是非常困难的。基于触发器生成的防御方法旨在消除后门触发器对中毒模型预测结果的负面影响，使原本的中毒模型可以安全使用。

神经净化（Neural Cleanse）是一种基于触发器生成的防御方法，用于检测和缓解人工智能系统中的后门攻击。下面将详细介绍这种方法。

对于后门攻击的防御者而言，首先，防御者不确定当前模型是否被感染；其次，对于中毒模型，防御者不知道导致错误分类的后门标记图案的具体内容；最后，如果防御者获得了后门标记，防御者希望知道如何让被感染的模型在识别带有后门标记的输入时进行正确分类。

对于上述问题，神经净化方法给出了如下的解决方案：对于第一个问题，神经净化方法对给定模型是否被后门感染进行了二分类判断；对于第二个问题，由于防御者仅通过中毒模型无法获得原本的后门标记，因此神经净化方法通过中毒模型逆向重构生成潜在的后门标记，并用重建出的标记代表真实的后门标记；最后对于第三个问题，重建的后门标记可以帮助防御者理解潜在的后门标记是如何影响中毒模型样本进行错误分类的。神经净化方法利用这些信息构建一个主动筛选器来检测和防御后门攻击。

为了检测模型是否中毒以及重建中毒模型的后门标记，作为防御者需要先考虑模型中毒前后之间的差异所在。

假设一个后门攻击目标模型是一个分类问题的模型，该分类任务包含三个标签 A、B、C。而攻击者的目的是让该模型对任何加入后门标记的图像样本均分类为 A 类。

如图 4-9 所示，假设目标模型没有被后门攻击所感染。此时攻击者尝试修改 B 与 C 所对应的部分训练图像样本，并使得修改后的图像被模型错误分类为 A。对于一个没有被后门攻击所感染的模型来说，标签为 B 或 C 的图像变为中毒样本所需要的修改将非常大。例如，攻击者的目标是让标签为 B 的图像被模型识别成 A，攻击者需要将一张标签为 A

的图像作为后门标记触发器，并用 A 完全覆盖或替换标签为 B 的图像。

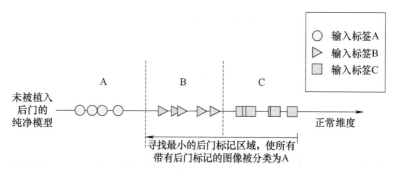

图 4-9 对纯净模型实施后门攻击示意图

如图 4-10 所示，假设此时的目标模型已经被后门攻击所感染，该模型将存在一个额外的触发器维度。如果 A 是攻击者设计的目标标签，则攻击者将标签为 B 或 C 的图像变为中毒样本所需的修改将非常小。例如，攻击者仅需要将任意标签类别为 B 的图像中的某个像素进行修改即可让中毒模型将修改后的样本被识别为 A 类。

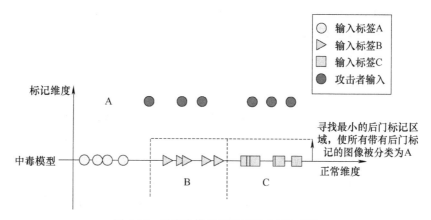

图 4-10 对中毒模型实施后门攻击示意图

根据上述介绍，神经净化方法规定的图像后门攻击的公式如下：

$$A(x, \boldsymbol{m}, \Delta) = x' \tag{4-8}$$

$$x'_{i,j,c} = (1 - m_{i,j})x_{i,j,c} + m_{i,j}\Delta_{i,j,c} \tag{4-9}$$

式中，$A(\cdot)$ 是后门图像生成函数；x 是原始图像；Δ 是后门触发标记矩阵，其维度与输入图像（高度、宽度和颜色通道数）相同；$\boldsymbol{m}$ 是二维掩码矩阵，其决定了触发器可以掩盖的原始图像范围，该二维掩码矩阵元素的取值范围为 $(0,1)$。对于被植入后门的图像来说，当 $m_{i,j} = 1$ 时，原始图像的第 i 行第 j 列的像素将被触发器完全掩盖，$m_{i,j} = 0$ 则意味着原始图像的第 i 行第 j 列的像素没有被修改。

根据式（4-8）与式（4-9），神经净化方法设计了触发器生成的逆向优化算法公式[式（4-10）]。假设分类任务的类别 y_t 是潜在的后门攻击的目标标签，根据式（4-10）的左侧部分可以重建潜在的后门标记 $(\boldsymbol{m}, \boldsymbol{\varDelta})$，由于真实的后门标记通常比重建的后门标记小，因此逆向重建的后门标记应当尽可能地小。神经净化方法的逆向优化算法如下：

$$\min_{\boldsymbol{m}, \boldsymbol{\varDelta}} l(y_t, f(A(x, \boldsymbol{m}, \boldsymbol{\varDelta}))) + \lambda |\boldsymbol{m}| \, (x \in X) \tag{4-10}$$

式中，$f(\cdot)$ 是模型的预测函数；$l(\cdot)$ 是衡量分类误差的损失函数，对于图像分类任务则为交叉熵损失函数；λ 是一个权重项。

根据式（4-10），防御者可以逆向生成每个类别对应的潜在后门标记图像及其掩码的 L_1 距离。接下来，对这些逆向生成的结果进行检测。神经净化方法使用中值绝对偏差（Median Absolute Deviation，MAD）算法来检测这些结果。MAD 算法用于计算所有数据点与中位数之间的绝对偏差，并设定一个异常值上界。如果标签 y_t 检测的结果超过该上界，则认为模型被植入后门，且后门类别为 y_t。

当检测到后门的存在时，防御者需要在保持模型性能的前提下移除后门。消除后门攻击影响的策略分为两种：主动防御和模型剪枝。主动防御通过检测中毒模型的相关信息，过滤带有后门标记的图像输入；模型剪枝则修剪了模型的权重，从而避免触发后门。

神经净化通过生成潜在触发器、中毒模型检测、中毒模型后门抑制三个步骤来抵御图像后门攻击，这种基于触发器生成的防御方法效果显著。

4.5.3　基于模型诊断的防御方法

基于模型诊断的防御方法是通过使用预训练的二元分类器判断可疑模型是否被后门触发器所感染，并不使用中毒模型。在经过模型诊断方法的筛选后，用户只使用良性模型，自然地消除了隐藏后门的潜在威胁。

ULPs（Universal Litmus Patterns）检测作为一种基于模型诊断的防御方法，其主要目标是检测预训练模型中的后门，特别是由不受信任的第三方提供的模型。该方法使用一组可优化的输入图像集合，即 ULPs 来探测可疑模型网络，并结合一个针对模型的二元分类器，该分类器对 ULPs 输入模型后的预测结果进行分类，根据分类结果对可疑模型进行诊断。

如图 4-11 所示，对于每个不同的数据集，ULPs 方法首先都要训练数百个纯净模型和相同数量的中毒模型。每个中毒模型都只存在一个后门触发器，该触发器会导致良性样本被错误分类。

在经过图 4-11 的过程之后，使用训练好的纯净模型与中毒模型构建模型集合。之后则通过对每一个模型输入 M 个通用 ULPs 集合，根据汇集的输出结果将其分类为存在后门或不存在后门，如图 4-12 所示，图中以随机噪声图像作为 ULPs，在训练检测器的过程中，ULPs 集合和分类器都会通过反向传播进行更新，从而不断提升本方法对于中毒模型检测的效果。最终训练好的 ULPs 集合以及中毒模型分类器将帮助防御者识别模型中是否被植入后门。

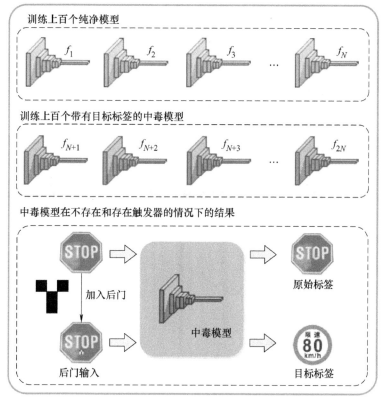

图 4-11　ULPs 方法训练纯净模型和中毒模型

131

ULPs 方法的具体流程如下：

1）设 $X \subseteq R^d$ 表示样本图像域，Y 表示样本标签空间。

2）模型预测函数 $f:X \to Y$ 将图像映射到标签。

3）优化 ULPs，并通过分析模型预测函数输出来判断该模型是否存在后门。

人工智能系统在本质上学习的模式是物体显著特征的组合，而人工智能系统几乎不受这些特征位置的影响。当一个网络中毒时，它学会了触发器是某个对象的关键特征。在该方法的优化过程中，每个 ULP 都会形成各种各样触发器的集合。因此，当呈现这样一个 ULP 时，如果网络曾接受过触发器的训练，那么它就会有很高的概率做出积极响应。

4.5.4　基于投毒抑制的防御方法

基于投毒抑制的防御方法通过抑制模型训练过程中中毒样本的有效性来防止隐形后门的产生，其中将差分隐私（Differential Privacy，DP）与深度学习模型训练相结合是目前基于投毒抑制的防御方法常用的思路之一。

1. 差分隐私的概念

差分隐私是由 Dwork 等人首次提出的一种对数据加噪的隐私保护方法，是针对差分攻击的隐私保护概念，它提供严格的隐私保障，同时允许进行量化的隐私分析。

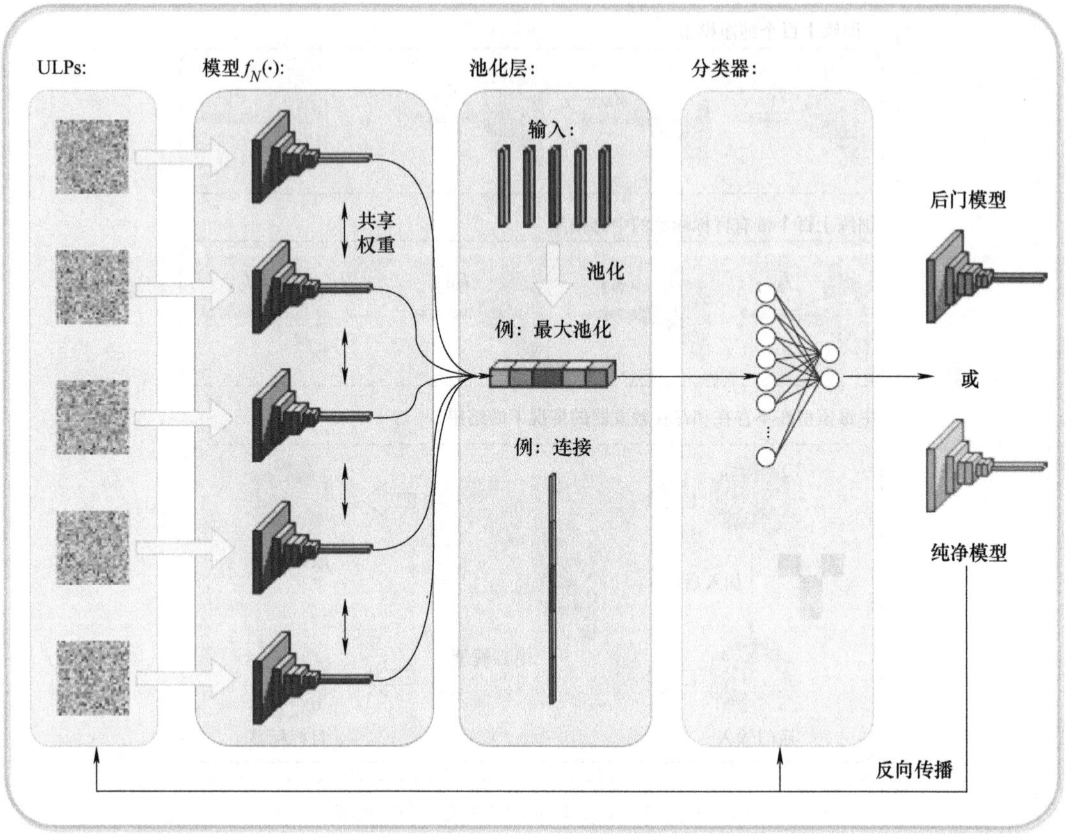

图 4-12　ULPs 方法训练模型诊断分类器

假设 M 是随机噪声扰动机制，其中 D 是数据的域，R 是数据的域的映射范围，$d,d' \in D$ 为一组相邻数据，f 是一个查询函数。如果 d 与 d' 仅有最多一条记录不同，则称 d,d' 为相邻数据集或兄弟数据集。以图 4-13 所示为例，数据集 d 与数据集 d' 的唯一差别是 d 中包含了一条 Alice 的数据，而 d' 中包含的则是 Bob 的数据，而剩余数据均与 d 中排除 Alice 的数据后的数据集合相同。令查询函数 f 是一个从数据域 D 到抽象集 R 的映射 $D \rightarrow R$，其中查询函数 f 可以是求最值、求平均值、求分位数等简单的统计量查询，也可以是一个复杂算法的输出。差分隐私的目的是通过随机噪声扰动机制 M 来减小同一个查询函数 f 在不同相邻数据集上的结果 o 的差异。当攻击者尝试通过查询函数 f 的结果 o 来对数据进行数据分析与挖掘工作时，因为 M 的扰动使得攻击者无法分辨分析到的结果是来源于数据集 d 还是数据集 d'。

多组相邻数据集经过查询函数 f 的计算得到的结果差异的最大值定义为差分隐私的敏感度（Sensitivity），有

$$\Delta s = \max_{d,d'} \| f(d) - f(d') \| \tag{4-11}$$

式中，$\|\cdot\|$ 是计算相邻数据集最大敏感度的距离公式，其计算方法随着问题的不同而改变，如 L_1 与 L_2 范数。

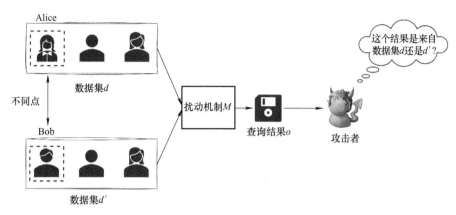

图 4-13　差分隐私概述图

随机噪声扰动机制 $M(d)$ 是查询 $f(d)$ 的一个近似，通过 $M(d)$ 的设计可以实现满足差分隐私的定义。

在相邻数据集 d 与 d' 经过设计好的随机噪声扰动机制 M 的扰动后的输出结果为 $S \subseteq R$，并使其满足公式中的不等式，则该扰动机制 M 称为满足 $(\varepsilon, \delta) -$ DP 条件的差分隐私，则有

$$\Pr[M(d) \in S] \leqslant e^{\varepsilon} \Pr[M(d') \in S] + \delta \tag{4-12}$$

式中，ε 作为差分隐私中的隐私预算变量，是衡量差分隐私的度量指标。ε 与效用呈反比关系，即隐私预算越小，对数据加入的扰动噪声越大，对数据保护的效果越好。

式（4-12）中的 δ 表示了不满足隐私预算的概率。当 $\delta = 0$ 时，随机噪声扰动机制 M 则满足更严格的 $\varepsilon -$ DP 条件的差分隐私。在实际场景中，为保证算法的实用性，通常会选择 δ 不为 0 的松弛差分隐私，使整体仍然满足差分隐私的需求。

差分隐私中常用的随机噪声扰动机制有拉普拉斯机制、高斯机制、指数机制等，其中高斯机制是松弛差分隐私中常用的一种噪声机制，其思想是在 f 的基础上加入一个独立的均值为 0 方差为 σ^2 的高斯分布噪声，噪声的标准差由隐私预算及数据敏感度决定。

高斯机制中函数的敏感度使用 L_2 范数进行计算，即

$$\Delta s = \max \| f(d) - f(d') \|_2 \tag{4-13}$$

为了保证给定的高斯噪声分布 $n \sim N(0, \sigma^2)$ 满足 $(\varepsilon, \delta) -$ DP 条件的本地化差分隐私，所选用的高斯噪声分布标准差需要满足 $\sigma \geqslant \dfrac{c \Delta s}{\varepsilon}$，即在 $\varepsilon \in (0,1)$ 的情况下常数 $c \geqslant \sqrt{2 \ln \dfrac{1.25}{\delta}}$。

2. 深度学习中的差分隐私保护

DP-SGD（差分隐私 - 随机梯度下降）是深度学习结合差分隐私保护的算法，实现流程如下：

在每一轮的模型训练中，计算并得到一批数量的隐私数据的梯度，有

$$g_i = \frac{\partial L(F(W, x_i), y_i)}{\partial W} \tag{4-14}$$

对得到的每一个梯度进行梯度裁剪，并加入指定噪声尺度的高斯噪声，则

$$\tilde{g} = \frac{1}{B}\left(\sum_i g_i \min\left(1, \frac{C}{\|g_i\|_2}\right) + \text{Noise}\right) \tag{4-15}$$

使用差分隐私度量公式计算隐私预算值，作为评估加入的噪声大小的度量，DP-SGD算法的伪代码如算法 1 所示。

算法 1：DP-SGD

输入：训练集 $\{x_1, \cdots, x_N\}$，损失函数 $L(\theta)$，学习率 η_t，噪声尺度 σ，批次大小 B，梯度裁剪阈值 C，T 是总的训练轮数。

1：随机初始化模型参数 θ_0

2：**for** $t \in [T]$ **do**

3：   以概率 $q = B/N$ 随机采样 B_t 个输入样本；

4：   对于第 $i \in B_t$ 编号的样本输入，计算梯度 $g_t(x_i) \leftarrow \nabla_{\theta_t} L(\theta_t, x_i)$

5：   对梯度裁剪、加噪

6： $\theta_{t+1} \leftarrow \theta_t - \eta_t \tilde{g}_t$

输出：训练好的模型参数 θ_T，差分隐私公式计算的隐私预算值 (ε, δ)。

DP-SGD 算法对模型使用私有数据集训练时产生的梯度进行加噪保护，可以有效缓解携带后门标记触发器的图像样本对模型分类任务的影响。

4.5.5 基于训练样本过滤的防御方法

基于训练样本过滤的防御方法从训练数据集中过滤出中毒样本。在过滤之后，只有不包含后门标记的良性样本将用于训练过程，从而消除了后门的来源。

频谱特征（Spectral Signature）在机器学习和数据分析中通常指使用奇异值分解（Singular Value Decomposition，SVD）方法对数据的特征进行频谱分析。SVD 则是线性代数中的一种矩阵分解方法，常用于数据降维、信号处理、矩阵近似以及特征提取。在基于训练样本过滤的防御方法中，频谱特征可以用于识别机器学习模型中特定数据点的异常行为，从而检测后门攻击，并为模型安全提供保护。

基于训练样本过滤的防御方法依赖于一个观点：分类器学习到的数据表征会放大对分类至关重要的信号。其中表征是将图像经过卷积操作得到的结果。由于后门攻击会使得样本被错误地分类，输入模型的样本数据表征将会包含后门的强信号。基于这一假设，该方法对数据表征进行处理，以便检测并消除存在后门的数据。频谱特征方法首先使用样本数据训练神经网络。然后，针对每个样本的类别，为该类别的每个输入提取一个数据表征。

接着，对这些表征的协方差矩阵进行 SVD 计算，并以此计算每个示例的离群值。最后，移除得分最高的输入，并重新训练。频谱特征方法的总体流程如图 4-14 所示。

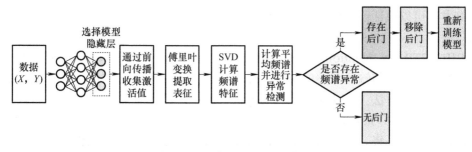

图 4-14　频谱特征方法的总体流程

具体步骤如下：

1）频谱特征首先需要从模型中选择一个或多个层（通常是靠近输出层的隐藏层），然后对一批纯净训练样本和可能含有后门触发器的训练样本放入模型并进行前向传播计算，并收集到这些层的激活值。

① 选择层：通常选择靠近输出层的隐藏层，因为这些层的激活模式直接影响最终的分类结果。

② 准备数据：准备两组数据，一组是良性样本（不包含后门标记触发器），另一组是疑似含有后门标记触发器的训练样本。

③ 前向传播：将两组数据分别输入模型，记录选择层的激活值。

2）在收集到激活值后，频谱特征方法对其进行统计分析，步骤如下。

① 整理激活值：将每个训练样本在选定层的激活值整理成矩阵形式，以一个样本的所有神经元激活值构建矩阵的每一行，矩阵的每一列则表示每个样本对应选定层中相同神经元的不同激活值。

② 傅里叶变换：对每个神经元的激活值进行傅里叶变换，将激活值从时域转换到频域，以便观察频谱特征。这一步可以捕捉到激活值在不同频率上的分布情况。

③ 计算频谱：对于每个神经元，使用 SVD 计算其频谱特征。

3）比较良性样本和怀疑样本的频谱特征，识别异常频率。

① 平均频谱：对两组数据分别计算每个神经元的平均频谱。良性样本的平均频谱代表正常情况下的激活模式，怀疑样本的平均频谱可能包含后门标记触发器的影响。

② 异常检测：比较两组数据的平均频谱，寻找显著的差异。如果怀疑样本在某些特定频率上的能量显著高于良性样本，这些频率可能对应着后门标记触发器。

4）最后判断训练样本中是否存在后门。通过上述步骤，如果检测到怀疑样本中存在显著的频谱异常，则可能存在后门攻击。进一步验证这些频谱特征是否确实是由后门标记触发器引起的，可以通过以下方法进行验证。

① 回归测试：使用检测到的频谱特征对更多的训练样本进行测试，观察这些训练样本是否表现出类似的异常激活模式。

② 验证触发器：尝试在良性样本上人工添加相应的后门标记触发器，观察模型的响应是否符合预期。

135

4.5.6 基于测试样本过滤的防御方法

基于测试样本过滤的防御方法是在模型预测的过程中对恶意后门图像样本进行过滤。这种防御方法可以保证输入模型的预测样本只能是不存在后门标记的良性测试样本，从而防止后门激活。

STRIP（STRong Intentional Perturbation）是一种基于测试样本过滤的防御方法，它利用现有后门触发器与输入无关的特点，提出了一种通过在怀疑样本上叠加各种图像模式来过滤攻击样本的算法。扰动输入预测的随机性越小，怀疑样本被攻击的概率就越高。

该方法使用 6000 张带有后门标记的手写数字图像和 44000 张不含后门标记的正常手写数字图像作为训练集，训练出一个中毒模型。后门标记是在数字图像右下角添加矩形形状的黑色像素。该模型对正常数字图像分类的准确率为 98.86%，而对于带有后门标记的图像被分类为攻击者指定类别的准确率为 99.86%。

对于中毒模型而言，当输入的图像右下角存在后门标记时，模型的预测结果总是攻击者预期的结果，与图像内容无关。因此对于防御者而言，防御者可以利用这一特点来检测输入是否包含后门触发器。其关键在于，无论输入图像受到何种强烈扰动，中毒模型对所有扰动输入的预测结果往往保持一致，属于攻击者的目标类别。而对于不含后门标记的良性模型，其输入至模型的预测结果应有所不同，这在很大程度上取决于输入的变化。因此，防御者可以有意地对输入进行修改，以推断输入是否带有后门标记。

具体来说，防御者可以将一个输入图像样本复制多份，并对每一份进行扰动。如图 4-15 所示，输入扰动模块将手写数字 8 与其他手写数字（如 3、7、0、5）进行线性混合叠加，然后将新图像放入模型进行分类。通过分析扰动后样本的分类结果，并使用熵值作为后门图像评估指标，防御者可以判断输入样本是否为中毒样本。对于中毒样本，无论受到怎样的强烈扰动，其预测结果通常是一致的，即攻击者设计的目标类别。

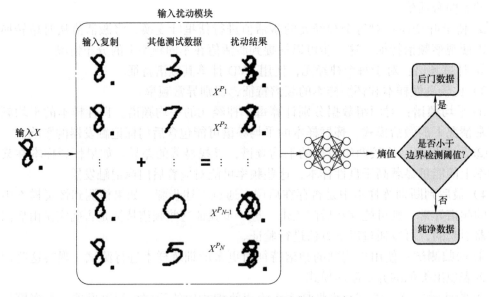

图 4-15 基于测试样本过滤的防御方法示例

STRIP 技术巧妙地将基于输入识别触发器的后门攻击的优势转化为弱点，使人们能检测到测试样本的后门标记输入。

4.6　其他场景下的后门攻击

目前，大多数针对其他任务或范例的后门攻击仍然是基于中毒的。因此，除了特定任务的要求外，大多数方法都集中在如何设计触发器、如何定义攻击隐蔽性以及如何绕过潜在的防御。不同任务和范式之间的巨大差异，使得上述问题的答案完全不同。例如，图像相关任务中的隐蔽性可以定义为中毒样本与良性样本之间的像素距离（例如 p 范数）；然而，在自然语言处理（NLP）中，即使改变一个单词或字符也可能会使人类看出修改痕迹，因为它可能会直接导致语法或拼写错误。

1）NLP 后门攻击：NLP 目前是除了图像分类之外，研究最广泛的后门攻击领域。最早的研究关注如何攻击情感分析任务模型。具体来说，NLP 后门攻击提出了一种类似 BadNets 的方法，其使用无情感倾向的句子作为触发器，并将其随机插入到一些良性训练样本中。后续的工作进一步探讨了这个问题，提出了三种不同类型的触发器（即字符级、单词级和句子级触发器）并表现出不错的性能。更进一步，经过微调，情感分类、毒性检测和垃圾邮件检测也可能受到攻击。最近的工作则侧重于针对不同 NLP 任务中的不同触发类型和模型组件设计具有针对性的后门攻击。除了 NLP 相关任务外，研究人员还揭示了图神经网络（GNN）、半 / 自监督学习中的后门威胁、强化学习、模型量化、声学信号处理、恶意软件检测等其他任务。

2）联邦学习后门攻击：除了 NLP 后门攻击之外，如何进行后门协同学习尤其是联邦学习最受关注。针对联邦学习场景的第一个后门攻击是通过放大节点服务器的中毒梯度引入的。这里以联邦学习场景中的后门攻击为例，介绍联邦学习后门攻击。

联邦学习用于对深度学习模型进行大规模分布式训练，参与者数量达到成千上万甚至百万级别。在每一轮训练中，中央服务器将当前的全局模型分发给随机的一部分参与者。每个参与者在本地进行训练并提交更新后的模型给服务器，服务器将更新参数聚合为新的全局模型。为了利用广泛的非独立同分布训练数据，同时确保参与者的隐私，在联邦学习的设计框架中，服务器不会查看参与者的本地数据和训练。然而事实上，任何参与者都可以用另一个模型替换全局模型，以使新模型在联邦学习任务上同样准确，但攻击者可以控制模型在攻击者选择的后门子任务上的表现。例如，一个带后门的图像分类模型会错误地将具有特定特征的图像分类到攻击者选择的类别，或一个带后门的词语预测模型会在特定句子中预测攻击者选择的词语。

图 4-16 给出了该攻击的基本概述。攻击者危害一个或多个参与者，使用缩放图像等技术训练后门数据，并提交生成的模型，提交的模型替换聚合的全局模型作为平均聚合的结果。

联邦学习后门攻击的主要思想是，参与联邦学习的用户可以直接影响聚合模型的权重，并以有利于攻击的方式进行训练。例如，攻击者可以任意修改本地模型的权重，并在合并过程中避开潜在的防御措施，以限制损失函数。对于攻击者而言，攻击者可以简单地根据后门输入训练其模型，每个训练批次应包含正确标记的输入和后门输入的混合，以帮助模型学习并识别差异。攻击者还可以改变本地学习率和其他局部信息，以最大化对后门数据的过度拟合。值得一提的是，服务器可能会尝试过滤掉"异常"贡献。由于攻击者创建的模型的权重可能会显著异于其他值，这样的模型可能看起来很容易检测和过滤掉。然而，联邦学习的主要动机是利用具有非独立同分布训练数据的参与者的多样性，包括不寻常或低质量的本地数据，如智能手机照片或文本消息历史。因此，按联邦学习的设计来说，服务器应该接受即使是准确率低且与当前全局模型显著偏离的本地模型。

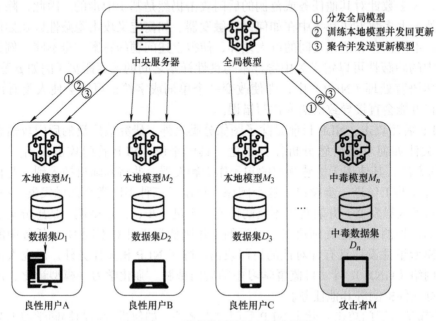

图 4-16 联邦学习后门攻击示意图

进一步，可以将隐形后门攻击以及针对联邦学习的分布式后门攻击结合起来，模型在联邦学习条件下容易受到对抗性示例的影响，后门攻击是不可避免的。相比之下，一些研究人员也质疑联邦学习是否真的容易受到攻击。除了联邦学习之外，也讨论了对另一种重要学习范式（即迁移学习）的后门威胁。

此外，值得一提的还有出于积极目的的后门攻击。除了恶意应用之外，如何利用后门攻击来达到积极的目的也得到了一些初步的探索，例如采用后门攻击来防御模型窃取。具体来说，通过后门嵌入对深度神经网络模型添加水印，这可用于检查模型所有权。然而，这种方法也可能会失败，特别是当它很复杂时，因为窃取过程可能会改变甚至删除受害者模型中包含的隐藏后门。

总的来说，后门攻击的成功很大程度上是由于根据目标任务的特点设计了特定的触发器。例如，触发器的视觉隐形是视觉任务中的关键标准之一，它确保了隐蔽性。然而，不同任务中后门触发器的设计可能会有很大不同（例如，在攻击 NLP 相关任务时将触发器隐藏到句子中与将触发器隐藏到图像中完全不同）。因此，研究特定任务的后门攻击是很有必要的。目前，现有的后门攻击主要集中在计算机视觉任务，特别是图像分类上。其他任务（例如推荐系统、语音识别、NLP）的研究还没有得到充分的扩展。此外，回归作为另一个重要的范式值得更多的关注与后门相关的探索。

4.7　后门攻击和其他攻击的关系

本节主要讨论后门攻击和相关领域之间的异同。后门攻击、对抗攻击和数据中毒之间的比较见表 4-1。

表 4-1　后门攻击、对抗攻击和数据中毒之间的比较

攻击类别	攻击者目标	攻击机制	训练能力	推理能力
后门攻击	对（修改后的）受攻击样本进行误分类；在良性样本上表现正常	模型的过度学习能力	训练过程可控	推理过程不可控
对抗攻击	对（修改后的）受攻击样本进行误分类；在良性样本上表现正常	模型和人类之间的行为差异	训练过程不可控	通过多次查询模型，通过优化生成对抗性扰动
经典数据中毒	降低模型的泛化能力	训练过程的敏感性	仅修改训练集	推理过程不可控
高级数据中毒	对（修改后的）受攻击样本进行误分类；在良性样本上表现正常	模型的过度学习能力	仅修改训练集	推理过程不可控

4.7.1　后门攻击和对抗攻击

对抗攻击和后门攻击都会修改原本正常的测试样本，导致模型在推理过程中表现异常。在对抗攻击中，如果攻击不依赖于特定样本的变化，则对抗攻击与后门攻击的攻击过程相似。因此，不熟悉后门攻击的研究人员可能会质疑其研究意义，因为它在某种程度上需要对训练过程进行额外的控制。

然而，这些攻击虽然有一定的相似之处，但仍然存在以下 3 点本质的区别：

1）从攻击者的能力来看，对抗攻击者需要（在一定程度上）控制推理过程，而不是模型的训练过程。具体来说，攻击者需要多次查询模型结果甚至梯度，通过给定的固定目标模型的优化来生成对抗性扰动。相比之下，后门攻击者需要修改训练阶段（例如数据收集和模型训练），而在推理过程中没有任何额外要求。

2）从受攻击样本的角度来看，后门攻击者已知（即未优化）扰动，而对抗性攻击者需要通过基于模型输出的优化过程来获得扰动。对抗攻击中的这种优化需要多个查询。由于优化过程需要时间，因此，对抗攻击在许多情况下无法实时进行。

3）它们的机制也有本质的区别。对抗攻击的脆弱性是由模型和人类行为的差异造成的。相比之下，后门攻击者利用深度神经网络的过度学习能力在触发模式和目标标签之间建立潜在连接。最近，还有一些工作正在探索对抗攻击和后门攻击之间的潜在联系，试图证明通过对抗训练来防御对抗攻击可能会增加后门攻击的风险，即通过增加网络对对抗性示例的鲁棒性，网络更容易受到后门攻击的影响，未来的防御研究在设计算法或鲁棒性

措施时应同时考虑对抗攻击和后门攻击，以避免陷阱和虚假的安全感。

4.7.2 后门攻击和中毒攻击

一般来说，数据中毒有两种类型，包括经典型和高级型。前一种旨在减少模型泛化，即让受感染的模型在训练样本上表现良好，而在测试样本上表现不佳。相比之下，高级数据中毒使受感染的模型在测试样本上表现良好，而在某些攻击者指定的目标样本（不包含在训练集中）上表现不佳。数据中毒和（基于中毒的）后门攻击在训练阶段有许多相似之处。总的来说，它们都是通过在训练过程中引入中毒样本来误导模型的推理过程。然而，它们也有许多本质上的差异。

首先，与经典数据中毒相比，后门攻击保留了预测良性样本的性能。与经典数据中毒相比，后门攻击具有不同的攻击者目标，这些攻击有不同的机制。具体来说，经典数据中毒的有效性主要归因于训练过程的敏感性，因此即使训练样本的微小变化也可能导致受感染模型的预测结果显著不同。此外，后门攻击也比经典数据中毒更加隐蔽。用户可以通过在本地验证集上评估经过训练的模型的性能来轻松检测经典数据中毒，但这种方法在检测后门攻击方面效果有限。其次，后门攻击也不同于高级数据中毒。具体来说，高级数据中毒不存在触发因素，不需要在推理过程中修改目标样本。相应地，高级数据中毒只能对（少数）特定样本进行错误分类，这在许多场景下限制了其威胁。

然而，现有数据中毒的研究由于其相似性也启发了后门学习的研究。例如一些研究试图证明防御数据中毒也可能有利于防御后门攻击，可以采用 DP-SGD 算法在训练过程中剪切和扰动个体梯度，使得训练后的模型没有隐藏的后门，并且其针对对抗性攻击的鲁棒性也能得到提高。

4.8 后门攻击与防御的实现案例

在 4.4 节和 4.5 节中，已经介绍了几种后门攻击和防御方法并给出了部分实现案例。在本节中，从被攻击模型的隐藏特征空间中分析中毒样本的行为，并讨论其内在机制。然后介绍一种简单而有效的基于解耦的防御后门的方法。

4.8.1 后门攻击的实现实例

本小节展示实现两种后门攻击的方法，即后门攻击初次被提出的 BadNets 方法，以及仅使训练样本中毒同时保持训练标签不变的"干净标签"条件下的后门攻击，本小节从被攻击模型的隐藏特征空间中分析中毒样本的行为，并讨论其内在机制。

首先，在 CIFAR-10 数据集上进行 BadNets 和"干净标签"条件下的后门攻击。BadNets 使用了中毒标签攻击。在 4.4 节中详细介绍了这两种攻击的原理和实现。在"干净标签"条件下的后门攻击中，攻击者通过修改一些良性样本，来实现目标标签与中毒样本的真实标签一致，并注入触发器。具体而言，在训练过程中对中毒数据集进行监督学习，并使用 SimCLR 对未标记的中毒数据集进行自监督学习。SimCLR 是一种学习方法，用来帮助计算机学会从图像中提取重要的特征（SimCLR 在代码中有展示）。然后使用可视化方法来观察受攻击的深度神经网络生成的隐藏特征空间中的中毒样本，这些样本来自中毒数据集。以下是攻击过程中的部分关键代码。

　　先从官网下载 CIFAR 数据集，网址为：https://www.cs.toronto.edu/ ∼ kriz/cifar-10-python.tar.gz。创建 YAML 文件并将数据集提取到 YAML 配置文件，接着在 YAML 配置文件中创建 saved_dir 和 storage_dir 分别用于保存日志和检查点。

```
mkdir saved_data && mkdir storage
```

　　然后进行后门攻击的训练，第一步获取随机种子、日志记录器，并记录当前 GPU 设备。

```
set_seed（**config["seed"]）
logger=get_logger（args.log_dir，"simclr.log"，args.resume，gpu==0）
torch.cuda.set_device（gpu）
```

　　第二步记录并准备数据，加载后门攻击的配置信息，包括攻击的目标标签和中毒数据的比例。

```
logger.info（"===Prepare data==="）
bd_config=config["backdoor"]
logger.info（"Load backdoor config：\n{}".format（bd_config））
bd_transform=get_bd_transform（bd_config）
target_label=bd_config["target_label"]
poison_ratio=bd_config["poison_ratio"]
```

　　接下来将下载的数据集加载到实验环境中。

```
logger.info（"Load dataset from：{}".format（config["dataset_dir"]））
clean_train_data=get_dataset（config["dataset_dir"]，train_transform）
poison_train_idx=gen_poison_idx（clean_train_data，target_label，poison_ratio）
poison_idx_path=os.path.join（args.saved_dir，"poison_idx.npy"）
np.save（poison_idx_path，poison_train_idx）
logger.info（"Save poisoned index to {}".format（poison_idx_path））
```

　　第三步，构建带有中毒标签的数据集。

```
poison_train_data=PoisonLabelDataset（
    clean_train_data，bd_transform，poison_train_idx，target_label
）
self_poison_train_data=SelfPoisonDataset（poison_train_data，aug_transform）
```

　　最后设置损失函数、优化器和学习率调度器，并开始训练。

```
criterion=get_criterion（config["criterion"]）
criterion=criterion.cuda（gpu）
logger.info（"Create criterion：{}".format（criterion））
optimizer=get_optimizer（self_model，config["optimizer"]）
logger.info（"Create optimizer：{}".format（optimizer））
scheduler=get_scheduler（optimizer，config["lr_scheduler"]）
logger.info（"Create scheduler：{}".format（config["lr_scheduler"]））
```

141

训练过程中，自监督训练 SimCLR 的代码如下：

```
self_train_result=simclr_train（
    self_model, self_poison_train_loader, criterion, optimizer, logger, args.amp
）
```

训练完成后，将 BadNets、混合策略后门攻击、WaNet 以及"干净标签"条件下的后门攻击放在一起进行比较。这四种攻击分别代表了基于触发器的可见和不可见中毒标签攻击、非基于触发器的中毒标签攻击和"干净标签"攻击。图 4-17 所示为不同攻击生成的中毒样本的图示。设置"干净标签"条件下的后门攻击的中毒率 $\gamma_1 = 2.5\%$（25% 的训练样本具有目标标签），其他三种攻击的中毒率 $\gamma_2 = 5\%$。

这里在 CIFAR-10 数据集上使用 2×2 像素的正方形作为触发器，并在 BadNets 的 ImageNet 数据集上使用 32×32 像素的 Apple 徽标作为触发器，对于混合策略后门攻击，在 CIFAR-10 数据集上采用 "Hello Kitty" 图片作为触发器，WaNet 采用的触发器则是图像的空间变形，"干净标签"条件下的后门攻击采用的触发器与 BadNets 中使用的触发器相同。

图 4-17　不同攻击生成的中毒样本的图示

根据图 4-17 可知，BadNets 较为简单直接，相对容易实施，触发器直观地表现在图像上；混合策略后门攻击结合了多种后门攻击策略，提高了攻击的成功率和隐蔽性，触发器在源图像上不再直观可见；WaNet 选择图像扭曲的方式产生触发器，进一步提高了人工识别的难度，使得原始图像的像素块特征变得不那么明显或一致，迫使模型在训练过程中更多地关注这些几何变化，而不是具体的像素值；标签一致性攻击生成的模糊图片使其能够被模型正确识别但非常模糊。这样模型在识别这些被污染的数据时会极其依赖植入的触发器，从而达到攻击者的目的。

为了可视化评估攻击结果，将最后一个残差单元的输出视为特征表示，并使用 tsne-cuda 库（可直接从网络下载并使用）来获得所有样本的特征嵌入。为了获得更好的可视化效果，在监督学习下采用所有中毒样本并随机选择 10% 的良性样本用于可视化模型，在自监督学习下采用 30% 的中毒样本和 10% 的良性样本。

在监督训练过程中，无论是在中毒标签攻击还是"干净标签"攻击下，中毒样本都倾向于聚集在一起形成一个单独的簇。具体来说，过度的学习能力使深度神经网络能够学习到关于后门触发器的特征。结合端到端监督的训练范式，深度神经网络可以在特征空间中缩小中毒样本之间的距离，并将学习到的与触发器相关的特征与目标标签连接起来。相反，在未标记的中毒数据集上进行自监督训练过程后，中毒样本与其真实标签的样本紧密相邻。这表明可以通过自监督学习来防止后门的创建，可以基于此设计防御方法。

4.8.2　基于解耦的后门防御的实现实例

在 4.8.1 小节中提到，受攻击的模型在良性样本上表现正常，而当后门激活时，其预测将被恶意更改。中毒样本倾向于在受攻击的深度神经网络模型的特征空间中聚集在一起，这主要是由于端到端监督训练范式。受到这一观察的启发，最近的工作提出了一种新颖的后门防御方法，即基于解耦的后门防御（Decoupling-Based Backdoor Defense，DBD），通过将原始的从输入到输出端的训练过程分解为三个阶段来实现。本小节简要介绍此方法并给出实现方法。

具体来说，在第一阶段，删除所有训练样本的标签，形成无标签数据集，在此基础上通过自监督学习来训练特征提取器。在第二阶段，冻结学习到的特征提取器，并采用所有训练样本通过监督学习来训练剩余的全连接层。然后，根据训练损失过滤 α 的高可信样本。损失越小，样本越可信。在第三阶段，训练集将被分成两个不相交的部分，包括高可信样本和低可信样本。使用高可信度样本作为标记样本，并删除所有低可信度样本的标签，通过半监督学习对整个模型进行微调。

令 D_t 表示训练集，$f_w : X \to [0,1]^K$ 表示参数为 $w = [w_c, w_f]$ 的深度神经网络，其中 w_c 和 w_f 分别表示主干层和全连接层的参数。在这个阶段基于无标签版本的 D_t，通过自监督学习来优化 w_c，有

$$w_c^* = \arg\min_{w_c} \sum_{(x,y) \in D_t} L_1(x; w_c) \tag{4-16}$$

式中，$L_1(\bullet)$ 表示自监督损失。通过自监督学习，即使训练集包含中毒样本，学习到的特征提取器（即主干）也将被净化。一旦获得 w_c^*，用户可以将其冻结并采用 D_t 进一步优化剩余的 w_f，则

$$w_f^* = \arg\min_{w_f} \sum_{(x,y) \in D_t} L_2\left(f_{[w_c^*, w_f]}(x), y\right) \tag{4-17}$$

式中，$L_2(\bullet)$ 表示监督损失（例如交叉熵）。在基于解耦的训练过程之后，即使模型（部分）在中毒数据集上进行训练，由于特征提取器被纯化，因此无法创建隐藏的后门。使用半监督微调能够进一步提升模型的准确性。

对于 DBD，采用半监督学习。过滤率 α 是 DBD 中唯一关键的超参数，在所有情况下都设置为 50%，将良性训练集 5% 的随机子集作为局部良性数据集。

在训练过程中，进行预处理之后，首先需要获取干净的训练数据集。接着通过生成中

毒数据索引的方式，生成中毒样本的训练索引，并将其保存到文件中。随后创建带有中毒标签的训练数据集。

```
clean_train_data = get_dataset ( config["dataset_dir"], train_transform )
    # 根据数据集目录和训练数据集的转换函数，获取干净的训练数据集

poison_train_idx = gen_poison_idx ( clean_train_data, target_label, poison_ratio )
# 生成中毒样本的索引，其中包括目标标签和中毒比例
poison_idx_path = os.path.join ( args.saved_dir, "poison_idx.npy" )
# 构建保存中毒样本索引的文件路径

np.save ( poison_idx_path, poison_train_idx )
logger.info ( "Save poisoned index to {}".format ( poison_idx_path ))
# 保存中毒样本索引

poison_train_data = PoisonLabelDataset (
    clean_train_data, bd_transform, poison_train_idx, target_label
)
# 创建带有中毒标签的训练数据集

self_poison_train_data = SelfPoisonDataset ( poison_train_data, aug_transform )
# 创建了中毒数据集，用于自监督学习训练
```

对模型进行相应的处理（如转换 BatchNorm 层为 SyncBatchNorm），并使用分布式数据并行（DDP）进行模型的包装。在每轮中进行 SimCLR 训练，训练过程中的损失和其他指标会被记录在日志中，以便后续分析和评估模型的训练效果。

```
for epoch in range ( config["num_epochs"] – resumed_epoch ):
    if args.distributed:
        self_poison_train_sampler.set_epoch ( epoch )
        # 设置中毒训练数据集采样器的 epoch

    logger.info (
        "===Epoch: {}/{}===".format ( epoch + resumed_epoch + 1, config["num_
        epochs"] )
        # 记录日志，表示开始 SimCLR 训练
    )
    logger.info ( "SimCLR training..." )
    self_train_result = simclr_train (
        self_model, self_poison_train_loader, criterion, optimizer, logger, args.amp
    )
    # 传入自监督学习模型、中毒样本加载器、损失函数、优化器、日志记录器和是否使用
        混合精度训练（AMP）
    # 训练完成后保存结果和 checkpoint（网络）
```

经过实验可知，即使当过滤率 α 相对较小（例如 30%）时，DBD 仍然可以保持相对较高的良性精度。DBD 的成功主要归功于学习的纯化特征提取器的高质量和半监督微调

过程。DBD 在所有情况下也能达到接近 0% 的攻击成功率。但也必须注意到，当 α 很大时，高可信度的数据集可能会包含中毒样本，从而在微调过程中再次产生隐藏的后门。防御者应根据自己的具体需求指定 α。即使中毒率达到 20%，DBD 仍然可以防止隐藏后门的创建。此外，DBD 还保持了较高的良性精度，可以有效地防御不同强度的攻击。

本章小结

　　后门学习，包括后门攻击和后门防御，是一个重要且蓬勃发展的研究领域。本章对现有的后门攻击进行了总结和分类，并重点分析了基于中毒的后门攻击的统一框架。在所有这些攻击中，语义、特定样本和基于黑盒中毒的后门攻击值得更多关注，因为它们在实践中更具威胁性。此外，本章进一步讨论了后门攻击与相关研究领域（即数据中毒和对抗攻击）之间的关系。同时，介绍了基本防御范式，并将现有的防御分为几个主要类别，介绍了潜在的研究方向。需要注意的是，后门威胁值得被学者们注意，这将是构建更强大、更安全的深度神经网络的重要一步。

思考题与习题

一、填空题

4-1. 假设输入的样本数据是图像数据，则对图像数据的翻转、旋转、裁剪、缩放等操作均是数据增强操作。一些更高级的数据增强技术，如_____以及_____等，可以在不牺牲性能的前提下减轻数据中毒和后门攻击的威胁。

4-2. 基于投毒抑制的防御方法通过抑制训练过程中中毒样本的有效性来防止隐藏后门的产生，其中将_____与_____相结合是目前基于投毒抑制的防御方法常用的思路之一。

4-3. 最初的"干净标签"条件下的后门攻击利用_____或_____首先修改目标类中的一些良性样本，然后进行标准的隐形攻击。

二、选择题

4-4. BadNets 的核心思想是什么？（　　　　）

A. 利用深度学习模型中的后门漏洞，使其在特定输入条件下表现出意外行为

B. 使用加密算法保护深度学习模型，防止未经授权的访问

C. 通过深度学习模型识别恶意软件，并将其隔离或删除

D. 采用多因素认证技术来识别后门攻击增强深度学习模型的安全性

4-5. 以下哪种防御方法为基于触发器生成的防御后门攻击的方法？（　　　　）

A. STRIP　　　　　　B. 频谱特征　　　　　　C. 神经净化　　　　　　D. 深度学习检测

三、判断题

4-6. 后门攻击的训练过程是可控的，而推理过程不可控。　　　　　　　　　　（　　　）

4-7. 语义后门攻击不是一种基于中毒的后门攻击，如果利用样本的语义部分充当触发器，攻击者就不需要在推理时修改样本本身来欺骗受感染的模型。　　　　　　　（　　　）

4-8. 基于测试样本过滤的防御方法是针对恶意样本进行过滤，但是过滤发生在推理过

程中而不是在训练过程中。   （   ）

四、简答题

4-9. 直观上，基于中毒的后门攻击类似于用相应的钥匙打开门。也就是说，要保证后门攻击成功，缺一不可的三个条件包括：

1）（被感染的）模型中存在隐藏的后门。

2）在（被攻击的）样本中包含触发器。

3）触发器与后门匹配。

那么，请根据促使攻击成功的三个条件写出与之相对应的主要的三种防御范式。

4-10. 描述隐形后门攻击的主要特点以及攻击者可行的实现方法。

参考文献

[1] GU T Y，LIU K，DOLAN-GAVITT B，et al. Badnets：Evaluating backdooring attacks on deep neural networks[J]. IEEE Access，2019，7：47230-47244.

[2] LI Y M，JIANG Y，LI Z F，et al. Backdoor learning：A survey[J]. IEEE Transactions on Neural Networks and Learning Systems，2022，35（1）：5-22.

[3] DWORK C. Differential privacy[C]//International Colloquium on Automata，Languages，and Programming. Berlin：Springer，2006：1-12.

第5章 人工智能在网络入侵检测领域

导读

随着网络技术的飞速发展，互联网已成为当今社会不可或缺的一部分。然而，网络安全问题也随之凸显，网络入侵事件给个人隐私、企业经营乃至国家安全带来了严重威胁。传统的网络安全防护手段在应对日益复杂的攻击手法时显得力不从心。因此，研究和开发更为先进的网络入侵检测技术成为网络空间安全的迫切需求。

本章将带领读者深入了解网络入侵检测领域，首先，介绍网络入侵检测概述，包括网络入侵检测的背景和基本概念、发展和分类以及应用人工智能技术的必要性；其次，探讨网络入侵检测模型的构建方法；再次，介绍人工智能在网络入侵检测中的应用；然后，提供一个实际的网络入侵检测案例进行分析；最后，介绍网络入侵检测中的人工智能安全问题。

本章知识点

- 网络入侵检测概述
- 网络入侵检测模型的构建
- 人工智能在网络入侵检测中的应用
- 网络入侵检测的具体实现案例
- 网络入侵检测中的人工智能安全问题

5.1 网络入侵检测概述

在当今数字时代，网络安全已成为国家、企业和个人关注的焦点。随着互联网和信息技术的迅猛发展，网络系统和应用程序变得越来越复杂，网络攻击的威胁也日益增加。网络入侵检测（Network Intrusion Detection，NID）作为一种关键的安全技术，旨在识别、监测和响应可能危害网络系统的恶意活动和违规行为。本节将介绍网络入侵检测的背景和基本概念、网络入侵检测系统的发展、网络入侵检测系统的分类，以及人工智能技术用于网络入侵检测的必要性。

5.1.1　网络入侵检测的背景和基本概念

1. 网络入侵检测的背景

网络入侵检测的概念最早可以追溯到 20 世纪 80 年代，早期的网络入侵检测技术主要是为了识别和响应网络中的异常活动和潜在攻击，最早的网络入侵检测系统由 James P. Anderson 在 1980 年提出，他在 "Computer Security Threat Monitoring and Surveillance" 中提出了监控系统活动日志以检测潜在威胁的概念。1986 年，Dorothy E. Denning 在其论文 "An Intrusion Detection Model" 中提出了一个更加系统化的入侵检测模型，这被认为是现代网络入侵检测系统的雏形，该模型通过分析系统活动日志，识别异常行为，为现代网络入侵检测系统的发展奠定了基础。早期的计算机网络主要用于军事和学术研究，安全性相对较高。

然而，随着计算机网络的广泛应用、互联网的普及和商业应用的兴起，网络安全问题逐渐凸显，网络入侵也变得越来越频繁和复杂。下面介绍一个真实发生的网络入侵案例。2021 年初，一系列针对微软服务器的攻击被曝光。黑客组织利用四个未公开的漏洞对全球数十万个 Exchange 服务器进行攻击。此次攻击允许攻击者远程访问受害者的电子邮件，窃取数据，并在受影响的网络中进一步安装恶意软件。这次攻击对全球的小型企业、政府机构和教育机构造成了广泛的影响，导致了数据泄露、隐私侵犯和长期的网络安全风险。网络入侵检测系统的产生主要可概括为以下几个方面。

1）网络攻击日益普遍：随着网络技术的发展，黑客攻击变得越发普遍，病毒和恶意软件、DDoS 攻击、僵尸网络等攻击手段不断演进，给网络安全带来了巨大威胁。

2）传统防御手段的局限性：传统的防火墙和访问控制等手段在应对新型和复杂攻击时显得力不从心，比如它们不能有效地检测和防御内部攻击和零日攻击。

在网络的早期发展阶段，防火墙是保护网络安全的第一道防线。最初的防火墙设计简单，主要目的是在不同网络之间设立一道安全屏障，以控制和监视进出网络的数据流，阻止不受信任的网络对受信任网络的访问，防止未经授权的访问和某些类型的网络攻击。随着网络环境的复杂化和攻击技术的发展，仅仅依靠防火墙已不足以全面保护网络安全，攻击者逐渐学会绕过防火墙的限制，利用网络内部的漏洞发起攻击。

网络入侵检测系统可以弥补防火墙的缺陷，防火墙通过预定义的规则来管理进出网络的流量，而网络入侵检测系统通过分析流量或系统日志来管理进出网络的流量，一般位于防火墙后面，与防火墙协同工作，如图 5-1 所示。

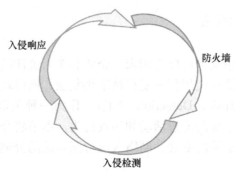

图 5-1　入侵检测与防火墙的互补

防火墙和网络入侵检测系统在功能上互补。一些复杂的攻击或者未知的新型攻击可能会绕过防火墙的规则，网络入侵检测系统可以检测到这些活动，识别并记录这些入侵行为。

3）信息安全需求的提升：随着电子商务、网上银行、云计算等应用的兴起，用户和企业对网络安全（包括个人隐私）的要求提高，需要更加先进和全面的安全防护措施。

4）合规和法律要求：许多行业和国家对信息安全有严格的合规要求，如 ISO 27001（信息安全管理系统国际标准）、GDPR（通用数据保护条例）等。

2. 网络入侵检测的基本概念

下面将对网络入侵、网络入侵检测与网络入侵检测系统进行相关概念介绍。

（1）网络入侵（Network Intrusion）

网络入侵是指未经授权的个人或组织通过网络手段进入他人的计算机系统、网络或数据存储区域的行为，通常用于盗取、修改或破坏数据，或者为了其他恶意目的，如安装恶意软件、勒索、窃取信息等。网络入侵包括多种形式，如漏洞利用、恶意软件、DDoS 攻击等。入侵者可能是外部攻击者，也可能是组织的内部人员。

（2）网络入侵检测（Network Intrusion Detection）

网络入侵检测是一种信息安全技术，用于监视网络和系统，旨在保护计算机网络免受未经授权的访问、恶意攻击和数据泄露等威胁。其目标是在攻击者造成严重损害之前检测并阻止网络攻击，通过发现各种攻击企图和攻击行为，保证系统资源的机密性、完整性和可用性。

（3）网络入侵检测系统（Network Intrusion Detection System，NIDS）

网络入侵检测系统是指进行网络入侵检测的软硬件组合。网络入侵检测系统的目的是及时发现潜在的威胁，以便采取适当的措施来防止或减轻损害。它对网络中传输的数据进行实时监视，在发现可疑传输数据时发出警报。网络入侵检测系统是一种网络安全防护技术，可将其比喻为一幢大厦的监视系统，防火墙是门锁，网络入侵检测系统是用于发现入侵行为并发出警告的实时监视系统。从更专业的角度来说，网络入侵检测系统根据一定的安全策略监视网络和系统的运行状况，尽可能地发现各种攻击企图或攻击行为，以确保网络系统资源的机密性、完整性和可用性。

网络入侵检测系统提供了用于发现入侵攻击的一种方法，其应用前提是入侵行为和合法行为是可区分的，即可以通过提取网络行为模式特征来判断该行为的性质。网络入侵检测系统的工作流程如图 5-2 所示。

如图 5-2 所示，网络入侵检测系统包括三个核心部分：信息收集、入侵分析与告警响应，它们共同构成了整个系统的骨架。

1）信息收集：信息收集是从各种数据源收集数据以供后续分析，每种数据源提供了不同的视角来观察和理解网络活动。这些数据包括但不限于：记录系统活动的系统日志、记录应用程序运行情况的应用日志、监控和收集的网络数据（网络流量数据）、审计记录等。后续对网络入侵检测的相关介绍均使用了网络流量作为数据源，这是因为网络流量能够提供网络行为的实时视图，使得检测系统能够及时发现潜在的安全威胁。

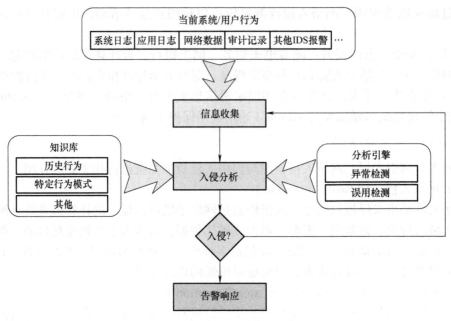

图 5-2　网络入侵检测系统的工作流程

2）入侵分析：入侵分析是网络入侵检测系统的核心部分，它涉及对收集到的数据进行分析和处理，以检测潜在的入侵行为。在该阶段，入侵检测系统会结合知识库（知识库存储了关于已知攻击模式、历史行为模式和特定的安全威胁信息，知识库是动态更新的），使用特定的分析引擎来检测是否发生了入侵，分析引擎依据技术划分可分为基于异常的入侵检测和基于误用的入侵检测，从更具体的技术层面来讲，系统可以使用规则匹配、机器学习、深度学习等方法，对数据进行处理和分析，以识别出异常的网络活动和可能的入侵行为。

3）告警响应：告警响应是整个系统骨架的最后一步，当系统检测到安全威胁时，告警响应就会被触发，这个阶段的主要目的是通知管理员发生了什么，并采取适当的措施来缓解或阻止网络攻击。

3. 网络入侵检测的必要性

如图 5-3 所示，在网络安全防护体系中，网络入侵检测系统是通过数据和行为模式判断其风险水平的实用系统，防火墙相当于第一道安全闸门，一定程度上能阻止恶意的外部访问，但不能阻止所有的恶意外部访问，也不能阻止内部的破坏分子。访问控制系统负责管理和限制谁可以访问网络中的特定资源。它根据预定的安全策略，对用户或设备进行身份验证和授权，以确保只有合法用户可以访问敏感信息或关键基础设施。访问控制系统可以不让低级权限的人越权，但无法保证有内部访问权限的人做出破坏行为。访问控制系统和防火墙提供的是预防性安全措施，它们通过限制访问来减少安全风险，而网络入侵检测系统提供的是检测性安全措施，专注于发现和报告网络中已经发生或正在发生的安全事件。网络入侵检测系统的目的是为响应决策提供威胁证据，在不影响网络部署的前提下，实时、动态地检测来自内部和外部的各种攻击威胁，及时、准确地发现入侵。这可以有效覆盖防火墙检测和访问控制的盲区，达到有效保护网络安全的目的，使整个网络安全防护体系更加完善。

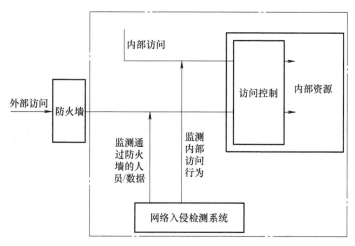

图 5-3　进行网络入侵检测的必要性解释

5.1.2　网络入侵检测系统的发展

网络入侵检测系统的发展历程可以大致分为未应用人工智能技术和应用人工智能技术的两大阶段。

1. 未应用人工智能技术阶段

1）基于签名的网络入侵检测系统：20 世纪 90 年代初，随着网络技术的快速发展，网络攻击开始呈现多样化的趋势，这一时期，基于签名的网络入侵检测系统成为主流，这类网络入侵检测系统通过对比网络活动与已知攻击模式的签名来识别威胁。签名也被称为攻击特征码，是一种特定的、预定义的模式或一系列特征，用于识别已知类型的攻击或恶意行为。例如，网络攻击中特有的包头信息或特定的字节序列。签名的优点在于能够高效、准确地识别已知攻击，主要局限性是无法检测到新型或变种的攻击手段。

2）基于行为的网络入侵检测系统：进入 21 世纪，网络攻击更加复杂，基于签名的网络入侵检测系统难以应对新型攻击，因此基于行为的网络入侵检测系统开始兴起。这类网络入侵检测系统通过学习和理解正常的网络行为模式来检测网络威胁。这里，行为模式是指网络中的通信模式，包括数据的传输方式、速率、目的地、来源以及这些数据在网络上的交互方式。基于行为的网络入侵检测系统通过学习正常的行为模式来检测偏离这些模式的异常行为，任何偏离正常模式的活动都可能被标记为可疑。例如，短时间内突增的网络流量可能表明正遭受 DDoS 攻击。

2. 应用人工智能技术阶段

1）基于传统机器学习方法的网络入侵检测系统：随着机器学习技术的兴起，研究人员开始尝试应用机器学习技术来提高网络入侵检测的准确性。例如，使用决策树帮助系统学习如何根据网络行为的不同特征进行分类，而支持向量机（SVM）可以在高维空间中找到最佳的决策边界来区分正常行为和异常行为。

2）基于深度学习方法的网络入侵检测系统：随着计算能力的提升和大数据技术的发展，深度学习方法开始应用于网络入侵检测。深度神经网络因其在图像和语音识别中的成功而被引入网络入侵检测系统中，深度学习方法能够自动地学习有效特征，这对于检测复杂的网络攻击模式特别有效。例如，可以使用含有卷积神经网络的深度学习模型来进行网络入侵检测，这种深度学习模型能够自动提取特征并识别复杂的攻击模式。

网络入侵检测系统的发展历程反映了网络安全领域对日益增长的安全威胁的不断适应和响应，随着技术的不断进步，可以预期网络入侵检测系统仍将不断迭代和进化，以应对未来的安全挑战，随着网络攻击和入侵行为的不断演变和升级以及人工智能技术的进步，未来的网络入侵检测系统将更加智能和高效。

5.1.3 网络入侵检测系统的分类

网络入侵检测系统可以在技术上划分为异常检测模型和误用检测模型，下面分别介绍这两种检测模型及其优缺点。

1. 异常检测模型（Anomaly Detection Model）

异常检测模型基于正常网络行为建立一个基线，任何偏离这个基线的网络行为都可能被视为异常。异常检测模型首先总结正常操作应该具有的特征，当网络活动与正常网络行为有重大偏离时即被认为是网络入侵。这种模型的关键在于确定哪些行为是正常的，哪些可能是攻击。异常检测模型可以用来发现之前未知的攻击类型，因为它不依赖于已知攻击的特征，不需要对每种入侵行为进行定义，所以能有效检测未知的入侵。异常检测模型最初通常使用统计学方法，后面随着人工智能技术的发展，开始广泛使用机器学习和深度学习方法来构建入侵检测模型。

如图 5-4 所示，异常检测模型通常需要一个初始的行为模式库来定义正常行为。这个模式库可能是基于历史数据建立起来的统计模型，或者是经过机器学习或深度学习方法训练得到的模型。随着系统环境的变化，可能会出现新的正常行为，或者现有的正常行为模式可能会发生变化，因此，异常检测模型需要不断地从新的行为数据中提取新特征，并更新模型以反映最新的正常行为。

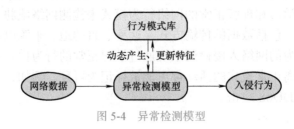

图 5-4　异常检测模型

2. 误用检测模型（Misuse Detection Model）

误用检测模型的核心原理是对已知攻击模式的识别，通常通过分析历史攻击数据将攻击模式定义为一系列的规则或签名。该系统首先收集非正常网络流量的行为特征，建立相关的特征库，当监测的网络流量的相关特征与特征库中的签名相匹配时，系统就认为这种行为是入侵，系统会触发警报，通知管理员可能的安全威胁。误用检测模型在检测已知攻击方面效率很高，但它的主要限制是无法识别新型或未知的攻击，且需要定期更新特征库以维持其有效性。

如图 5-5 所示，误用检测模型依赖于一个详尽的规则或签名数据库来检测已知的攻击模式。随着新的漏洞被发现和新的攻击手段被开发出来，这个数据库需要不断更新以包含这些新信息。异常检测模型需要定期地从新数据中学习以反映正常行为的变化，而误用检测模型则需要更新规则库以包括新的攻击签名。两种模型都需要定期维护，以保持其检测能力的时效性和准确性。

图 5-5 误用检测模型

两种检测模型的对比见表 5-1。

表 5-1 异常检测模型和误用检测模型的对比

模型	异常检测模型	误用检测模型
优点	能够检测到新型和未知的攻击 灵活性较高，可以适应网络行为的变化	对于已知攻击的检测效果非常好，误报率较低 易于理解和实施，因为它基于已知的攻击模式
缺点	较高的误报率，因为正常行为的偏差有时也会被误识别为异常 需要一个学习期来建立有效的基线，此期间内的检测效果可能不理想	无法检测到新型或未知的攻击 需要不断更新签名库以跟上新出现的威胁

值得注意的是，无论是异常入侵检测还是误用入侵检测，它们都需要依赖网络流量数据来进行有效的检测。通过对网络流量数据的持续监控和分析，使得它们可以识别出正常与异常的行为模式，或匹配已知的攻击特征，有效地识别和响应各种网络安全威胁。高质量和开放的网络流量数据是至关重要的，5.2.1 小节将详细讲解一些网络入侵检测领域的开放数据集。

5.1.4 人工智能技术用于网络入侵检测的必要性

网络安全威胁是指可能危害网络系统及其数据安全的行为、事件或状态，这些威胁可能导致数据泄露、系统破坏、服务中断或未经授权的访问。在全球信息化和数字化快速发展的今天，网络安全威胁已成为不可忽视的重大问题。根据统计数据，2023 年全球范围内的网络攻击数量达到创纪录的水平，每天有超过 100 万起网络入侵事件被报告。网络入侵不仅在数量上激增，其复杂性和危害性也在不断提升。网络入侵的方法多种多样，从传统的恶意软件攻击，到更复杂的 DDoS 攻击和高级持续性威胁。攻击者不仅利用技术漏洞，还通过社会工程学手段操控人心，获取非法访问权限。与此同时，互联网的普及和物联网设备的快速更新，使得网络攻击的潜在目标和攻击面不断扩大，防御难度进一步加大。

在复杂和严峻的网络安全形势下，传统的网络入侵检测方法如签名检测方法、统计学检测方法已难以应对挑战，迫切需要新的技术手段来提升网络入侵检测的有效性和效率。人工智能技术，包括传统机器学习和深度学习方法，提供了强大的工具来提升网络入侵检测的效率和有效性，通过自动化的模式识别和异常检测，可以实时监控和应对各种网络威胁，保护网络系统和数据的安全，使其在网络入侵检测领域展现出了巨大的潜力。

5.2 网络入侵检测模型的构建

网络入侵检测模型，可以看作网络入侵检测系统的一个组成部分或子系统。网络入侵检测系统通常包括多个组件，它们分别负责收集网络数据、分析数据、检测潜在的安全威胁以及发出警报。人工智能技术通常用于分析和检测阶段，它们通过学习正常行为模式来识别异常或恶意行为。

网络入侵检测模型通常是由算法构成的软件程序，可以部署在物理服务器或虚拟机等运行环境中。为了提高处理速度和效率，有些网络入侵检测系统可能会使用专门的硬件加速器，例如图形处理单元（Graphics Processing Unit，GPU）。本节首先介绍网络入侵检测模型的主流数据集，再结合实际工具介绍数据预处理和特征工程、模型训练与优化策略等部分。

5.2.1 网络入侵检测模型的主流数据集介绍

在网络入侵检测中，数据集对研究和开发有效的网络入侵检测模型至关重要，数据集不仅能够为机器学习模型或深度学习模型提供训练和验证所需的实际网络流量数据，而且还为安全研究人员提供了评估和改进网络入侵检测技术的基础。通过对数据集的分析，研究人员也可以识别出网络行为的模式，进而设计出能够识别和预防网络攻击的算法。接下来对网络入侵检测领域的几个主流数据集进行简要介绍。

1. KDD Cup 99 数据集

KDD Cup 99 数据集基于 MIT DARPA 98 数据集，于 1999 年由美国哥伦比亚大学（Columbia University in the City of New York）和 DARPA（Defense Advanced Research Projects Agency，美国国防高级研究计划局）共同制作。它是为了 1999 年 KDD 挑战杯竞赛创建的，目的是提供一个数据集，以便研究者能够使用机器学习技术来研究网络入侵检测。该数据集没有原始 pcap 文件，只有经过处理后包含多个流量特征的 txt 文件，其官方下载链接为：http://kdd.ics.uci.edu/databases/kddcup99/kddcup99.html。KDD Cup 99 数据集的官网界面如图 5-6 所示。

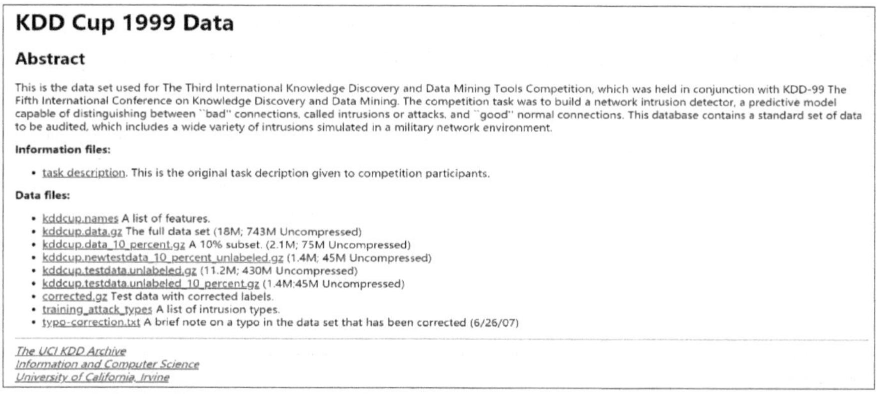

KDD Cup 1999 Data

Abstract

This is the data set used for The Third International Knowledge Discovery and Data Mining Tools Competition, which was held in conjunction with KDD-99 The Fifth International Conference on Knowledge Discovery and Data Mining. The competition task was to build a network intrusion detector, a predictive model capable of distinguishing between ``bad'' connections, called intrusions or attacks, and ``good'' normal connections. This database contains a standard set of data to be audited, which includes a wide variety of intrusions simulated in a military network environment.

Information files:

- task description. This is the original task decription given to competition participants.

Data files:

- kddcup.names A list of features.
- kddcup.data.gz The full data set (18M; 743M Uncompressed)
- kddcup.data_10_percent.gz A 10% subset. (2.1M; 75M Uncompressed)
- kddcup.newtestdata_10_percent_unlabeled.gz (1.4M; 45M Uncompressed)
- kddcup.testdata.unlabeled.gz (11.2M; 430M Uncompressed)
- kddcup.testdata.unlabeled_10_percent.gz (1.4M;45M Uncompressed)
- corrected.gz Test data with corrected labels.
- training_attack_types A list of intrusion types.
- typo-correction.txt A brief note on a typo in the data set that has been corrected (6/26/07)

The UCI KDD Archive
Information and Computer Science
University of California, Irvine

图 5-6　KDD Cup 99 数据集的官网界面

表 5-2 列出了该数据集的数据特征，分为 4 大类，共计 41 个特征。

表 5-2　KDD Cup 99 数据集的数据特征

特征类别	序号	特征名称	特征类别	序号	特征名称
基础特征	1	duration	基于时间的流量统计特征	23	count
	2	protocol_type		24	srv_count
	3	service		25	serror_rate
	4	flag		26	srv_serror_rate
	5	src_bytes		27	rerror_rate
	6	dst_bytes		28	srv_rerror_rate
	7	land		29	same_srv_rate
	8	wrong_fragment		30	diff_srv_rate
	9	urgent		31	srv_diff_host_rate
TCP 连接的内容特征	10	hot	基于主机的流量统计特征	32	dst_host_count
	11	num_failed_logins		33	dst_host_srv_count
	12	logged_in		34	dst_host_same_srv_rate
	13	num_compromised		35	dst_host_diff_srv_rate
	14	root_shell		36	dst_host_same_src_port_rate
	15	su_attempted		37	dst_host_srv_diff_host_rate
	16	num_root		38	dst_host_host_serror_rate
	17	num_file_creations		39	dst_host_srv_serror_rate
	18	num_shells		40	dst_host_rerror_rate
	19	num_access_files		41	dst_host_srv_rerror_rate
	20	num_outbound_cmds			
	21	is_hot_login			
	22	is_guest_login			

KDD Cup 99 数据集的攻击类型见表 5-3，该数据集的攻击可分为四大类。

1）DoS：拒绝服务攻击，这类攻击旨在使网络服务或资源不可用，通常是通过过载目标系统来实现的。

2）Probing：攻击者试图收集有关网络系统的信息（端口），以便发现可以利用的弱点。

3）R2L：攻击者从远程位置利用系统的弱点，获得本地系统的访问权限。

4）U2R：攻击者通过普通用户权限，试图获取根用户（管理员）权限。

表 5-3　KDD Cup 99 数据集的攻击类型

攻击类型	含义	具体攻击种类
DoS	拒绝服务攻击	back、land、neptune、pod、smurf、teardrop
Probing	端口监视	ipsweep、nmap、portsweep、satan
R2L	来自远程机器的非法访问	ftp write、guess passwd、imap、multihop、phf、spy、warezclient.warezmaster
U2R	普通用户对根用户特权的非法访问	buffer overflow、loadmodule、perl、rootkit

2. NSL-KDD 数据集

NSL-KDD 数据集作为 KDD Cup 99 数据集的改进版，由加拿大新不伦瑞克大学（University of New Brunswick）的研究者发布。这个数据集解决了 KDD Cup 99 数据集中存在的一些问题，例如冗余记录和不平衡的数据分布，为研究者提供了一个更有效的数据集来评估网络入侵检测模型。该数据集同样不包含 pcap 包，仅有 txt 文件，其官方下载链接为：https://www.unb.ca/cic/datasets/nsl.html。NSL-KDD 数据集的官网界面如图 5-7 所示。

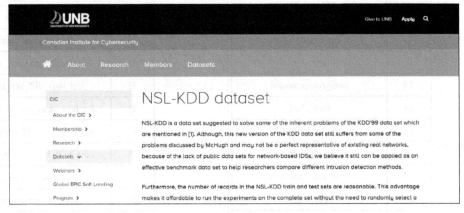

图 5-7　NSL-KDD 数据集的官网界面

NSL-KDD 数据集的数据特征与 KDD Cup 99 数据集类似，但去除了重复和冗余的记录，其攻击类型也与 KDD Cup 99 数据集相同。

3. UNSW-NB15 数据集

UNSW-NB15 数据集由澳大利亚新南威尔士大学（The University of New South Wales）的 Cyber Range 实验室和澳大利亚国防科学与技术组织（Defense Science and Technology Group）合作制作而成。UNSW-NB15 数据集旨在提供一个包含现代攻击技术的数据集，以便研究者可以使用最新的数据来测试网络入侵检测系统。通过使用 IXIA PerfectStorm 工具（一个高性能的网络测试平台，可以模拟真实世界的网络流量）创建了 UNSW-NB15 数据集的原始网络数据包，用于生成正常网络活动和攻击活动的数据，其中包括 pcap 文件、BRO 文件、Argus 文件和 csv 文件等。该数据集的官方下载链接为：https://research.unsw.edu.au/projects/unsw-nb15-dataset。UNSW-NB15 数据集的官网界面如图 5-8 所示。

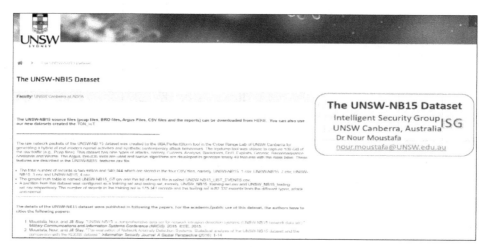

图 5-8 UNSW-NB15 数据集的官网界面

UNSW-NB15 数据集的数据特征包括来自 4 大类的 47 种特征，具体见表 5-4。

表 5-4 UNSW-NB15 数据集的数据特征

特征类别	序号	特征名称	特征类别	序号	特征名称
流特征	1	srcip	基础特征	12	sloss
	2	sport		13	dloss
	3	dstip		14	service
	4	dsport		15	sload
	5	proto		16	dload
基础特征	6	state		17	spkts
	7	dur		18	dpkts
	8	sbytes	内容特征	19	swin
	9	dbytes		20	dwin
	10	sttl		21	stcpb
	11	dttl		22	dtcpb

（续）

特征类别	序号	特征名称	特征类别	序号	特征名称
内容特征	23	smeansz	额外生成特征	36	is_sm_ips_ports
	24	dmeansz		37	ct_state_ttl
	25	trans_depth		38	ct_flw_http_mthd
	26	res_bdy_len		39	is_ftp_login
时间特征	27	sjit		40	ct_ftp_cmd
	28	djit		41	ct_srv_src
	29	stime		42	ct_srv_dst
	30	ltime		43	ct_dst_ltm
	31	sintpkt		44	ct_src_ltm
	32	dintpkt		45	ct_src_dport_ltm
	33	tcprtt		46	ct_dst_sport_ltm
	34	synack		47	ct_dst_src_ltm
	35	ackdat			

UNSW-NB15 数据集较之前的数据集增加了许多现代网络攻击，如模糊测试（Fuzzers）、分析工具（Analysis）、后门（Backdoors）等，其攻击类型见表 5-5。

表 5-5　UNSW-NB15 数据集的攻击类型

攻击类型	描述
Fuzzers	通过向系统输入大量随机数据来尝试发现安全漏洞
Analysis	对系统进行深入分析以识别安全弱点
Backdoors	涉及在系统中安装一个后门，使攻击者能够绕过正常的身份验证过程，从而隐秘地访问系统
DoS	通过超载目标系统或网络资源来使其无法提供正常服务
Exploits	利用系统中的已知漏洞来执行未授权的操作
Generic	是一种通用类型的攻击，可能包括各种不同的攻击手段和技术，通常不针对特定的漏洞或系统
Reconnaissance	攻击者在准备其他攻击之前对目标网络进行的信息收集活动
Shellcode	攻击者利用漏洞执行的一段小型代码，通常是为了获取目标系统的命令行访问
Worms	可以在网络中自动传播，不需要用户干预。蠕虫会利用网络中的漏洞来感染其他设备，可能导致数据损坏、系统性能下降或是拒绝服务攻击

4. CIC-IDS2017 数据集

CIC-IDS2017 数据集由加拿大网络安全研究所（Canadian Institute for Cybersecurity）制作，是一个为了反映更现代网络攻击和流量的数据集，旨在提供一个用于网络入侵检测系统评估的实用基准。CIC-IDS2017 数据集包含良性流量和最新的常见攻击流量。数据采集期从 2017 年 7 月 3 日星期一上午 9 点开始，到 2017 年 7 月 7 日星期五下午 5 点结束，

158

共计 5 天。星期一是正常的一天，只包括正常的流量。周二、周三、周四和周五的采集数据包括了多种攻击：暴力 FTP、暴力 SSH、DoS、Heartbleed、Web 攻击、渗透、僵尸网络和 DDoS。该数据集包含原始 pcap 文件，以及经过对 pcap 包提取后的 csv 文件，其官方下载链接为：https://www.unb.ca/cic/datasets/ids–2017.html。CIC–IDS2017 数据集的官网界面如图 5-9 所示。

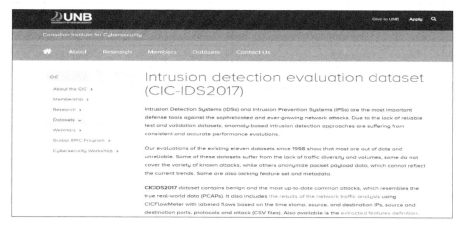

图 5-9　CIC–IDS2017 数据集的官网界面

CIC–IDS2017 数据集包括了更详细的流量特征，比如双向流量生成的字节数和数据包数。特征维度较高，共有 80 多个特征，全部特征见表 5-6。

159

表 5-6　CIC–IDS2017 数据集的数据特征

序号	特征名称	序号	特征名称
1	Flow ID	17	Subflow Fwd Bytes
2	Source IP	18	Subflow Bwd Packets
3	Source Port	19	Subflow Bwd Bytes
4	DestinationIP	20	Init_Win_bytes_forward
5	Destination Port	21	Init_Win_bytes_backward
6	Protocol	22	act_data_pkt_fwd
7	Timestamp	23	Flow Duration
8	Down/Up Ratio	24	TotalFwdPackets
9	Fwd Header Length	25	Total Backward Packets
10	Fwd Avg Bytes/Bulk	26	Total Length of Fwd Packets
11	Fwd Avg Packets/Bulk	27	Total Length of Bwd Packets
12	Fwd Avg Bulk Rate	28	Fwd Packet Length Max
13	Bwd Avg Bytes/Bulk	29	Fwd Packet Length Min
14	Bwd Avg Packets/Bulk	30	Fwd Packet Length Mean
15	Bwd Avg Bulk Rate	31	Fwd Packet Length Std
16	Subflow Fwd Packets	32	Bwd Packet Length Max

（续）

序号	特征名称	序号	特征名称
33	Bwd Packet Length Min	59	Fwd IAT Min
34	Bwd Packet Length Mean	60	Bwd IAT Total
35	Bwd Packet Length Std	61	Bwd IAT Mean
36	Flow Bytes/s	62	Bwd IAT Std
37	Flow Packets/s	63	Bwd IAT Max
38	Flow IAT Mean	64	Bwd IAT Min
39	Flow IAT Std	65	Active Mean
40	Flow IAT Max	66	Active Std
41	Flow IAT Min	67	Active Max
42	Fwd Header Length	68	Active Min
43	Bwd Header Length	69	Idle Mean
44	Fwd Packets/s	70	Idle Std
45	Bwd Packets/s	71	Idle Max
46	Min Packet Length	72	Idle Min
47	Max Packet Length	73	Fwd PSH Flags
48	Packet Length Mean	74	Bwd PSH Flags
49	Packet Length Std	75	Fwd URG Flags
50	Packet Length Variance	76	Bwd URG Flags
51	Average Packet Size	77	FIN Flag Count
52	Avg Fwd Segment Size	78	SYN Flag Count
53	Avg Bwd Segment Size	79	RST Flag Count
54	min_seg_size_forward	80	PSH Flag Count
55	Fwd IAT Total	81	ACK Flag Count
56	Fwd IAT Mean	82	URG Flag Count
57	Fwd IAT Std	83	CWE Flag Count
58	Fwd IAT Max	84	ECE Flag Count

CIC-IDS2017 数据集的攻击类型分为 8 大类，具体见表 5-7。

表 5-7　CIC-IDS2017 数据集的攻击类型

攻击类型	含义
DoS 攻击	拒绝服务攻击
暴力 FTP	使用各种可能的用户名和密码组合来暴力破解 FTP（文件传输协议）账户的登录凭证
暴力 SSH	通过尝试各种可能的用户名和密码组合来暴力破解 SSH（安全外壳）账户的登录凭证
Heartbleed	可以利用漏洞从受影响的服务器中读取内存中的敏感信息
Web 攻击	针对 Web 应用程序进行攻击

（续）

攻击类型	含义
渗透	授权的攻击模拟
僵尸网络	远程控制受感染的计算机，使用它们进行恶意活动
DDoS 攻击	向目标服务器发送大量无效请求，消耗其资源

5.2.2　数据预处理和特征工程

网络入侵检测的目标是从大量的网络流量中识别出恶意网络流量，这要求系统能够从网络流量中提取可正确区分正常网络流量和恶意网络流量的高质量分类特征，在构建网络入侵检测模型时，数据预处理和特征工程是两个关键步骤，它们直接影响到模型的性能和准确性。

1. 数据预处理

数据预处理是指对原始网络流量数据进行清理、转换和规范化，以便在后续的分析和建模中能够更加有效地使用。数据预处理的目标是提高数据质量，消除噪声和异常值，使得网络入侵检测模型能够更准确地学习和预测。数据预处理的具体步骤：数据清洗、数据标签化、数据转换。

（1）数据清洗

数据清洗可以确保输入到模型的数据质量，防止模型学习到错误的模式，提高模型在真实场景中的泛化能力和准确性。具体方法包括以下几种。

1）去除重复记录：部分网络流量的记录相同，只保留一条即可。

2）缺失值处理：缺失值是指样本中存在某些特征没有值的情况，可以采取的处理策略有数据填充和删除数据。例如 UDP（用户数据报协议）数据包并不存在 TCP 标志位。对于这种情况，可以采取填充固定值的处理策略：对 UDP 数据包中不存在的 TCP 标志位，可以选择填充一个固定值，比如"0"，表示这些标志位在 UDP 中是无效的。

（2）数据标签化

在网络入侵检测模型的构建过程中，为训练集数据准确地分配标签是模型训练的基础。例如，对于一个仅含有正常流量和 DDoS 攻击流量的数据集，可将攻击流量样本明确地标记为"攻击"，而将其他的流量样本标记为"正常"。这种标签化为监督学习模型提供了必要的训练信号，使其能够学习并识别不同类别的网络流量。

（3）数据转换

网络流量的一些特征（如流的持续时间、正向 / 反向数据包的总长度）在量级上可能会有很大差异，较大的特征范围可能会使得某些模型优化算法难以收敛。通过特征标准化（如将特征缩放至均值为 0 和方差为 1）和特征归一化（将特征值缩放到 0 ~ 1 之间），使用数学变换改善数据的表现形式，使其更适合模型算法的需求，加快学习过程。

2. 特征工程

特征工程是从原始网络流量数据中提取并构建特征，以便更好地进行分析和建模，使得网络入侵检测模型能够更好地学习和预测。特征工程主要包括特征提取和特征选择两个

161

步骤，下面对这两个步骤进行介绍。

（1）特征提取

特征提取是指从原始数据中提取出有意义的特征，以便进一步的分析和建模。对于网络流量 pcap 文件，提取的网络流量特征可以分为两类，一类是网络流量的统计特征，包括流的持续时间相关特征（每秒数据包数、每秒字节数等）、各种统计信息（如包长度的均值、最小值、最大值，字节数的总和等），提取这类特征后通常要进行特征选择；另一类是网络流量的序列特征，具体来讲，可以从 pcap 文件中提取网络流量字节序列或包长度序列，提取序列特征后续无须再进行特征选择。下面结合 CICFlowMeter 工具介绍网络流量统计特征的提取过程。

CICFlowMeter 是一个用于网络流量分析的软件工具。它由加拿大新不伦瑞克大学的网络安全研究所（Canadian Institute for Cybersecurity）开发，主要用于捕获实时网络流量或从离线的 pcap 文件中读取网络流量，然后提取网络流量的特征，并生成具有多个特征的流记录。CICFlowMeter 的工作流程包括数据包捕获、流重构、特征提取等关键环节。下面是对这些环节的介绍。

1）数据包捕获。数据包捕获可以分为实时捕获和离线捕获。

① 实时捕获：CICFlowMeter 可以配置为实时监听网络接口，捕获通过该接口的数据包，这对于实时网络监控和分析特别有用。

② 离线捕获：CICFlowMeter 也可以从离线的 pcap 文件中读取数据包。pcap 文件是使用网络流量捕获工具生成的离线形式文件，包含过去某段时间内经过网络接口的数据包的记录。

2）流重构。流重构是 CICFlowMeter 中的一个核心步骤，CICFlowMeter 根据捕获到的数据包信息，将属于同一通信流的数据包组织在一起，流重构的目的是从数据包级别上升到流级别，便于进一步分析通信行为和提取特征。流重构包括流识别和会话管理两部分。

① 流识别：CICFlowMeter 通过分析捕获的数据包来识别流，它根据数据包五元组（源地址、目的地址、源端口、目的端口和协议类型）将数据包分组成流。

② 会话管理：CICFlowMeter 维护一个活跃流表，用于跟踪当前活跃的网络流。当新的数据包到达时，提取五元组信息作为键，查询活跃流表以确定该数据包是否属于已知流。如果数据包属于已知流，CICFlowMeter 将更新该已知流的信息；如果不属于任何已知流，将会创建一个新的流记录，并添加到活跃流表中，然后继续更新这条新流的信息。对于每个已识别或新建的流，CICFlowMeter 根据当前处理的数据包更新流的统计信息和特征。上面提到的活跃流表通常由一定的数据结构实现，以便高效地处理和检索网络流信息，在 Python 中使用字典来实现，以便快速插入新流、更新现有流的信息。

3）提取特征。流被重构后，CICFlowMeter 从每个流中提取特征，特征提取通常涉及对流中数据包的深入分析，包括计算各种统计量和行为模式，这些特征可以分为时间相关、包长相关、字节数相关、TCP 头部标志位相关、流量速率相关等多个类别。在计算机网络中，网络流量可以根据数据包的传输方向划分为正向流和反向流。正向流是指在网络通信中，从发送方到接收方的一系列数据包，这些数据包按照发起的顺序形成一个数据包序列，用于传输请求；反向流则是指从接收方返回给发送方的数据包序列。正向数据包是指在正向流中传输的单个数据包,这些数据包包含了从客户端到服务器的数据,如请求数据或其他上传的内容;反向数据包则是指在反向流中传输的单个数据包,这些数据包包含了从服务器到客户端发送的数据包,如请求的回应、下载的文件等。下面结合图 5-10 ～图 5-12 介绍 CICFlowMeter 工具进行特征提取的过程。

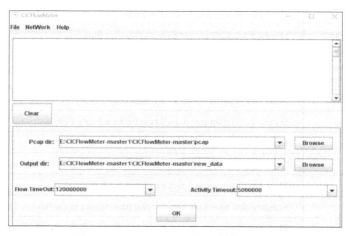

图 5-10 CICFlowMeter 工具的初始界面

图 5-10 所示为 CICFlowMeter 工具的初始界面,单击菜单栏的 NetWork 下的 "Offline"或 "Realtime"命令,初始为实时处理的操作界面,由于后续的介绍将以离线处理为主,因此单击 "Offline"命令进入离线处理的操作界面。

图 5-11 所示为 CICFlowMeter 的离线处理界面,在执行特征提取前,需要将 "Pcap dir"设置为需要进行特征提取的 pcap 文件所在的文件夹,将 "Output dir"设置为希望将结果保存的位置。然后,单击 "OK"按钮进行特征提取。

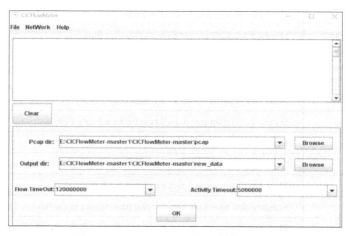

图 5-11 CICFlowMeter 的离线处理界面

如图 5-12 所示,"Working on"表示正在对某个 pcap 文件进行特征提取,提取完成后输出 "Done!",并统计这个 pcap 文件的总流量数、总数据包数、有效数据包数目、舍弃的数据包数目。待 Pcap dir 文件夹中的每一个 pcap 文件都提取完成后,本次特征提取结束。CICFlowMeter 提取的特征见表 5-8。

163

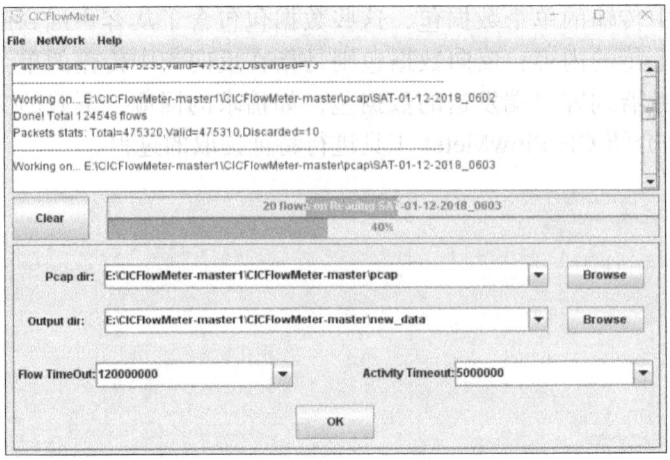

图 5-12　CICFlowMeter 的特征提取过程

表 5-8　CICFlowMeter 提取的特征

特征名称	特征名称的英文解释
Flow duration	Duration of the flow in Microsecond
total Fwd Packet	Total packets in the forward direction
total Bwd packets	Total packets in the backward direction
total Length of Fwd Packet	Total size of packet in forward direction
total Length of Bwd Packet	Total size of packet in backward direction
Fwd Packet Length Min	Minimum size of packet in forward direction
Fwd Packet Length Max	Maximum size of packet in forward direction
Fwd Packet Length Mean	Mean size of packet in forward direction
Fwd Packet Length Std	Standard deviation size of packet in forward direction
Bwd Packet Length Min	Minimum size of packet in backward direction
Bwd Packet Length Max	Maximum size of packet in backward direction
Bwd Packet Length Mean	Mean size of packet in backward direction
Bwd Packet Length Std	Standard deviation size of packet in backward direction
Flow Bytes/s	Number of flow bytes per second
Flow Packets/s	Number of flow packets per second
Flow IAT Mean	Mean time between two packets sent in the flow
Flow IAT Std	Standard deviation time between two packets sent in the flow
Flow IAT Max	Maximum time between two packets sent in the flow
Flow IAT Min	Minimum time between two packets sent in the flow
Fwd IAT Min	Minimum time between two packets sent in the forward direction
Fwd IAT Max	Maximum time between two packets sent in the forward direction
Fwd IAT Mean	Mean time between two packets sent in the forward direction
Fwd IAT Std	Standard deviation time between two packets sent in the forward direction

（续）

特征名称	特征名称的英文解释
Fwd IAT Total	Total time between two packets sent in the forward direction
Bwd IAT Min	Minimum time between two packets sent in the backward direction
Bwd IAT Max	Maximum time between two packets sent in the backward direction
Bwd IAT Mean	Mean time between two packets sent in the backward direction
Bwd IAT Std	Standard deviation time between two packets sent in the backward direction
Bwd IAT Total	Total time between two packets sent in the backward direction
Fwd PSH flags	Number of times the PSH flag was set in packets travelling in the forward direction（0 for UDP）
Bwd PSH Flags	Number of times the PSH flag was set in packets travelling in the backward direction（0 for UDP）
Fwd URG Flags	Number of times the URG flag was set in packets travelling in the forward direction（0 for UDP）
Bwd URG Flags	Number of times the URG flag was set in packets travelling in the backward direction（0 for UDP）
Fwd Header Length	Total bytes used for headers in the forward direction
Bwd Header Length	Total bytes used for headers in the backward direction
FWD Packets/s	Number of forward packets per second
Bwd Packets/s	Number of backward packets per second
Packet Length Min	Minimum length of a packet
Packet Length Max	Maximum length of a packet
Packet Length Mean	Mean length of a packet
Packet Length Std	Standard deviation length of a packet
Packet Length Variance	Variance length of a packet
FIN Flag Count	Number of packets with FIN
SYN Flag Count	Number of packets with SYN
RST Flag Count	Number of packets with RST
PSH Flag Count	Number of packets with PUSH
ACK Flag Count	Number of packets with ACK
URG Flag Count	Number of packets with URG
CWR Flag Count	Number of packets with CWR
ECE Flag Count	Number of packets with ECE
down/Up Ratio	Download and upload ratio
Average Packet Size	Average size of packet
Fwd Segment Size Avg	Average size observed in the forward direction
Bwd Segment Size Avg	Average size observed in the backward direction
Fwd Bytes/Bulk Avg	Average number of bytes bulk rate in the forward direction
Fwd Packet/Bulk Avg	Average number of packets bulk rate in the forward direction
Fwd Bulk Rate Avg	Average number of bulk rate in the forward direction
Bwd Bytes/Bulk Avg	Average number of bytes bulk rate in the backward direction

（续）

特征名称	特征名称的英文解释
Bwd Packet/Bulk Avg	Average number of packets bulk rate in the backward direction
Bwd Bulk Rate Avg	Average number of bulk rate in the backward direction
Subflow Fwd Packets	The average number of packets in a sub flow in the forward direction
Subflow Fwd Bytes	The average number of bytes in a sub flow in the forward direction
Subflow Bwd Packets	The average number of packets in a sub flow in the backward direction
Subflow Bwd Bytes	The average number of bytes in a sub flow in the backward direction
Fwd Init Win bytes	The total number of bytes sent in initial window in the forward direction
Bwd Init Win bytes	The total number of bytes sent in initial window in the backward direction
Fwd Act Data Pkts	Count of packets with at least 1 byte of TCP data payload in the forward direction
Fwd Seg Size Min	Minimum segment size observed in the forward direction
Active Min	Minimum time a flow was active before becoming idle
Active Mean	Mean time a flow was active before becoming idle
Active Max	Maximum time a flow was active before becoming idle
Active Std	Standard deviation time a flow was active before becoming idle
Idle Min	Minimum time a flow was idle before becoming active
Idle Mean	Mean time a flow was idle before becoming active
Idle Max	Maximum time a flow was idle before becoming active
Idle Std	Standard deviation time a flow was idle before becoming active

4）记录输出。特征提取完成后，CICFlowMeter 会将提取出的特征和有关每个流的统计信息输出到 csv 类型的文件中（每一个 pcap 文件对应一个 csv 文件），csv 文件中的内容如图 5-13 所示（仅截取了部分特征）。

Protocol	Timestamp	Flow Durat	Total Fwd	Total Bwd	Total Leng	Total Leng	Fwd Packe	Fwd Packe	Fwd Packe	Fwd Packe	Bwd Packe	Bwd Packe
17	1.54E+09	12.00052	10	0	5440	0	544	544	544	0	0	0
17	1.54E+09	12.12607	9	0	4896	0	544	544	544	0	0	0
17	1.54E+09	11.99975	10	0	5440	0	544	544	544	0	0	0
17	1.54E+09	12.11789	10	0	5440	0	544	544	544	0	0	0
17	1.54E+09	9.54E-07	2	0	1088	0	544	544	544	0	0	0
17	1.54E+09	228.0288	10	0	5440	0	544	544	544	0	0	0
17	1.54E+09	1.91E-06	2	0	1088	0	544	544	544	0	0	0
17	1.54E+09	5.995575	6	0	3264	0	544	544	544	0	0	0
17	1.54E+09	12.00012	10	0	5440	0	544	544	544	0	0	0
17	1.54E+09	6.009896	6	0	3264	0	544	544	544	0	0	0
17	1.54E+09	9.015913	8	0	4352	0	544	544	544	0	0	0
17	1.54E+09	9.54E-07	2	0	1088	0	544	544	544	0	0	0
17	1.54E+09	6.000791	6	0	3264	0	544	544	544	0	0	0
17	1.54E+09	9.54E-07	2	0	1088	0	544	544	544	0	0	0

图 5-13　CICFlowMeter 提取的部分数据特征

图 5-13 中，每一行代表一个流，每一列表示流的一个特征值。CICFlowMeter 的这一整套流程使其成为网络流量分析领域的一个强大工具，为网络入侵检测和防御提供了强有力的技术支持，促进了网络安全领域的发展。

还有一类方法直接从 pcap 文件直接提取网络流量的包长度序列或字节序列，不进行额外的特征提取过程。具体来说，可以提取：

① 包长度序列：每个数据包的长度信息，形成一个按时间顺序排列的长度序列。

② 字节序列：每个数据包的字节序列，形成一个按报文格式顺序排列的字节流。

这种直接提取网络流量的包长度序列或字节序列的方法保留了原始数据的表现形式，可以直接作为网络入侵检测模型的输入数据。

（2）特征选择

特征选择是提取的特征中去除与网络入侵检测任务不相关的特征并选择相关特征的过程，以提高模型的性能和效率。在网络入侵检测任务中，经过特征提取后的数据通常包含大量特征，某些特征与网络入侵检测任务的相关性较低，而一些特征对于网络入侵检测任务的相关性较高，下面对这两种情况分别进行举例介绍。

① 与网络攻击相关性低的特征：流量空闲期的时间特征（如 Idle Mean、Idle Max）。在一些场景下，如周期性的服务器状态检查或空闲的聊天应用流量，会出现高空闲时间，但它们与攻击活动可能不存在高相关性。

② 与网络攻击相关性高的特征：总的正向数据包数和反向数据包数（如 Total Fwd Packets 与 Total Bwd Packets），可揭示潜在的网络攻击活动。例如，异常高的数据包数量可能表明自动化工具在尝试探测网络弱点或执行 DoS。一些 TCP 标志的计数特征（如 SYN Flag Count），可以识别潜在的网络扫描、连接重置和会话劫持等网络攻击活动，例如，异常高的 SYN 请求数可能是 SYN Flood 攻击的指示。

特征选择的主要方法包括统计方法、专家知识和自动化特征选择技术，具体介绍如下：

1）统计方法：通过统计分析，选择与网络入侵检测最相关的特征。可使用信息增益评估每个特征与目标变量的相关性，高信息增益的特征被认为更重要；也可使用卡方检验方法检验特征和目标分类之间的独立性，如果某个特征与目标分类高度相关，那么它可能对模型预测非常有用。

2）专家知识：网络安全领域的专家会根据经验识别哪些特征在历史上与网络攻击高度相关。例如，专家可能指出某些特定的端口号或特定协议类型与网络攻击活动密切相关。

3）自动化特征选择技术：使用机器学习技术，如主成分分析（Principal Component Analysis）来减少特征维度，帮助识别最能表达网络流量特性的主要特征；或使用递归特征消除（Recursive Feature Elimination）方法逐步排除最不重要的特征来找到最优特征集。

5.2.3　模型训练与优化策略

在完成数据预处理和特征工程之后，接下来需要选择合适的模型进行训练，并采用优化策略以提高模型的性能。本小节中关于模型的训练和优化策略的介绍包括划分数据集、模型训练、模型测试和优化策略，下面进行具体介绍。

1. 划分数据集

在开始训练模型之前，首先要将数据集划分为训练集、验证集和测试集：训练集用于模型的学习和参数更新；验证集用于模型的参数调优和防止过拟合，在训练过程中评估模型性能；测试集用于在模型训练完成后评估模型的最终性能。常用的数据分割比例是70%的训练集、15%的验证集和15%的测试集，也可根据数据集的大小和模型的复杂度进行调整。

2. 模型训练

模型训练过程围绕深度学习模型进行展开。首先需要对模型的参数进行初始化，这包括权重和偏置等，参数初始化可以选择随机方法或使用预先训练好的参数。此外，还需要设定一些训练参数，如训练轮次（Epoch）、学习速率（Learning Rate）和批次大小（Batch Size）等。这些参数需根据特定的训练任务来适当配置。模型训练通常是通过迭代过程完成的，每次迭代包括以下步骤。

1）前向传播：在这一步，输入数据通过深度学习模型进行计算，获得对于输入数据的预测结果。

2）损失计算：根据模型输出和真实标签计算损失值，损失函数（如交叉熵损失函数）度量了当前模型预测的错误程度。

3）反向传播：利用损失函数对模型参数进行梯度计算，这一步通过链式求导法则自动计算模型中各参数的梯度。

4）参数更新：使用梯度下降或 Adam 等优化算法更新模型参数，减小损失函数的值。

训练过程（从前向传播到参数更新）在多个周期中重复进行。通常，会设定一个停止训练的条件，如达到一定的迭代次数或模型在验证集上的性能不再提升时。

3. 模型测试

完成上述步骤后，就可以使用测试集对模型进行最终的评估，以确保其泛化能力强、没有产生过拟合且能够准确预测待测数据，这个过程能确保入侵检测模型的可靠性和有效性。

4. 优化策略

用于网络入侵检测的模型需要精心设计和优化以达到最佳性能，优化策略能进一步提升模型的性能和实用性，针对网络入侵检测的模型优化策略可以从以下几个方面进行。

1）超参数调整：模型的性能一定程度上取决于其超参数的设置，可以使用网格搜索来尝试不同的参数组合，从而找到最优解。

2）正则化：正则化技术能够增强模型的泛化能力并减少过拟合，例如 L_1 和 L_2 正则化、Dropout 等可以抑制模型复杂度、避免模型过拟合、增强模型的泛化能力。

3）动态学习与实时更新：网络环境不断变化，模型需要适应这些变化。可使用在线学习方法，让模型持续不断地从新数据中学习，实时更新参数，以检测新出现的网络攻击。

5.3 人工智能在网络入侵检测中的应用

传统的网络入侵检测主要依赖于分析和匹配已知的入侵模式和攻击行为特征，通过建立一套检测规则和模式的知识库来实现。这种策略在检测的精度以及自动化、智能化程度方面存在局限性，即通常需要较多的人工干预。为了解决这些问题，新兴的人工智能技术被引入到了网络入侵检测中。应用人工智能技术的网络入侵检测模型具有高准确率、实时监测、自适应性、大规模数据处理和自动化响应等特点，能够实现对各类网络威胁的自动化识别与反应。

图 5-14 所示为基于人工智能技术的网络入侵检测的工作流程，它包括人工智能技术和网络入侵检测两个部分。人工智能技术部分是网络入侵检测模型的构建过程，训练数据通常包含大量标记的网络流量样本，这些标记样本分为正常或异常（入侵），用于训练模型识别正常和异常的网络活动。使用人工智能技术构建网络入侵检测模型的流程如下。

1）数据预处理：对原始训练数据进行清洗和格式化，以便后续处理。可能包括数据清洗、去噪声、标准化等步骤，目的是改善数据的质量和模型训练的效率。

2）特征工程：选择和构造有效的特征，以帮助模型更好地学习和预测。特征工程可能包括从原始数据中提取重要信息、选择与网络入侵检测任务最相关的特征。

3）模型训练：使用处理好的数据和选择的特征对所选用的人工智能模型进行训练、调整参数以及优化性能。

4）保存模型：训练完成后，将训练好的模型保存起来，以便在网络入侵检测环节中使用。

网络入侵检测部分根据训练好的模型对新到达的网络流量开展检测，流程如下。

1）待检测流量获取：这部分涉及收集实时的网络流量数据或新的流量数据样本，用于检测和识别是否存在网络入侵行为。

2）数据预处理：与训练阶段类似，待检测流量也需要进行预处理，但在特征工程方面，检测阶段直接使用训练阶段已确定的重要特征，无须重新进行特征选择。

3）网络入侵检测：加载已保存的模型，并用预处理过的检测数据进行网络入侵检测。

4）检测结果：输出检测结果，指示哪些流量属于正常，哪些属于入侵。

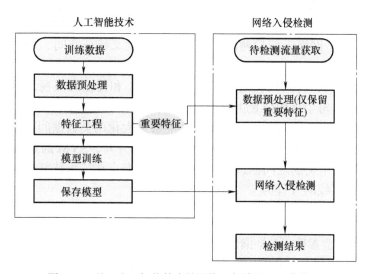

图 5-14　基于人工智能技术的网络入侵检测的工作流程

整体而言，图 5-14 展示了一个基于人工智能技术的网络入侵检测的工作流程，从数据的准备到模型的应用，旨在通过自动化处理提高检测的速度和准确性。

5.3.1 机器学习方法在网络入侵检测中的应用

传统机器学习是指利用统计学习方法构建学习模型，从而对新数据进行预测或分类的一类技术。这些技术通常依赖于标注数据（监督学习）或无标注数据（无监督学习），通过训练过程优化模型参数，使其在特定任务上达到较高的性能。本小节分别介绍支持向量机和 K 近邻算法在网络入侵检测中的应用。

1.支持向量机（Support Vector Machine，SVM）在网络入侵检测中的应用

SVM 是一种监督学习算法，主要解决分类问题（如网络入侵检测中区分正常流量和攻击流量）。它的主要目标是找到一个最优超平面来分隔不同类别的数据，以二分类为例，这个超平面被选择为能够最大化两个类别间边界宽度的那个平面，在二维空间中，这个超平面可以是一条直线。下面介绍使用 SVM 进行网络入侵检测的训练数据。SVM 模型的训练数据包含两个特征：平均数据包大小和传输时间，这类特征属于前面小节特征提取部分的流量统计特征，用作 SVM 模型的输入，正常流量标签为"0"，入侵流量标签为"1"，具体数据见表 5-9。

表 5-9 应用 SVM 进行网络入侵检测的训练数据

数据点	平均数据包大小 /B	传输时间 /ms	标签（正常 = "0"，入侵 = "1"）
A	85	120	0
B	80	125	0
C	82	130	0
D	120	105	1
E	130	90	1
F	150	100	1

SVM 算法应用于网络入侵检测的核心流程包括定义特征空间、选择超平面、优化和调整参数以及决策。

1）定义特征空间：将网络流量的平均数据包大小和传输时间视为两个维度的特征空间，在这个空间中，每个点的位置由这两个特征决定。

2）选择超平面：SVM 的关键是选择一个能够最大化两类数据间隔的超平面，这个超平面可以最好地将两个类别（正常流量和入侵流量）分开，SVM 通过最大化不同类别数据点间的间隔（即两个类别之间的边界）来实现这一点。在二维特征空间中，这个超平面是一条直线，这条直线的方程为

$$w_1 x_1 + w_2 x_2 + b = 0 \tag{5-1}$$

式中，w_1 和 w_2 是模型参数；b 是偏置项；x_1 和 x_2 是两个特征实例，分别代表平均数据包大小和传输时间。如果这个函数的计算结果大于 0，则预测为入侵流量；如果计算结果小于或等于 0，则预测为正常流量。

3）优化和调整参数：在训练过程中，SVM 模型会使用训练数据及其提供的标签来学习如何区分正常和攻击流量数据。例如，模型可能注意到正常数据包的传输时间相对较高，而入侵数据包的数据包较大且传输时间较低。SVM 会通过训练迭代调整 w_1、w_2 和 b 的值，以找到最大化分类间隔的最佳直线，使得正常类别的数据点尽可能位于直线的一侧，而入侵类别的数据点位于另一侧。

4）决策：假设经过训练，得到决策边界为：$0.8696x_1-0.7658x_2+0.1716=0$，则对于一条新的网络流量数据（140，90），代入计算后可知，结果大于 0，则分类为入侵。图 5-15 所示为 SVM 应用于网络入侵检测的可视化结果。

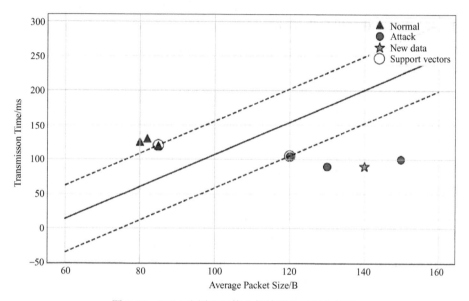

图 5-15　SVM 应用于网络入侵检测的可视化结果

在图 5-15 中，展示了 SVM 算法的决策边界和数据点的分布，三角形数据点代表正常流量，圆形数据点代表入侵流量，SVM 模型通过训练找到了一个最优超平面（图 5-15 中的直线），新的数据点以星号表示。可观察到新的数据点位于决策边界的下方，即位于圆形数据点一侧，被模型分类为入侵流量。

2. K 近邻（K-Nearest Neighbors，KNN）算法在网络入侵检测中的应用

KNN 算法通过计算不同特征点之间的距离米进行类别判断。对于一个待分类的流量数据点，算法找出该数据点在训练集中最接近的 K 个邻居数据点。然后，根据这些邻居数据点的类别来预测待分类流量的标签。在网络入侵检测中，KNN 能够识别与正常网络流量相差较远的异常网络流量。本示例使用的训练数据与 SVM 方法中的训练数据一致。下面，对于 KNN 算法的选择 K 值、距离度量、计算距离和多数投票决策部分进行介绍。

1）选择 K 值：KNN 的性能很大程度上依赖于 K 值的选择，它表示一个数据点的 K 个邻居（距离最近的 K 个点），也就是参与投票的最近邻居数量。本示例中，将初始 K 值设为 3。K 值一般根据数据的性质和问题的复杂度来选择，也可通过交叉验证等技术来确定最优的 K 值。

2）距离度量：KNN 算法首先需要定义一个距离度量，距离度量用于计算一个数据点与数据集中其他点之间的距离。距离度量主要包括但不限于欧氏距离、曼哈顿距离、余弦相似性等。最广泛使用的 KNN 距离度量方法为欧氏距离，计算公式如下：

$$d(x_i, x_j) = \sqrt{\sum_{k=1}^{n}(x_{ik} - x_{jk})^2} \tag{5-2}$$

式中，x_i 和 x_j 是两个数据点；n 是特征的数量。

3）计算距离：确定 K 值与距离度量后，当需要对一条新的网络流量进行入侵检测时，算法会计算新数据点到已知数据集中每个数据点的欧氏距离，对于一个新的待检测数据点（140，90），计算的距离结果见表 5-10。

表 5-10　待测样本点与其他数据点的距离

数据点	距离	标签
A	62.65	0
B	69.46	0
C	70.46	0
D	25	1
E	10	1
F	14.14	1

4）多数投票决策：根据与已知数据集中所有样本计算的欧氏距离，查找与待测样本距离最小的 K 个邻居，一旦找到，算法使用它们的已知类别来分类新样本的类别，这通常通过多数投票实现，本示例中，K 个邻居数据点为 D、E 和 F，它们的标签分别是"1""1"和"1"，因此通过多数投票，预测结果为 1，即待分类的网络流量为入侵流量。图 5-16 所示为 KNN 应用于网络入侵检测的可视化结果。

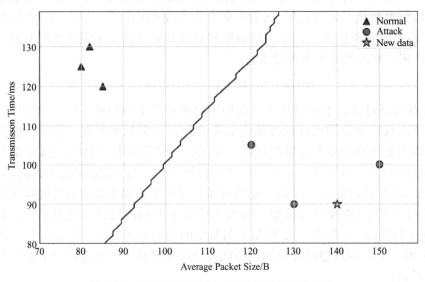

图 5-16　KNN 应用于网络入侵检测的可视化结果

在图 5-16 中，展示了使用 KNN 算法（*K*=3）的决策边界和数据点的分布，三角形数据点代表正常流量，圆形数据点代表入侵流量，而新的数据点（140，90）以星号表示，新的数据点的 3 个最近邻居中均为入侵流量，因此该数据点被分类为入侵。

其他机器学习方法介绍如下：

1）决策树（Decision Tree）：决策树是一种基础的分类与回归算法。该算法通过创建一个树状结构来模拟决策过程。在网络入侵检测过程中，决策树可以通过分析网络流量特征，来识别不同的攻击类型，例如区分 DDoS 攻击和扫描攻击。

2）随机森林（Random Forest）：随机森林是基于多棵决策树的集成学习算法。该算法通过构建多棵决策树，并将它们的预测结果进行合并来提高预测的准确性和鲁棒性。在网络入侵检测中，随机森林能够处理高维数据并有效地减少过拟合，提高检测网络入侵的能力。

3）朴素贝叶斯（Naive Bayes）：朴素贝叶斯是一种基于概率理论的算法。该算法假设设备特征之间相互独立，该方法在处理包含不同类型攻击标签的大规模网络流量数据时特别有效。在网络入侵检测中，朴素贝叶斯可以快速地对新样本进行分类，尤其适合初步筛选和快速响应环境。

5.3.2　深度学习方法在网络入侵检测中的应用

深度学习方法是一种特殊类型的机器学习方法，它使用多层神经网络来学习数据的高级抽象特征。在网络入侵检测中，深度学习被用来自动从数据中学习复杂的特征表示，下面介绍卷积神经网络、长短期记忆网络和自编码器在网络入侵检测方向中的应用。

1. 卷积神经网络（Convolutional Neural Network，CNN）和长短期记忆（Long Short-Term Memory，LSTM）网络在网络入侵检测中的应用

网络流量由字节序列组成，通常具有严谨的结构化特性，其组成元素如头部信息和负载等，均遵循特定的格式和布局。例如，HTTP（超文本传输协议）请求包含方法、URL（统一资源定位符）、头部字段以及可能的消息体等多个部分，每部分在字节序列中均有固定位置。CNN 善于处理具有空间特性的数据。在网络入侵检测的场景中，字节序列在空间上展现出某种结构性，而这种结构性可以通过 CNN 来捕捉和建模。因此，可以将网络流量的字节序列作为输入，这种输入能够被 CNN 的卷积层所捕获。如图 5-17a 所示，使用 CNN 将字节序列处理成流向量。

CNN 能够深入理解网络流量数据中字节序列的空间结构和模式，从而为每个数据包生成高度抽象的特征向量。当 CNN 与 LSTM 网络结合使用时，可以更好地捕捉数据包序列在时间上的动态变化，构建更强大的网络入侵检测模型。如图 5-17b 所示，首先使用 CNN 处理每个数据包，提取其空间特征并将其转换成向量。然后，这些数据包向量按顺序输入 LSTM 网络。LSTM 网络能够有效地捕捉并记住长时间序列的时序信息，从而生成一个综合了时间维度和空间维度特征的流向量。这种 CNN 与 LSTM 网络相结合的方法不仅利用每个数据包内部的空间信息，还能理解包与包之间的时序信息，实现对整个流的综合建模。这种深度学习架构特别适用于捕捉复杂的网络流量行为，能够为网络入侵检测提供强大的分析能力。

173

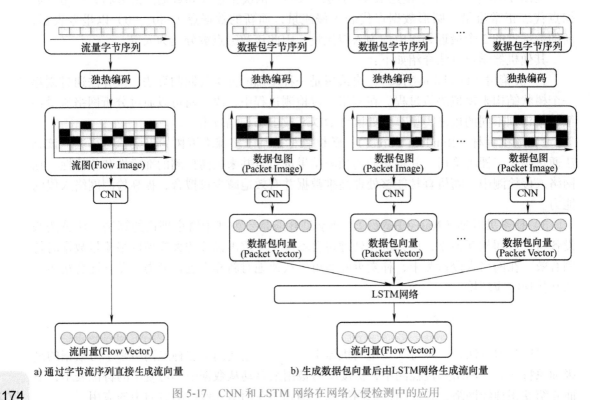

a) 通过字节流序列直接生成流向量　　　　　　b) 生成数据包向量后由LSTM网络生成流向量

图 5-17　CNN 和 LSTM 网络在网络入侵检测中的应用

2. 自编码器（Autoencoder）在网络入侵检测中的应用

自编码器通常包含两部分：编码器和解码器。编码器的作用是将输入的流量数据压缩成低维的特征表示，而解码器则尝试从低维特征表示重构出原始输入流量数据。自编码器的训练目标是最小化输入数据与重构数据之间的差异。自编码器在网络入侵检测中的应用包括以下步骤。

1）数据预处理和特征工程：收集正常的网络流量数据，将原始网络流量数据转换为数据包长度序列。由于数据包的长度可能不同，需要统一长度，可以选择一个固定长度，如果长度不足则填充；如果过长则截断。必要时进行标准化或归一化处理，以便数据适合输入到自编码器中。

2）构建自编码器：基于自编码器的网络入侵检测模型的示例结构如图 5-18 所示。解码器的结构通常与编码器相对称，以确保数据从压缩状态恢复为原始输入时的完整性和精度。在网络入侵检测过程中，通过使用正常流量对自编码器进行训练，自编码器能够学习到正常网络流量中的重要特征，训练完成后自编码器可用于识别与训练数据显著不同的异常网络行为，进而实现网络入侵检测。

3）训练模型：在训练阶段，使用正常的网络流量的包长度序列作为输入来训练自编码器，自编码器将学习如何有效地重构正常网络流量的包长度序列，对于未见过的异常流量（潜在的入侵行为），自编码器在尝试重构时会产生较高的重构误差。常用的损失函数是均方误差，它能够计算重构输出与输入之间的平方差的平均值，此外，也可以使用交叉熵损失。

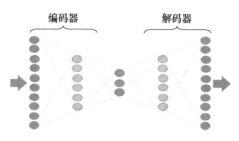

图 5-18　自编码器的示例结构

4）分类决策：新输入数据会被编码器压缩后由解码器尝试重构，然后将该输入数据的重构误差与预设的阈值进行比较，如果重构误差超过阈值，则认为该数据属于恶意攻击流量，如果未超过阈值则视为正常流量，通常可以选择重构误差的 95% 的分位数作为阈值。通过上述步骤，自编码器可以有效地应用于网络入侵检测，利用其在特征压缩和重构上的优势来识别和分类网络流量中的异常行为。

5.4　网络入侵检测的具体实现案例

1. 案例简述

175

本节介绍一个高效的基于混合深度神经网络的 DDoS 攻击检测任务，利用 CNN 和 LSTM 网络来检测 DDoS 攻击流量。本案例属于二分类问题，仅关注区分 DDoS 攻击流量与正常流量。

2. 数据集介绍

本案例使用了 CIC-DDoS2019 数据集，CIC-DDoS2019 数据集包含良性流量和 DDoS 攻击流量。该数据集模拟了 DDoS 攻击，提供了两种文件格式：pcap 格式和 csv 格式。下面是基于人工算法开展网络入侵检测案例的核心流程。

3. 流量特征提取

从 CIC-DDoS2019 数据集网站上下载 pcap 文件后，读取网络数据包并进行处理以提取流量信息，流量特征提取过程借助了 dpkt 工具并参考了 CICFlowMeter 工具中提取的特征。首先，将参数 self.file_list（包含 pcap 文件的目录）中的所有 pcap 文件传入。对于每个 pcap 文件，使用 dpkt.pcap.Reader 创建一个读取器对象 self.packets，代码如下：

```
def read（self）:
    for file_name in tqdm（self.file_list）:
        file=open（f'{self.read_path}/{file_name}', 'rb'）
        self.packets=dpkt.pcap.Reader（file）
```

然后，遍历每个数据包，获取时间戳 ts 和数据包内容 buf。每个数据包被解析为以太网帧。如果以太网帧的数据部分不是 IP（互联网协议）数据包，则跳过；如果是，则提取 IP 层的相关信息：源 IP 地址、目的 IP 地址和 IP 数据包长度。然后，根据 IP 数据包的协议类型，调用构造的 self.handle_tcp_flow 或 self.handle_udp_flow 方法来提取 TCP 或 UDP 层的相关信息，包括源端口、目的端口、协议类型、头部长度、负载长度、TCP 标志等，代码如下：

```
for ts, buf in self.packets:
        eth=dpkt.ethernet.Ethernet（buf）
        if not isinstance（eth.data, dpkt.ip.IP）:
            continue
        ip=eth.data              # IP 数据
        src_ip, dst_ip, ip_len=self.handle_ip（ip）
        if isinstance（ip.data, dpkt.tcp.TCP）:
            tcp=ip.data          # TCP 数据
            src_port, dst_port, protocol, header_len, payload_len, flags, win=self.
            handle_tcp_flow（tcp）
        elif isinstance（ip.data, dpkt.udp.UDP）:
            udp=ip.data          # UDP 数据
            src_port, dst_port, protocol, header_len, payload_len, flags, win=self.
            handle_udp_flow（udp）
        else:
            continue
```

接着是更新反向流信息，代码如下（self.flow_list 用于保存所有的流量信息）：

```
tuple_5=（src_ip, dst_ip, src_port, dst_port, protocol）
        tuple_5_reverse=self.get_reverse（tuple_5）      # get 反向流信息
        if self.flow_id_dict.get（tuple_5_reverse）! =None:              # 更新反向流信息
            id=self.flow_id_dict.get（tuple_5_reverse）
            if self.flow_list[id].packet_count <self.flow_packet_threshold:
                if self.flow_list[id].packet_len_bkd==0:
                    self.flow_list[id].init_win_bkd=win
                self.flow_list[id].packet_count+=1
                self.flow_list[id].packet_len_bkd.append（ip_len）
                self.flow_list[id].packet_header_bkd.append（header_len）
                self.flow_list[id].payload_len_bkd.append（payload_len）
                self.flow_list[id].tcp_flag_bkd+=flags
                self.flow_list[id].packet_time_bkd.append（ts）
                self.flow_list[id].updateBackwardBulk（ts, payload_len）
                self.flow_list[id].UpdateSubflows（ts）
            continue
```

176

上述代码首先构建了一个五元组来标识一个网络流，五元组包含源 IP 地址、目的 IP 地址、源端口、目的端口和传输层协议。然后调用 self.get_reverse 方法来获取五元组的反向流信息。代码查找 self.flow_id_dict 字典中是否有与反向流对应的 ID。如果有，则检查这个流的数据包数量是否小于 self.flow_packet_threshold 阈值。如果小于阈值，代码会更新这个反向流的统计信息。它还调用 updateBackwardBulk 和 UpdateSubflows 方法来更新流的其他统计数据。类似于反向流信息的更新，进行正向流信息的更新，具体的代码如下：

```
id=self.flow_id_dict.get（tuple_5）
            if self.flow_list[id].packet_count <self.flow_packet_threshold：# 更新正向流信息
                    if self.flow_list[id].packet_count==0：# 第一个数据包初始化 flow
                        self.flow_list[id].start_time=ts
                        self.flow_list[id].id_fwd=tuple_5
                        self.flow_list[id].init_win_fwd=win
                    self.flow_list[id].packet_count+=1
                    ………………………………..
                    self.flow_list[id].UpdateSubflows（ts）
```

到此，完成了从 pcap 文件中提取出网络流量信息，区分正向流和反向流，并更新它们的统计数据。这对于网络入侵检测系统至关重要。处理完所有 pcap 文件后，全部的流量数据被存入了 self.flow_list 中，接下来将这些流量数据写入 csv 类型文件并保存，代码如下：

```
def write_csv（self）：
    for one_flow in self.flow_list：
            self.output_info.append（one_flow.calcu_feature()）
        output_info=pd.DataFrame（self.output_info）
output_info.to_csv（f'{self.write_path}/{self.write_name}.csv', mode='w+', header=True，
chunksize=10000）
```

对于 self.flow_list 中的每条流量数据，通过预先构造的 one_flow.calcu_feature() 方法进行处理，生成共计 76 个特征，在处理完 self.flow_list 中的全部数据后，将全部网络流量的数据特征写入到 csv 文件中保存。提取后的流量数据保存在了本地 csv 文件中。

4. 特征选择

上一步提取的数据特征中包含 76 个特征，一些特征与入侵检测过程几乎没有相关性，故为了提高模型的性能和减少模型的训练时间，减少特征维数以消除冗余数据集是必要的。

```
def get_data（file）：
    data=pd.read_csv（file）
    drop_columns=['Flow ID', 'Src IP', 'Src Port', 'Dst IP', 'Dst Port', 'Timestamp', 'Label']
    x=data.drop（columns=drop_columns）.to_numpy()
    x=（x–x.min（axis=1）.reshape（–1，1））/（x.max（axis=1）.reshape（–1，1）–x.min
（axis=1）.reshape（–1，1））
    y=data['Label'].to_numpy()
    return x，y
```

上面的代码主要用于特征选择前的数据预处理。它从 csv 文件中加载数据，删除不相关的列，对剩余的特征进行归一化处理，然后返回处理后的特征数据和对应的标签。

177

```
def select（x，y）：
    all_features=['Protocol'，'Flow Duration'，'Total Fwd Packets'，
                  'Total Bwd Packets'，'Total Length of Fwd Packet'，
                  'Total Length of Bwd Packet'，'Fwd Packet Length Max'，
                  'Fwd Packet Length Min'，'Fwd Packet Length Mean'，
                  'Fwd Packet Length Std'，'Bwd Packet Length Max'，
                  'Bwd Packet Length Min'，'Bwd Packet Length Mean'，
                  'Bwd Packet Length Std'，'Flow Bytes/s'，'Flow Packets/s'，
                  'Flow IAT Mean'，'Flow IAT Std'，'Flow IAT Max'，'Flow IAT Min'，
                  'Fwd IAT Total'，'Fwd IAT Mean'，'Fwd IAT Std'，'Fwd IAT Max'，
                  'Fwd IAT Min'，'Bwd IAT Total'，'Bwd IAT Mean'，'Bwd IAT Std'，
                  'Bwd IAT Max'，'Bwd IAT Min'，'Fwd PSH Flags'，'Bwd PSH Flags'，
                  'Fwd URG Flags'，'Bwd URG Flags'，'Fwd Header Length'，
                  'Bwd Header Length'，'Fwd Packets/s'，'Bwd Packets/s'，
                  'Packet Length Min'，'Packet Length Max'，'Packet Length Mean'，
                  'Packet Length Variance'，'FIN Flag Count'，'SYN Flag Count'，
                  'RST Flag Count'，'PSH Flag Count'，'ACK Flag Count'，'URG Flag Count'，
                  'CWR Flag Count'，'ECE Flag Count'，'Down/Up Ratio'，
                  'Average Packet Size'，'Fwd Segment Size Avg'，'Bwd Segment Size Avg'，
                  'Fwd Bytes/Bulk Avg'，'Fwd Packet/Bulk Avg'，'Fwd Bulk Rate Avg'，
                  'Bwd Bytes/Bulk Avg'，'Bwd Packet/Bulk Avg'，'Bwd Bulk Rate Avg'，
                  'Subflow Fwd Packets'，'Subflow Fwd Bytes'，'Subflow Bwd Packets'，
                  'Subflow Bwd Bytes'，'FWD Init Win Bytes'，'Bwd Init Win Bytes'，
                  'Fwd Act Data Pkts'，'Fwd Seg Size Min'，'Active Mean'，'Active Std'，
                  'Active Max'，'Active Min'，'Idle Mean'，'Idle Std'，'Idle Max'，'Idle Min']
    model=XGBClassifier（class_weight='balanced'，eval_metric=['logloss'，'auc'，'error']）
    x_train，x_test，y_train，y_test=train_test_split（x，y，test_size=0.1，random_state=10，
    shuffle=True，stratify=y）
    y_predict=model.predict（x_test）
    acc=balanced_accuracy_score（y_test，y_predict）
    feature_importance=model.feature_importances_
    selected_features=all_features[np.argsort（-feature_importance）[：10]]
```

上述代码用于特征选择。它训练一个 XGBoost 分类器，利用训练结果中的特征重要性来选择最重要的 10 个特征，并打印这些特征的名称。10 个最重要的特征打印结果如下：

```
dim=['Bwd Packets/s'，'Subflow Fwd Bytes'，'Bwd Packet Length Std'，
'Bwd Packet Length Mean'，'Fwd Segment Size Avg'，'Fwd PSH Flags'，
'Subflow Bwd Bytes'，'Bwd Segment Size Avg'，'Bwd IAT Total'，
'Fwd Header Length']
```

5. 构建模型

本案例的模型结合了 CNN 和 LSTM 网络，是一个典型的混合网络结构，可以用来处理具有空间和时间特性的流量数据，其结构如图 5-19 所示。

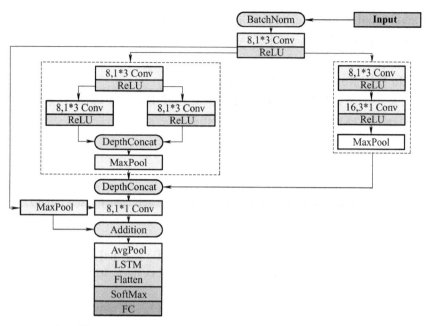

图 5-19　基于 CNN_LSTM 的网络入侵检测模型的结构

下面结合该模型类（CNN_LSTM）的代码进行讲解。

```
class CNN_LSTM（nn.Module）：
    def __init__（self，features）：
        super（CNN_LSTM，self）.__init__()
        self.conv1=nn.Conv2d（1，8，（1，3），padding=（0，1））
        self.conv2=nn.Conv2d（8，8，（1，3），padding=（0，1））
        self.conv3=nn.Conv2d（8，16，（3，1），padding=（1，0））
        self.conv4=nn.Conv2d（8，8，（3，1），padding=（1，0））
        self.conv5=nn.Conv2d（8，8，（1，3），padding=（0，1））
        self.conv6=nn.Conv2d（8，8，（3，1），padding=（1，0））
        self.conv7=nn.Conv2d（32，8，（1，1））
        self.lstm=nn.LSTM（input_size=8，hidden_size=25，batch_first=True）
        self.max_pool=nn.MaxPool2d（（2，1））
        self.ave_pool=nn.AvgPool2d（（2，1））
        self.relu=nn.ReLU()
        self.fc=nn.Linear（50，2）
```

以上这段代码定义了一个名为 "CNN_LSTM" 的类，创建了一个深度学习模型。在初始化方法中，定义了模型的不同层，下面对各层进行介绍。

1）self.conv1 到 self.conv7 是不同的卷积层，用于提取数据特征。它们的参数设置了不同的卷积核的数量和尺寸，并设置了适当的填充以保持数据尺寸。

2）self.lstm 是一个 LSTM 层，参数为 input_size=8，hidden_size=25，batch_first=True，分别表示每个时间步的输入特征数量为 8、LSTM 单元的隐藏状态的特征数量为 25、输入和输出张量的第一个维度是批次大小。

179

3）self.max_pool 和 self.ave_pool 分别是最大池化层和平均池化层，参数均为（2，1），表示在垂直方向上将大小减半，水平方向上不变，池化层用于降低数据维度和特征的空间大小。

4）self.relu 使用 ReLU 非线性激活函数。

5）self.fc 是一个全连接层，将 LSTM 层的输出映射到 2 个输出节点，即二分类。

下面是 CNN_LSTM 模型 forward 部分的代码：

```
def forward（self, x）：
        x=x.unsqueeze（1）
        conv1_out=self.relu（self.conv1（x））
        first_flow_1_out=self.relu（self.conv2（self.relu（self.conv4（conv1_out））））
        first_flow_2_out=self.relu（self.conv6（self.relu（self.conv4（conv1_out））））
        second_flow_out=self.relu（self.conv3（self.relu（self.conv5（conv1_out））））
        contact_first=torch.cat（[first_flow_1_out, first_flow_2_out], 1）
        contact_first_second=torch.cat（[self.max_pool（contact_first）, self.max_pool（second_
        flow_out）], 1）
        res_connect=self.relu（self.max_pool（conv1_out）+self.conv7（contact_first_second））
        lstm_out,（h, c）=self.lstm（self.ave_pool（res_connect）.squeeze（-1）.transpose
        （1, 2））
        output=self.fc（lstm_out.flatten（start_dim=1））
        return output
```

forward 方法定义了数据通过模型的流程，下面介绍具体流程：

1）输入数据 x 扩展一个维度，以适应卷积层的要求。

2）数据通过第一个卷积层 conv1 和 ReLU 激活函数。

3）数据经过两个不同的流程（first_flow_1_out 和 first_flow_2_out），它们都包括两个卷积层和 ReLU 激活函数。它们最终被合并在一起形成 contact_first。

4）同时，conv1_out 的输出也经过另外两个卷积层（conv5 和 conv3）和 ReLU 激活函数，得到 second_flow_out。

5）contact_first 和 second_flow_out 都经过最大池化层，然后再次被合并成 contact_first_second。

6）conv1_out 也经过池化层，与 conv7 的输出相加，应用 ReLU 函数得到 res_connect。

7）res_connect 经过平均池化层和转置操作后被传递给 LSTM 层。

8）LSTM 层的输出被展平，并通过全连接层得到最终输出。

6. 模型训练

train_epoch 函数用于训练模型的一个 epoch，代码如下：

```
def train_epoch（model, training_data, optimizer, device, loss）：
    model.train()
    model=model.to（device）
    total_loss=0
    y_true, y_predict=torch.LongTensor（0）.to（device）
```

```
for batch in training_data：
    data，label=map（lambda x：x.to（device），batch）
    pred=model（data）
    optimizer.zero_grad()
    y_predict=torch.cat（[y_predict，torch.argmax（pred，1）]，0）
    y_true=torch.cat（[y_true，label]，0）
    l=loss（pred，label）
    l.backward()
    optimizer.step()
    total_loss+=l.item()
train_acc=balanced_accuracy_score（y_true，y_predict）
return train_acc，total_loss
```

train_epoch 函数是训练过程的核心代码，每个 epoch 都需执行一次这段代码。具体步骤为：首先将模型设为训练模式，并移动到指定设备，对于每个 batch 的训练数据，将数据和标签移动到指定设备，通过前向传播计算预测结果。接下来，清零优化器的梯度，计算损失并进行反向传播和参数优化。同时，将当前 batch 的损失累加到总损失中，最后将计算得到的准确率、总损失返回。

本案例属于二分类问题，只分类 DDoS 攻击流量和正常流量，可以使用准确率（Accuracy）、精确率（Precision）、召回率（Recall）、F1-Score 和 ROC 曲线下的面积（AUC）等指标检测模型的效果。

5.5　网络入侵检测中的人工智能安全问题

网络入侵检测模型的安全性是保障整个网络防御体系有效性的关键。然而，随着人工智能技术的不断发展，尤其是深度学习方法的高复杂性和黑箱特性，使其容易受到如投毒攻击、后门攻击的威胁，这些威胁不仅影响网络入侵检测模型的检测性能，还可能使其防御功能失效，进而危害整个网络的安全。因此，研究和应对这些安全威胁对于网络入侵检测领域尤为重要，本节将对网络入侵检测领域的投毒攻击进行介绍。

投毒攻击（Poisoning Attack）是指攻击者通过在训练数据中注入恶意数据或篡改已有数据，使得深度学习模型在训练过程中学习到错误的信息，从而在实际应用中产生错误的检测结果。这种攻击在网络入侵检测领域也存在，攻击者的目的是通过操纵训练数据，使模型在检测恶意流量时出现误判或漏报，从而达到逃避检测的目的。

现有的投毒攻击方法主要包括标签操纵攻击和数据注入攻击。在标签操纵攻击中，攻击者通过篡改网络流量数据的标签，使得模型误判恶意流量为正常流量，或反之。例如，将 DDoS 攻击流量的标签修改为正常流量，使得模型在训练过程中无法正确学习到 DDoS 攻击的特征。而在数据注入攻击中，攻击者通过伪造恶意流量数据并将其标签设为正常流量，注入训练集中，从而干扰模型的正常学习过程。以下是一个具体的投毒攻击例子。

攻击者可以通过对网络流量的字节序列进行投毒攻击，误导网络入侵检测模型，使其无法正确识别恶意流量，攻击示意图如图 5-20 所示。

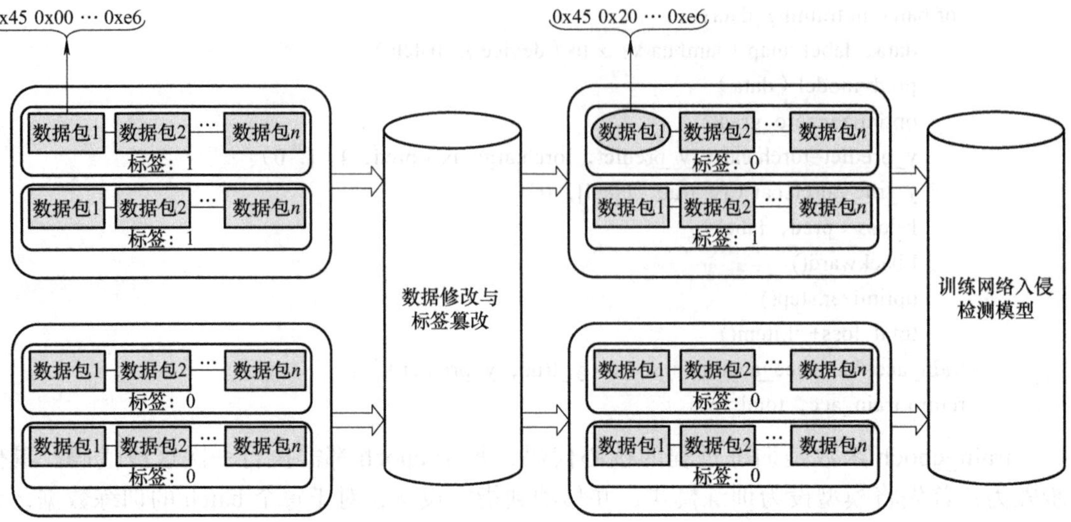

图 5-20　网络入侵检测模型中的投毒攻击示意图

如图 5-20 所示，攻击者首先获取包含正常流量和恶意流量的网络流量数据集，每条记录包括一个字节序列和一个标签，标签为 0 表示正常流量，标签为 1 表示恶意流量。从训练数据集中选择部分恶意流量的字节序列数据，并对选择的恶意流量字节序列进行修改，需确保不破坏数据包的协议格式，也不影响数据包的整体传输和处理，可以选择修改 IP 包头的某些字段（如服务类型字段）或 TCP 包头的某些字段（如紧急指针字段）。假设选择修改 IP 包头的服务类型字段（Type of Service）以改变字节序列但不影响流量的正常传输和处理，如图 5-20 所示，可将恶意网络流量中数据包的第二个字节进行更改，再修改恶意流量数据的标签，将其从恶意（1）改为正常（0）；然后，攻击者通过各种方式将这些投毒后的数据混入训练数据，使其看起来像是正常的训练数据。

最终，当网络入侵检测模型使用包含投毒数据的训练数据集进行训练时，网络入侵检测模型就会学习到错误的特征，影响网络入侵检测模型的分类决策边界，进而实现投毒攻击。

本章小结

本章首先对网络入侵检测进行了概述，然后介绍了网络入侵检测模型的构建过程和人工智能在网络入侵检测中的应用，并给出了网络入侵检测的具体实现案例，最后讨论了网络入侵检测中可能存在的人工智能安全问题。通过学习本章内容，希望读者能够了解并掌握如何将人工智能应用于网络入侵检测领域，以及能够使用高级别的人工智能方法为网络空间安全的健康发展保驾护航。

思考题与习题

一、选择题

5-1. 下列哪项最常用于流重构？（　　　　）

A. 数据包五元组　　　B. 时间戳　　　　　　C. 目的 IP 地址　　　D. 目的端口号

5-2. 下列哪项不是当前网络安全威胁的主要类型？（　　）

A. DDoS 攻击　　　　　　　　　　　　B. 网络钓鱼

C. 硬件故障　　　　　　　　　　　　D. 恶意软件

5-3. UNSW-NB15 数据集由哪个国家的大学发布？（　　）

A. 澳大利亚　　　　B. 中国　　　　　C. 加拿大　　　　　D. 美国

5-4. 构建网络入侵检测模型过程中的特征选择的主要目标是（　　）。

A. 增加特征数量　　　　　　　　　　B. 提高特征的多样性

C. 选择与入侵检测任务高相关性的特征　　D. 增加模型训练时间

5-5. KDD Cup 99 数据集不包含哪种攻击类型？（　　）

A. DoS　　　　　　B. Probing　　　　　C. R2L　　　　　D. Heartbleed

二、填空题

5-6. 依据技术划分，网络入侵检测系统的两个主要类型是_____和_____。

5-7. 在基于机器学习的网络入侵检测中，无监督学习方法有_____，监督学习方法有_____（分别举一个例子即可）。

5-8. 深度学习模型在网络入侵检测中的主要优势之一是能够自动_____。

三、简答题

5-9. 简述传统网络入侵检测方法的缺陷，以及使用人工智能技术的网络入侵检测系统的优势。

5-10. 分析在实际应用中，网络入侵检测系统需要解决的主要问题和挑战，并提出可能的解决方案。

183

参考文献

[1] YANG Z，LIU X，LI T，et al. A systematic literature review of methods and datasets for anomaly-based network intrusion detection [J]. Computers & Security，2022，116：1-20.

[2] DENNING D E. An intrusion-detection model[J]. IEEE Transactions on Software Engineering，1987，13（2）：222-232.

第6章 人工智能在网络流量分类领域

184

> **导读**
>
> 本章将深入介绍人工智能在网络流量分类领域的应用,强调随着互联网的发展,精确的网络流量分类对于提升网络性能和安全性的重要性。本章从网络流量分类的基础知识入手,介绍网络流量分类的背景和基本概念、重要性以及技术演进,重点介绍机器学习和深度学习方法在网络流量分类中的应用。此外,还将探讨网络流量分类中的人工智能安全问题,为读者提供全面的行业见解。

> **本章知识点**
>
> - 网络流量分类概述
> - 网络流量分类数据集和分类特征
> - 人工智能在网络流量分类中的应用
> - 网络流量分类的具体实现案例
> - 网络流量分类中的人工智能安全问题

6.1 网络流量分类概述

本节将探讨网络流量分类的背景和基本概念、重要性以及技术演进。网络流量分类技术的发展从未采用人工智能技术的方法,到应用人工智能技术的传统机器学习和深度学习方法,这一演进反映了网络环境变化和技术需求增长的适应,为网络管理和安全监控提供了更精细和高效的手段。

6.1.1 网络流量分类的背景和基本概念

1. 网络流量分类的背景

在数字化时代,互联网已经成为全球社会和经济活动的中枢神经。随着互联网技术的革命性进展,包括光纤和5G连接的普及、多种设备的便捷接入,以及互联网所提供的丰富多样的服务,全球对互联网的依赖度达到了前所未有的高度。根据国际电信联盟

（International Telecommunication Union，ITU）的报告，2023 年全球互联网用户数量已经达到 54 亿，相比 2018 年增长了超过 45%，与 2022 年相比增长了 4.6%。这一增长趋势不仅展示了互联网技术的迅速普及，也反映了数字化生活方式对于个人和企业日常操作的深远影响。

互联网的普及和技术的进步带来了巨大的好处，但同时也带来了新的挑战。互联网服务提供商（Internet Service Provider，ISP）面临着巨大的压力，需要有效管理和分类日益增长的网络流量，以满足服务质量（Quality of Service，QoS）、内容过滤、应用分类等多方面的需求。网络流量，即通过互联网传输的数据，种类繁多，包括从简单的文本和图片传输到复杂的在线交易、流媒体播放和社交网络互动等。随着网络应用的多样化，传统的流量管理和监控手段已经无法满足当前的需求。基于人工智能的技术正在为网络流量分类赋能，成为更加有效的流量分类方法。

2. 网络流量分类的基本概念

（1）IP 数据包（Packet）

IP 数据包（Packet）是在网络中传输数据的基本单位。在数据通信过程中，大块的数据会被分割成更小、更易于管理的单位，称为"数据包"。每个数据包都包含了用于在网络中正确传输和重组数据的控制信息，以及用户数据（称为有效载荷）。控制信息通常包括源地址、目的地址、数据包序号等元数据，这些信息帮助网络设备（如路由器和交换机）正确地将数据包从发送者传输到接收者。

（2）网络流（Flow）

如图 6-1 所示，主机 A 和主机 B 的会话连接建立后，会通过数据包（用 p 表示）来传输信息，一条网络流是指一组数据包序列，这组数据包具有相同的源 IP 地址、目的 IP 地址、源端口、目的端口和传输层协议。

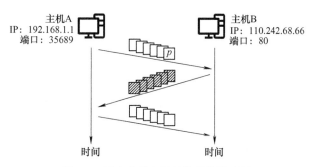

图 6-1　两个主机之间的数据传输示例

所以，主机 A 到主机 B 的数据包可以被看作一条流，主机 B 到主机 A 的数据包，也可以被看作一条流，或者一条单向流。但是在网络流量分类中，通常定义的网络流为双向流，即把从主机 A 到主机 B 的数据包和从主机 B 到主机 A 的数据包序列统一看作一条双向流。

（3）网络流量分类

网络流量分类是将网络流量（即通过网络传输的数据包）按照一定标准或特征分类到

不同类别的过程，涉及分析和识别数据包的属性和行为，确定其应用类型、服务、协议或行为模式（如正常、异常或攻击性）。其目的是为网络管理、安全监控、QoS、带宽管理和用户行为分析等提供数据支持。

如图 6-2 所示，具体的网络流量分类任务有如下几种：

1）对应用层协议：判断流量所属的应用层协议（如 HTTP、HTTPS（超文本传输安全协议）、FTP 等）。

2）对具体应用：判断流量所属的具体应用（APP）。

3）对具体设备：判断流量所属的具体设备类别（如智能家居设备、安全监控设备等）。

4）对异常流量：判断流量是正常的网络活动还是异常的网络活动。

图 6-2 具体的网络流量分类任务

网络流量分类的技术和方法随着网络技术的发展和应用需求的变化而不断进化。人工智能技术的应用，在处理加密流量和高动态性网络环境方面显示出了巨大潜力，为网络管理和安全监控提供了更为精细和高效的手段。

6.1.2 网络流量分类的重要性

在数字经济的时代背景下，网络流量分类的重要性日益凸显，它不仅是网络管理的基础，更是确保网络安全、提升服务质量（QoS）、实施内容过滤和合法监控的关键环节。随着互联网应用的多样化和网络威胁的日益复杂化，它能够精确地对网络流量进行分类，对于维护网络的稳定性和安全性至关重要。

1. 网络流量分类有助于提高服务质量

首先，服务质量的保证依赖于精确的流量分类。网络流量分类技术希望对网络流量进行精确识别和分类，以便于更有效地管理网络资源和提高网络的整体性能。网络流量分类技术可以通过识别流量的来源和类型，为不同类型的网络流量分配适当的资源和优先级。例如，如图 6-3 所示，观看高清视频和大文件下载，通常需要更高的带宽，而在线游戏虽然对带宽要求不高，但往往需要更低的延迟。

图 6-3　不同网络流量对资源的要求

2. 网络流量分类有助于维护经济的稳定运行

从经济角度看，网络流量分类有助于维护经济的稳定运行。在数字化时代，网络服务的稳定性和可靠性对于商业活动和金融交易至关重要。网络流量分类通过确保关键服务的高效运行，间接防止因网络服务不稳定造成的经济损失。例如，在股市交易中，网络流量的低延迟性则显得尤为重要。股票市场的价格变动非常迅速，投资者和交易平台需要实时更新数据来做出交易决策。任何延迟都可能导致投资者错失良机或面临不必要的经济损失。因此，网络流量分类技术在这里发挥着至关重要的作用，通过优先处理与交易执行、市场数据更新相关的流量，交易所能够保证市场参与者获得最新信息，维持市场的公平性和效率。

3. 网络流量分类有利于进行监管网络行为

网络流量分类是监管网络行为的关键工具，特别是在拦截非法或不当活动时至关重要。例如，在大型演唱会售票时，黄牛会用抢票脚本通过自动化方式大量请求购票服务，以获得大众竞争激烈的票务资源，从而破坏公平竞争和正常用户的使用体验。通过有效的网络流量分类技术，可以识别出这种异常流量模式。一旦检测到此类行为，相关系统可以及时阻止这些脚本操作，确保票务分配过程的公平性和合法性。

总之，网络流量分类是网络管理和安全的基石，对于保障互联网服务的质量、维护经济的稳定运行，以及确保网络的安全性和合法性都有着不可或缺的作用。缺乏有效的网络流量分类，不仅会直接影响到服务质量，还可能带来严重的经济损失和安全隐患。

6.1.3　网络流量分类的技术演进

网络流量分类技术的发展历程反映了互联网技术演变的轨迹，以及网络安全领域对新挑战的响应方式。从最初的未采用人工智能技术的方法，如基于端口号的分类方法和深度包检测（Deep Packet Inspection，DPI）方法，再到应用人工智能技术的方法，如基于传统机器学习和深度学习的方法，每一步演进都是对网络环境变化和技术需求增长的适应。本小节将详细介绍每种网络流量分类方法。

1. 未采用人工智能技术的方法

1）基于端口号的分类方法：基于端口号的分类方法作为网络流量分类的起点，以其实施的简易性、成本低廉和低计算资源需求而备受初期网络管理者的青睐。根据互联网名称与数字地址分配机构（The Internet Corporation for Assigned Names and Numbers，ICANN）预定义的端口号，这种方法能够直观地将网络流量与特定的服务或协议关联起来，如图 6-4 所示。

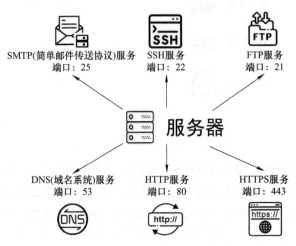

图 6-4　常见服务及其预定义端口号

对于捕获到的网络流量，可以使用 Wireshark[⊖]进行抓包分析。如图 6-5 所示，可以看到对于当前的网络流量，主机（IP 地址为 172.21.22.201）与服务器（IP 地址为 172.21.0.21）进行通信时，服务器的端口号为 53，应用层协议为 DNS，符合 IANA 的预定义端口号 – 服务对应规则。

No.	Time	Source	Destination	Protocol	Length	Info
10	0.010383	172.21.22.201	172.21.0.21	DNS	86	Standard query 0xffae HTTPS node.onekey.so
12	0.010444	172.21.22.201	172.21.0.21	DNS	86	Standard query 0x9ce3 A node.onekey.so
32	0.134736	172.21.0.21	172.21.22.201	DNS	227	Standard query response 0x9ce3 A node.onekey.so A 74.86.12.173 NS e.nic.
37	0.160316	172.21.0.21	172.21.22.201	DNS	87	Standard query response 0xffae Server failure HTTPS node.onekey.so
69	1.358618	172.21.22.201	172.21.0.21	DNS	83	Standard query 0x31dc A www.msftconnecttest.com
91	2.367964	172.21.22.201	172.21.201.22	DNS	83	Standard query 0x31dc A www.msftconnecttest.com
92	2.371360	172.21.201.22	172.21.22.201	DNS	535	Standard query response 0x31dc A www.msftconnecttest.com CNAME ncsi-geo.
94	2.375097	172.21.22.201	172.21.201.22	DNS	83	Standard query 0x03c8 AAAA www.msftconnecttest.com
95	2.378038	172.21.201.22	172.21.22.201	DNS	254	Standard query response 0x03c8 AAAA www.msftconnecttest.com CNAME ncsi-g
116	3.876013	172.21.22.201	172.21.201.22	DNS	83	Standard query 0xd8bf A config.pinyin.sogou.com
117	3.876121	172.21.22.201	172.21.201.22	DNS	83	Standard query 0xd35c AAAA config.pinyin.sogou.com
118	3.879046	172.21.201.22	172.21.22.201	DNS	483	Standard query response 0xd8bf A config.pinyin.sogou.com CNAME ins-drpda

```
Frame 10: 86 bytes on wire (688 bits), 86 bytes captured (688 bits) on interface \Device\NF
Ethernet II, Src: HP_67:cf:70 (bc:0f:f3:67:cf:70), Dst: Cisco_4a:99:7f (00:1b:53:4a:99:7f)
Internet Protocol Version 4, Src: 172.21.22.201, Dst: 172.21.0.21
Transmission Control Protocol, Src Port: 14129, Dst Port: 53, Seq: 3, Ack: 1, Len: 32
[2 Reassembled TCP Segments (34 bytes): #9(2), #10(32)]
Domain Name System (query)
```

```
0000  00 1b 53 4a 99 7f bc 0f  f3 67 cf 70 08 00 45 00
0010  00 48 72 33 40 00 80 06  00 00 ac 15 16 c9 ac 15
0020  15 37 31 00 35 61 8b  6e a8 8b 5c 2e 4e 50 18
0030  04 02 6f 43 00 00 ff ae  01 00 00 01 00 00 00 00
0040  00 00 04 6e 6f 64 65 06  6f 6e 65 6b 65 79 02 73
0050  6f 00 00 41 00 01
```

图 6-5　DNS 数据包抓包示例

然而，随着互联网应用的多样化和复杂化，许多应用程序的服务器开始使用动态或随机端口，或是通过标准端口传递非标准协议的数据流（例如，恶意软件通过 HTTP 端口进行通信），使得基于端口号的分类方法的准确性大打折扣。研究发现，在处理 P2P 网络流量等场景时，基于端口号的分类方法的性能不尽如人意，因为标准端口的流量只占网络流量的一小部分，从而导致高达 70% 的流量无法被正确分类。再加上，不同的应用之间可

⊖　Wireshark 是一个常见的网络流量分析工具，可以对数据包内容进行解析，也可以直接分析出具体的应用层协议。

能会使用相同的服务，具有相同的应用层协议，即使基于端口号的分类方法可以识别到该网络流量属于什么协议，也无法区分具体的应用程序。

2）深度包检测（DPI）方法：如图 6-6 所示，DPI 方法通过分析网络流量的有效载荷来进行网络流量的分类，所以也称为基于签名的识别。DPI 方法克服了基于端口号的分类方法的缺点，因为它不单单依据端口号，也会考虑数据包中的其他数据。

如图 6-6 所示，DPI 方法从数据包内容中提取签名，用于分类网络流量。签名库由与应用程序相关的签名记录组成。该方法允许分类器检查单个数据包或聚合数据包的内容，并根据签名库检查它们；如果发生匹配，则发出匹配信号，并将流量与对应的类别相关联。与基于端口号的识别相比，这种方法提高了准确性，即使应用程序或服务使用非标准端口，也能够被准确分类和识别。

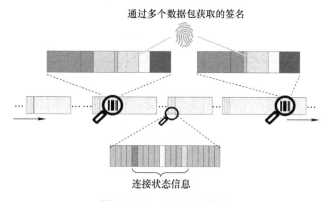

通过多个数据包获取的签名

连接状态信息

图 6-6　DPI 方法的示意图

尽管 DPI 方法克服了基于端口号的分类方法的缺点，能够解决部分应用进行端口随机化和使用非标准端口的情况，但它仍然具有其他缺点：①对计算资源的高需求，包括强大的计算能力和大量存储空间用于实时处理和维护签名数据库；②隐私和合法性问题，涉及对用户数据的深入检查可能与隐私保护法律和政策相冲突。

2. 应用人工智能技术的方法

1）基于传统机器学习的方法：在面对由加密流量带来的新挑战时，基于传统机器学习的方法发挥了重要作用。这些方法不依赖于数据包有效载荷中的明文信息，而是从加密流量中提取统计特征或行为特征进行分析。例如，它们可以分析流量的大小、数据包间隔、传输方向和协议类型等信息，然后使用决策树、SVM、KNN 等算法进行学习和分类。这些基于传统机器学习的方法在处理动态变化的网络流量方面展示了较强的适应性，尤其是在识别特定类型的加密流量方面。

2）基于深度学习的方法：随着人工智能技术的快速发展，基于深度学习的方法成为加密流量分析的前沿选择。这些方法利用深度神经网络，自动从原始的加密流量数据中学习深层次的特征表示。深度学习方法通过自动化特征提取，省去了复杂的人工特征设计过程，显示出在处理加密流量、适应未知流量类型以及处理大数据量时的显著优势。特别是在对加密流量的统计特征或行为特征进行分析时，深度学习方法能够捕捉到更细微的模式变化，提高分类的准确性和鲁棒性。

总之，面对加密流量分析的挑战，人工智能技术，尤其是基于深度学习的方法，为网络安全和流量管理提供了新的解决方案。通过利用加密流量的统计和行为特征，这些先进的分析方法能够在保护用户隐私的同时，确保网络连接的安全性。

表 6-1 总结了各种网络流量分类方法的优缺点，需要注意的是，虽然基于深度学习的方法具有良好的分类准确率和较高的鲁棒性，但它对所部署服务器的性能有较高的要求。因此没有任何一种分类方法是完美的，在选择合适的网络流量分类方法时，需要根据当前的第一需求来进行选择。

表 6-1 各种网络流量分类方法的优缺点

分类方法	简单易实施	计算资源需求低	可以无视端口随机化	准确率高	能够处理加密流量	鲁棒性强
基于端口号的方法	√	√	×	×	×	×
深度包检测	√	×	√	×	√	×
基于传统机器学习的方法	√	×	√	√	√	√
基于深度学习的方法	×	×	√	√	√	√

6.2　网络流量分类数据集和分类特征

为了建立准确有效的网络流量分类模型，训练和评估过程中使用合适的数据集至关重要。这一节将介绍在网络流量分类研究中常用的几种主流数据集，并探讨数据预处理和特征工程的重要性。

6.2.1　网络流量分类的主流数据集介绍

为了构建良好的网络流量分类模型，必须利用数据集进行训练和评估。研究人员通常会使用私有收集的数据集或公共数据集。本小节总结了在网络流量分类领域广泛应用的四个数据集，涵盖了 VPN 流量分类、移动应用流量分类、物联网流量分类、工业物联网流量分类等多个任务场景。在表 6-2 中总结了这些数据集的总体情况。

表 6-2 主流流量分类数据集总结

数据集	任务场景	是否带标签	数据集形式	发布年份
ISCXVPN2016	VPN/非 VPN	是	Full PCAP	2016
Cross-Platform	移动应用	是	Full PCAP	2019
Edge-IIoTse	工业物联网	是	Full PCAP	2022
MonIoTr	物联网	是	Full PCAP	2019

1) ISCXVPN2016 数据集（https://www.unb.ca/cic/datasets/vpn.html）：ISCXVPN2016

数据集是 2016 年由加拿大网络安全研究所（Canadian Institute for Cybersecurity，CIC）收集的 VPN/非 VPN 网络流量数据集，其官网界面如图 6-7 所示。它包含多种应用程序的网络流量，这些应用程序分为七个流量类别，包括浏览、电子邮件、聊天、流媒体、文件传输、VoIP 和 P2P。

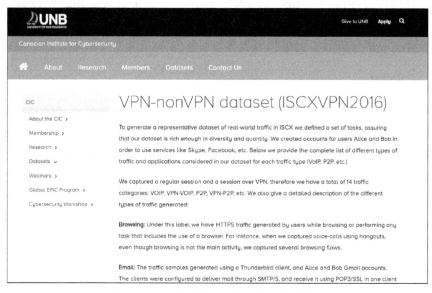

图 6-7　ISCXVPN2016 数据集的官网界面

2）Cross-Platform 数据集（https://recon.meddle.mobi/cross-market.html）：Cross-Platform 数据集是一个相对全面的移动应用数据集，其官网界面如图 6-8 所示。它包含了多款 iOS 和 Android 应用程序。这些 iOS 和 Android 应用是从三个国家的最受欢迎的前 100 款应用中收集的。

图 6-8　Cross-Platform 数据集的官网界面

3）Edge-IIoTse数据集（https://ieee-dataport.org/documents/edge-iiotset-new-comprehensive-realistic-cyber-security-dataset-iot-and-iiot-applications）：Edge-IIoTse 数据集是一个公开的工业物联网数据集，其官网界面如图 6-9 所示。在捕获网络流量的过程中，测试平台分为七层，包括云计算层、网络功能虚拟化层、区块链网络层、雾计算层、软件定义网络层、边缘计算层以及物联网和 IIoT 感知层。物联网数据来自各种物联网设备，如用于感知温度和湿度的低成本数字传感器、超声波传感器、水位检测传感器、pH 传感器计、土壤湿度传感器、心率传感器、火焰传感器等。

图 6-9　Edge-IIoTse 数据集的官网界面

4）MonIoTr 数据集（https://moniotrlab.khoury.northeastern.edu/publications/imc19/）：MonIoTr 数据集是一个物联网设备产生的网络流量数据集，其官网界面如图 6-10 所示。该数据集涵盖多款物联网设备，包括摄像头、智能集线器、智能灯、插座、恒温器、电视、智能扬声器、冰箱等。该数据集使用 tcpdump 捕获，每个 MAC（介质访问控制）地址保存为一个文件，以区分来自不同设备的网络流量。

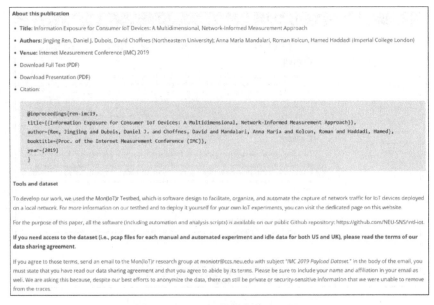

图 6-10　MonIoTr 数据集的官网界面

6.2.2　网络流量的数据预处理和特征表示

网络流量的数据预处理和特征表示在网络流量分类领域中扮演着至关重要的角色。在现代的网络流量分析中，网络流量的数据预处理和特征表示是关键步骤，直接影响分类和检测的效果。本小节将探讨如何通过使用工具和技术对网络流量数据进行预处理，并生成有效的特征表示。首先，本小节将介绍 tshark 工具在捕获、过滤和分析网络流量数据包中的应用。接下来，将探讨 SplitCap 工具如何根据不同标准拆分 pcap 文件以提高处理效率。然后，讲解 dpkt 这个 Python 第三方库如何解析 pcap 文件并生成适合机器学习和深度学习模型输入的数据格式。最后，详细阐述网络流量的三种主要特征表示方法，包括统计特征、序列特征和图特征。

1. tshark

tshark 是 Wireshark 网络协议分析软件的命令行版本，它允许用户捕获和浏览计算机网络上传输的数据包的细节。tshark 继承了 Wireshark 的强大功能，提供了一种更适合自动化和批处理操作的方式来分析网络流量。用户可以在没有图形用户界面的环境中使用 tshark 执行数据包捕获、过滤和分析任务，这种特性使得 tshark 非常适合在服务器和脚本环境中使用。

tshark 能够捕获实时的网络流量，也可以分析已经保存的数据包文件。它支持多种网络协议的解析，能够提取出数据包中的各种信息，如源和目的 IP 地址、端口号、协议类型以及其他更多的协议特定字段。此外，tshark 提供了丰富的过滤功能，允许用户根据复杂的条件来筛选符合条件的数据包，这对于网络流量分析和数据预处理非常有帮助，接下来将介绍一部分 tshark 的简单常用操作。

（1）读取抓包文件

使用 –r|--read-file 参数读取抓包文件，命令如下：

tshark –r <filename>

如图 6-11 所示，使用 tshark–r 命令会简略地把 pcap 文件的数据包信息打印出来，可以看到这是两主机之间的交互。

图 6-11　读取抓包文件示例

（2）输出为特定格式（–T）

指定输出格式可以是：ek|fields|json|jsonraw|pdml|ps|psml|tabs|text。比如输出为 JSON 格式的命令如下：

tshark –n –r <filename> –T json

如图 6-12 所示，可以将 pcap 文件中的数据包按照 JSON 格式解析。JSON（JavaScript Object Notation）是一种轻量级的数据交换格式。JSON 格式被设计为易

193

于人类阅读和编写，同时也易于机器解析和生成。JSON 格式的文件内容由键值对和值的列表构成。图 6-12 中，每个数据包的属性和其对应值都按照键值对给出，所有数据包的属性和对应值构成一个列表，形成了 JSON 文件。当按照 JSON 文件输出 pcap 文件中的数据包属性和对应值后，更加便于后续通过其他工具（如 Python 脚本）进行处理。


```
[
  {
    "_index": "packets-2023-07-25",
    "_type": "doc",
    "_score": null,
    "_source": {
      "layers": {
        "frame": {
          "frame.encap_type": "210",
          "frame.time": "Jul 25, 2023 17:12:42.589264000 CST",
          "frame.offset_shift": "0.000000000",
          "frame.time_epoch": "1690276362.589264000",
          "frame.time_delta": "0.000000000",
```


图 6-12　将 pcap 文件解析成 JSON 格式的示例

（3）筛选过滤数据包

此选项常用来过滤分析符合过滤表达式的数据包，相当于 Wireshark 最上面的过滤筛选栏功能。在获取每条网络流的数据包时，有时可能需要过滤掉一部分缺乏实际含义或者对网络流量分类模型没有贡献的数据包，例如过滤 TCP 重传、快速重传、DUP ACK 等数据包，可以使用命令：tshark –n –r <filename> –Y 'tcp.stream eq 2 && (tcp.analysis.retransmission or tcp.analysis.fast_retransmission or tcp.analysis.duplicate_ack) '–t d，运行结果如图 6-13 所示。


```
165   0.115866  192.168.1.3 → 114.67.251.123 TCP 1244 [TCP Retransmission] 58865 → 40616 [PSH, ACK] Seq=3160 Ack=1914 Win=262656 Len=1190
167   0.000218  192.168.1.3 → 114.67.251.123 TCP 1244 [TCP Retransmission] 58865 → 40616 [PSH, ACK] Seq=551 Ack=1914 Win=262656 Len=1190
168   0.000050  192.168.1.3 → 114.67.251.123 TCP 1244 [TCP Retransmission] 58865 → 40616 [PSH, ACK] Seq=1741 Ack=1914 Win=262656 Len=1190
169   0.000000  192.168.1.3 → 114.67.251.123 TCP 283 [TCP Retransmission] 58865 → 40616 [PSH, ACK] Seq=2931 Ack=1914 Win=262656 Len=229
198   0.200488 114.67.251.123 → 192.168.1.3  TCP 1165 [TCP Spurious Retransmission] 40616 → 58865 [PSH, ACK] Seq=10563 Ack=4350 Win=39936
199   0.000074  192.168.1.3 → 114.67.251.123 TCP 66 [TCP Dup ACK 195#1] 58865 → 40616 [ACK] Seq=4351 Ack=11674 Win=262912 Len=0 SLE=10563
200   0.027773  192.168.1.3 → 114.67.251.123 TCP 54 [TCP Retransmission] 58865 → 40616 [FIN, ACK] Seq=4350 Ack=11674 Win=262912 Len=0
```

图 6-13　过滤 TCP 重传、快速重传、DUP ACK 数据包

tshark 是一个非常灵活的网络流量分析工具，关于 tshark 的操作还有很多，这里就不一一列举了，感兴趣的读者可以查阅官方文档自行了解（https://tshark.dev/）。

2. SplitCap

SplitCap 是一款免费工具，用于根据不同的标准将捕获文件（pcap 文件）拆分成更小的文件。与 tshark 相比，它更加小巧，功能虽然没有 tshark 那样丰富，但它是为了网络流量分类处理所定制的工具，所以使用起来更加方便，学习成本也十分低，上手也更加快捷。下面介绍常用的 SplitCap 命令和操作。

（1）分割大型 pcap 文件

大型捕获文件（如几千兆字节的 pcap 文件）不太方便使用。它们加载到 Wireshark 和 NetworkMiner 等工具的速度很慢，所以最好的方法是先将其分割成小的 pcap 文件，方便后续处理。解决这个问题的方法有很多，例如使用 tcpdump 并结合 BPF 过滤规则，指定 IP 地址或端口号分割文件，或者使用 editcap 工具通过指定每个文件的最大数据包数或秒

数将捕获文件分割成时间片段。不过，如果需要根据 IP 地址、MAC 地址或 TCP/UDP 会话将大型捕获文件分割成较小的文件，那么 SplitCap 就是最合适的工具。默认拆分选项"会话"将为原始捕获文件中的每个唯一的 TCP 或 UDP 会话创建一个单独的 pcap 文件。命令示例如下：

SplitCap.exe –r large.pcap –s session –o "D：\sessions\"

（2）取消分割和拆分

时间切片是迄今为止分割捕获文件最常用的方法，使得长时间运行的数据包捕获程序会在预定的时间或数据包数量后滚动到新的 pcap 文件。然而，时间切片并不总是分割捕获文件的最佳方式。其中一个例子是 WiFi 捕获，被嗅探到的数据包可能来自几个不同的网络。Wireshark 以及 tshark 在分析包含来自多于一个 BSSID 的数据包的捕获文件时，经常遇到 WPA（WiFi 保护接入）解密问题（使用 wpa-psk 或 wpa-pwd）。这个问题可以通过首先使用 mergecap 解除 pcap 文件的拼接，然后基于 BSSID 使用 SplitCap 的"–s bssid"开关分割数据包来解决。在 Windows 中解除拼接与分割的示例命令如下：

mergecap.exe –F pcap –w –D：\wifi-capture*.pcap | SplitCap.exe –r – –s bssid

效果如图 6-14 所示。

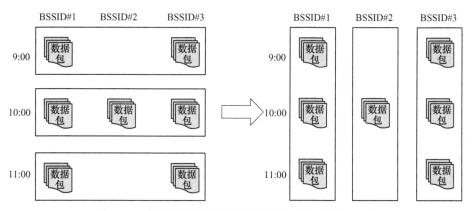

图 6-14 将按照时间分割的数据包转为按照 BSSID 分割

（3）过滤 IP 地址或者端口

从 1.5 版本开始，SplitCap 也可以用来高效地基于一个或多个 IP 地址或 TCP/UDP 端口号过滤大型 PCAP 文件。只需使用"–s nosplit"选项，结合一个或多个"-port"或"–ip"开关来指定保留来自大型 pcap 文件的哪些流量。与 tshark 相比，SplitCap 进行这种类型的过滤速度更快，且内存使用量更少。示例命令如下：

SplitCap.exe –r dumpfile.pcap –ip 1.2.3.4 –port 80 –port 443 –s nosplit

3. dpkt

dpkt 是一个用于快速、简单地创建和解析数据包的 Python 模块，包含基本 TCP/IP 的定义。与 tshark 和 SplitCap 不同，dpkt 并不是一个独立的软件，而是基于 Python 编写的第三方库，可以直接对 pcap 或 pcapng 进行处理，直接生成可以输入到传统机器学习方法或者深度学习的神经网络中的数据形式，一步到位，免去了多余的处理步骤。接下来，将介绍 dpkt 用来解析网络流量的常规操作。

（1）安装

安装 dpkt 非常简单，只需要直接通过 pip 安装即可，示例代码如下：

```
pip install dpkt
```

（2）打开 pcap 文件并遍历数据包

dpkt 遍历 pcap 文件中的数据包的方式非常简单，只需要打开文件，通过 for 循环的方式即可遍历数据包，示例代码如下：

```
f=open（'test.pcap'）
pcap=dpkt.pcap.Reader（f）
for ts，buf in pcap:
    print ts，len（buf）
```

需要注意的是，dpkt.pcap.Reader 默认解析的数据包由时间戳（ts）和缓冲数据（buf）组成，后续如果需要对数据包的内容进行分析，只需要对 buf 进行分析即可。

（3）逐层解析数据包

在用 dpkt 解析数据包内容时，需要由下（链路层）至上（应用层）逐层解析。

1）解析成以太网帧，示例代码如下：

```
eth=dpkt.ethernet.Ethernet（buf）
```

2）获取网络层（IP 层）内容，示例代码如下：

```
ip=eth.data
```

需要注意的是，在继续往上解析之前，最好判断获取到的数据符不符合 IP 层的规范，dpkt 提供了很多种协议类型的预定义对象，可以直接通过 isinstance 函数来判断，示例代码如下：

```
if isinstance（eth.data，dpkt.ip.IP）:
    # 继续处理
else:
    # 丢弃此数据包
```

通常在处理数据包时，还需要获取 IP 层头部的一些属性字段，dpkt 内置了很多 IP 层头部属性以供获取，具体内容读者可以在官方文档中进行查阅：https://dpkt.readthedocs.io/en/latest/。

3）获取传输层内容，示例代码如下：

```
tcp=ip.data # 获取 TCP 层内容
udp=ip.data # 获取 UDP 层内容
```

在不知道该数据包的传输层协议是 TCP 还是 UDP 时，可以结合 2）中的实例判断，使用 dpkt 预定义的 TCP 和 UDP 对象，来判断 IP 层的数据部分符合哪个协议的规范，然后再将变量命名为对应的协议名称，示例代码如下：

```
if isinstance（ip.data，dpkt.tcp.TCP）：
    tcp=ip.data
elif isinstance（ip.data，dpkt.udp.UDP）：
    udp=ip.data
```

由于 TCP 和 UDP 的头部具有不同的字段和属性信息，以及基于 TCP 和 UDP 的应用层具有不同的协议类型，所以建议从传输层开始，对于二者分别进行后续的处理操作。

与 IP 层类似，通常在处理数据包时，还需要获取传输层头部的一些属性字段，dpkt 内置了很多属性，关于 TCP 和 UDP 的头部属性名称和含义的具体内容，读者可以在官方文档中进行查阅。

4）获取应用层内容，需要注意的是，dpkt 并没有 tshark 那样不断更新的应用层协议库，所以对应用层的解析有限，只能通过传输层的数据部分（tcp.data 或者 udp.data）来获取应用层的数据，手动解析。

4. 特征表示

接下来将详细介绍网络流量的三种主要特征表示方法，包括统计特征、序列特征和图特征。这些特征表示方法为网络流量分类和分析提供了不同的视角和工具。

（1）将网络流量表示为统计特征

网络流量的统计特征通过对网络数据包的多个属性进行统计和汇总来实现。这些特征可以包括数据包的个数、负载的总字节数、数据包的到达时间间隔、流的持续时间等。这种方法通过提取基本的统计量，如平均值、方差、最大值和最小值等，来表示网络流量的整体特性。下面以获取流量的数据包包长为例，介绍将网络流量表示为统计特征的步骤：

1）数据收集：流量数据通常以数据包的形式存储，每个数据包包含多种信息，如源 IP、目的 IP、协议类型、包长等。设捕获到的数据包集为 $P = \{p_1, p_2, \cdots, p_j, \cdots, p_N\}$，式中，$N$ 是数据包的总数，每个数据包 p_j 的包长是 l_j。

2）流量分组：根据特定的流定义，将数据包分组为流。一个流可以根据五元组（源 IP 地址、目的 IP 地址、源端口、目的端口和协议）来定义，即相同五元组的数据包归为同一个流。定义流集为 $F = \{f_1, f_2, \cdots, f_i, \cdots, f_M\}$，式中，$M$ 为流的总数。每个流 f_i 由一组数据包组成：$f_i = \{p_j \mid p_j \in f_i\}$。

3）统计特征计算：对每个流提取统计特征。以数据包的平均包长为例，计算每个流中数据包的平均包长。设 f_i 中数据包的数量为 n_i，则流 f_i 的平均包长 $\bar{l}_i$ 计算如下：

$$\bar{l}_i = \frac{1}{n_i} \sum_{p_j \in f_i} l_j \tag{6-1}$$

式中，l_j 是数据包 p_j 的包长；$n_i = |f_i|$ 表示流 f_i 中参与统计的数据包数量。

197

通过上述步骤，可以将每个流表示为包含其数据包平均包长的特征向量：$v_i = (\bar{l}_i)$。这种表示方法的优点是计算简单，易于实现，且在处理简单分类任务时效果显著。然而，统计特征在面对复杂和多变的网络流量时可能不足以提供足够的信息，从而影响分类效果。

（2）将网络流量表示为序列特征

将网络流量表示为序列特征是通过捕捉数据包的时间序列信息来实现的。每条网络流可以看作由按时间顺序排列的数据包组成，这些数据包的长度、到达时间间隔等特性形成了序列特征。下面以获取流量的数据包包长序列为例，介绍将网络流量表示为序列特征的步骤：

1）数据收集：与表示为统计特征一致，不再赘述。

2）流量分组：与表示为统计特征一致，不再赘述。

3）序列特征提取：对每个流提取序列特征。以数据包的包长序列为例，生成每个流中的数据包包长序列。设 f_i 中数据包的包长序列为 L_i，则

$$L_i = (l_{i1}, l_{i2}, \cdots, l_{ik}, \cdots, l_{in_i}) \tag{6-2}$$

式中，l_{ik} 是流 f_i 中第 k 个数据包的包长。

通过上述步骤，可以将每个流表示为包含其数据包包长序列的特征向量：$v_i = (l_{i1}, l_{i2}, \cdots, l_{in_i})$。这种序列特征的提取方法能够捕捉流量数据的时间动态变化，为后续的流量分类和分析提供了丰富的信息，特别适用于基于时间序列的人工智能模型。

（3）将网络流量表示为图特征

图特征表示方法通过构建网络流量的图结构来捕捉数据包之间的复杂关系和拓扑结构。网络流量中的每个数据包可以被视为图中的一个顶点，数据包之间的交互和依赖关系可以被表示为边。在介绍如何将网络流量表示为图特征之前，首先介绍"突发"（Burst）的概念，它在构建流图时至关重要。设 F 表示整个数据流，$F = \{p_1, p_2, \cdots, p_i, \cdots, p_N\}$，式中，$p_i$ 是第 i 个数据包。第 i 个数据包的方向用 $d(p_i)$ 表示。突发 b 是 F 的一个子集，$b \subseteq F$，突发 b 中的数据包满足以下条件：

1）对于 b 中的任意两个连续数据包 p_i 和 p_{i+1}，它们之间没有来自相反方向的数据包插入。即对于 $\forall p_i, p_j \in b$，都有 $d(p_i) = d(p_j)$。

2）对于所有突发 $B = \{b_1, b_2, \cdots, b_k\}$，它们的并集等于整个流 F：$\bigcup_{i=1}^{k} B_i = F$。

3）对于相邻的突发 b_i 和 b_{i+1}，它们之间的交集为空：$b_i \bigcap b_{i+1} = \varnothing$。

4）对于相邻的突发 b_i 和 b_{i+1}，数据包方向相反，即对于 $\forall p_i \in b_i, p_j \in b_{i+1}$，都有 $d(p_i) \neq d(p_j)$。

在了解突发的概念之后，可以进行流图的构建，如图 6-15 所示，标记从服务器到客户端的数据包方向为正向，从客户端到服务器的数据包方向为负向，可以将任意一条流构建成流图。

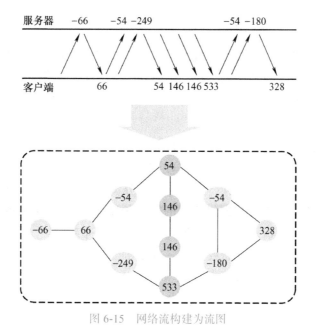

图 6-15　网络流构建为流图

6.3　人工智能在网络流量分类中的应用

如图 6-16 所示，人工智能应用于网络流量分类的四个基本步骤，分别是流量采集、流量表示、流量分析和表现评估，6.2 节已经介绍过了流量采集与流量表示步骤，本节将着重对流量分析和表现评估进行介绍。

具体来说，本节将详细介绍机器学习方法（包括决策树和 k 均值）在网络流量分类中的应用，以及深度学习方法（包括 LSTM 网络和 GNN）在网络流量分类中的应用。另外，本节还将介绍模型训练与性能评估的重要性，探讨如何使用混淆矩阵、ROC（Receiver Operating Characteristic）曲线等工具来评价模型的有效性。这些评估指标对于开发和优化网络流量分类模型至关重要。

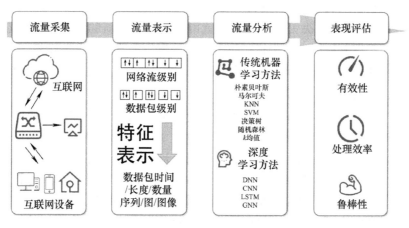

图 6-16　人工智能在网络流量分类中的应用

6.3.1 机器学习方法在网络流量分类中的应用

随着人工智能技术的快速发展，机器学习方法在网络流量分类中的应用日益广泛，为解决传统方法难以克服的问题提供了新的思路和工具。本小节将介绍两种在当前网络流量分类领域常用的机器学习方法。

1. 决策树在网络流量分类中的应用

决策树（Decision Tree）是一种有监督的机器学习方法，由有向边和节点组成，包括根节点、内部节点和叶节点。从根节点到每个叶节点的路径对应一个决策序列。决策树常用的算法有 ID3、C4.5 和 CART。在网络流量分类的场景中，决策树可以根据流量的特征，如数据包个数（x_1）、所有数据包负载的字节长度（x_2）、网络流的持续时间（x_3），来决定网络流属于哪一个类别。下面是决策树算法的执行步骤：

1）特征选择：首先，算法需要选择一个特征进行数据集的分割。这个选择基于减少不确定性的原则，通常使用信息增益（Information Gain，IG）或基尼不纯度（Gini Impurity，GI）来衡量。对于特征 x_j，信息增益可以表示为

$$\mathrm{IG}(D_p, x_j) = I(D_p) - \sum_{k=1}^{m} \frac{|D_k|}{|D_p|} I(D_k) \tag{6-3}$$

式中，I 是不确定性的度量（如熵）；D_p 是父节点的数据集；D_k 是根据特征 x_j 的值划分后的子节点数据集；m 是子节点的数量。

2）树的分割：根据选定的特征和划分点，将数据集分割成两个或多个子集。这个过程相当于在决策树中添加一个决策节点，其中节点的划分准则是最大化信息增益或最小化基尼不纯度，从而确保每个子集内的数据具有更高的同质性，即同一子集内的数据样本更可能属于同一类别。通过这样的分割操作，决策树能够逐步细化对数据集的分类，提高分类的准确性。

3）递归构建子树：对每个子集重复步骤1）和2），递归地构建子树。每个子树代表数据集的一个子区域。递归进行，直到满足某个停止条件，如节点的数据量小于预设的阈值，或者节点的数据均属于同一类别。

4）决策和预测：一旦决策树被构建，就可以用它来对新的网络流进行分类。对于一个新的网络流，根据其特征在树中进行决策路径的遍历，直到达到一个叶节点。叶节点的类别就是预测的类别：$C_{\mathrm{pred}} = \mathrm{argmax}_{C_k} P(C_k | X)$。其中，$C_{\mathrm{pred}}$ 是预测的类别；$P(C_k | X)$ 是给定特征 X 时，网络流属于类别 C_k 的概率。

5）剪枝：为了避免过拟合，可能需要对决策树进行剪枝，删除一些不必要的节点。剪枝可以在树构建过程中（预剪枝）或构建完成后（后剪枝）进行。

如图 6-17 所示，可视化展示了一个基于网络流量数据特征进行分类的决策树模型，该模型对三个应用（A、B 和 C）进行分类。从决策树顶部的根节点开始，基于"ACK Flag Count"（网络流量的数据包 ACK 标志计数）特征将流量分为两个主要分支。随后，每个分支根据"Bwd IAT Min"（反向数据包时间间隔序列的最小值）特征进一步细分，

直至达到叶节点。每个节点显示了以下信息：

1）分割条件：如 "ACK Flag Count <=1.0"，是决策树在该节点处进行分割的条件。

2）基尼不纯度：衡量节点样本混合度的指标，值越小，表示该节点的分类越 "纯净"。

3）样本数：通过该节点的样本总数。

4）样本分布（value）：表示每个分类的样本数量，如 [776.0，2.089，0.0]。

5）类别：叶节点基于样本分布得出的主要类别，例如 "class=A"。

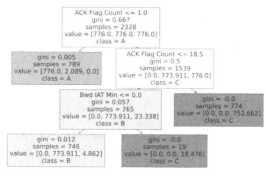

图 6-17　构建好的决策树的可视化

2. k 均值在网络流量分类中的应用

与决策树不同，k 均值（k-means）是一种典型的无监督学习方法，不需要数据的标签，它主要用于聚类分析，一般适用于没有类别标签的情况。在网络流量分类中，k 均值可以根据网络流的特征，如数据包个数（x_1）、所有数据包负载的字节长度（x_2）、网络流的持续时间（x_3），自动将网络流划分为多个簇。下面是 k 均值算法的执行步骤：

1）确定 k 值：确定要形成的簇的数量 k。k 是一个超参数，需要事先确定。

2）随机初始化聚类中心：随机选择 k 个初始聚类中心 $\boldsymbol{\mu}_c = \{\boldsymbol{\mu}_{c1}, \boldsymbol{\mu}_{c2}, \cdots, \boldsymbol{\mu}_{ck}\}$。

3）分配数据点到最近的聚类中心：对于数据集中的每个网络流特征向量 $\boldsymbol{X}_i = (x_{i1}, x_{i2}, x_{i3})$，计算它与所有聚类中心 $\boldsymbol{\mu}_c$ 的距离，并将其分配到最近的聚类中心所代表的簇中。距离的计算通常使用欧几里得距离：

$$d(\boldsymbol{X}_i, \boldsymbol{\mu}_c) = \sqrt{\sum_{j=1}^{3}(x_{ij} - \mu_{cj})^2} \tag{6-4}$$

然后，对于每个 $\boldsymbol{X}_i$，找到使得 $d(\boldsymbol{X}_i, \boldsymbol{\mu}_c)$ 最小的 $\boldsymbol{\mu}_c$，并将 $\boldsymbol{X}_i$ 分配到该聚类中心的簇。

4）更新聚类中心：每个簇的中心更新为簇内所有点特征的均值，有 $\boldsymbol{\mu}_c = \dfrac{1}{N_c}\sum_{i \in S_c} \boldsymbol{X}_i$，式中，$S_c$ 是第 c 个簇中所有点的集合；N_c 是 S_c 中点的数量。

5）迭代直至收敛：重复步骤 3）和 4），直到聚类中心的变化小于某个预设阈值，或达到预设的迭代次数，算法结束。

图 6-18 所示为 k 均值聚类结果的可视化。图中的圆形、星形和三角形表示三个不同类别的数据通过主成分分析降维之后，在空间中的分布位置。三个空白圆圈表示当 k 均值的超参数 k 为三时，三个聚类中心在空间中的位置。从图 6-18 中可以看出聚类效果良好，对于每一个类别的数据，都有唯一的聚类中心与其位置最近，且三个聚类中心在空间中分布较为均匀。

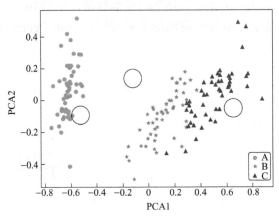

图 6-18　k 均值聚类结果的可视化

除了以上重点介绍的两个机器学习方法以外，还有许多机器学习方法也在网络流量分类领域有所应用，感兴趣的读者可以自行了解，本小节不做过多介绍。

6.3.2　深度学习方法在网络流量分类中的应用

上一小节探讨了机器学习方法在网络流量分类中的应用，以及它们在处理各种流量数据特征时的优势。尽管这些方法在某些场景下表现出色，但它们在处理大规模、高维度以及复杂的非线性的流量数据分类任务时可能遇到限制。此外，当数据集中存在长期依赖或需要从原始数据中自动提取复杂特征时，这些方法的效果可能不如预期。

随着人工智能技术的发展，以及软硬件的适配性、底层算力的提升，深度学习方法在各个领域都有了广泛的应用，在网络流量分类领域也是如此。本小节将介绍两种神经网络在网络流量分类领域的应用，它们分别是长短期记忆（LSTM）网络和图神经网络（GNN）。

1. LSTM 网络在网络流量分类中的应用

LSTM 网络特别适合处理具有时间序列特性的样本数据，这使得它在网络流量分类领域中十分有效。网络流量自然表现为时间序列数据，每条网络流由一系列按时间顺序排列的数据包组成。这些数据包的长度、到达时间间隔以及其他特征展现了网络流在时间上的动态变化。LSTM 网络的优势在于其能够捕捉这些数据包之间的时间序列关系，这对于理解网络流的行为模式至关重要。例如，对于一条流来说，其中一个数据包的特性（如包长、到达时间等）可能不仅与前一个数据包有关，还可能受到更早之前多个数据包的影响。LSTM 网络能够捕捉这种长期依赖关系，对于理解和建模网络流的整体行为至关重要。

为了将网络流量数据适配到 LSTM 网络模型进行分类，必须将网络流处理成时间序列数据的形式。这包括将网络流按时间顺序组织成数据包特征序列，如数据包长度、到达间隔等，并确保序列数据的一致性，如通过填充或截断处理不同长度的序列。通过这样的预处理，LSTM 网络能够有效地对网络流量进行时间序列分析，为网络流量管理和安全监测提供强大的支持。如图 6-19 所示，以数据包的包长序列为特征，应用 LSTM 网络算法生成流向量（Flow Vector）。

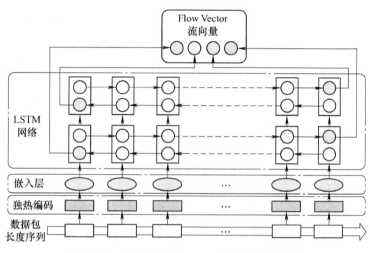

图 6-19　包长序列通过 LSTM 网络生成流向量

2. GNN 在网络流量分类中的应用

GNN 为网络流量分类提供了一种独特的方法，在捕捉数据的拓扑结构和复杂关系方面优于 LSTM 网络。GNN 通过直接处理图形结构数据，可以有效地学习网络流量中数据包间的交互模式，包括数据包的转发顺序、响应关系以及它们之间的其他复杂关联。与此同时，GNN 在模型设计上具有对图的置换不变性，这意味着无论数据包的顺序如何，模型都能够识别出一致的模式。此外，GNN 的邻域聚合功能使得模型能够灵活地捕捉局部网络结构特性，这在检测异常行为和局部流量模式方面非常有效。通过集成来自网络流量图中不同类型节点和边的信息，GNN 可以提供一个全面的网络流量分析视角。最后，GNN 可以很好地处理动态变化的网络流量数据，随时间更新节点和边的状态，捕捉网络流量的动态特征。

6.3.3　模型的评估

在进行网络流量分类的过程中，模型的正确评估是至关重要的。下面将从有效性指标、效率指标和鲁棒性讨论三个方面展开进行介绍。

1. 有效性指标

1）混淆矩阵（Confusion Matrix）：混淆矩阵是一个 $N \times N$ 的矩阵，N 代表的是分类标签个数。例如二分类模型的标签为 1 或 0，那么 N 为 2；如果是多分类模型（例如标签为应用 A、应用 B 和应用 C），那么 N 为 3，N 等于标签的数量。

为了便于理解，以下采用二分类（只有应用 A 和应用 B 两个类别）任务为例来介绍，也就是混淆矩阵为 2×2 的矩阵，具体见表 6-3。其中，以应用 A 为正例，则真正例（True Positive）表示模型正确地将 A 类样本预测为 A 类，假负例（False Negative）表示模型错误地将 A 类样本预测为 B 类，假正例（False Positive）表示模型错误地将 B 类样本预测为 A 类，真负例（True Negative）表示模型正确地将 B 类样本预测为 B 类。

表 6-3　二分类混淆矩阵

类别	预测为 A 类（Positive）	预测为 B 类（Negative）
实际为 A 类（Positive）	真正例（TP）	假负例（FN）
实际为 B 类（Negative）	假正例（FP）	真负例（TN）

混淆矩阵提供了一个直观的方式来识别分类模型在预测不同类别时的准确率。通过分析混淆矩阵，可以计算出各种性能指标，如准确率、召回率、精确率、F1 评分等，这些指标可以帮助更全面地评估和理解模型的性能。

为了简化描述，以下评估指标也以二分类（只有 A 类和 B 类，其中 A 类为正例，B 类为负例）为例进行讨论。

① 真阳性率（True Positive Rate，TPR）：也被称为灵敏度（Sensitivity）或召回率（Recall），表示正确识别为 A 类的样本占所有实际 A 类样本的比例，即 $\mathrm{TPR} = \dfrac{\mathrm{TP}}{\mathrm{TP} + \mathrm{FN}}$。

② 假阳性率（False Positive Rate，FPR）：表示错误识别为 A 类的样本占所有实际 B 类样本的比例，即 $\mathrm{FPR} = \dfrac{\mathrm{FP}}{\mathrm{FP} + \mathrm{TN}}$。

③ 精确率（Precision）：表示正确识别为 A 类的样本占所有被识别为 A 类样本的比例，即 $\mathrm{Precision} = \dfrac{\mathrm{TP}}{\mathrm{TP} + \mathrm{FP}}$。

④ F1 评分（F1-Score）：是精确率和召回率的调和平均数，用于衡量精确率和召回率之间的平衡，即 $\mathrm{F1\text{-}Score} = 2 \times \dfrac{\mathrm{Precision} \times \mathrm{Recall}}{\mathrm{Precision} + \mathrm{Recall}}$。

⑤ 准确率（Accuracy，ACC）：表示所有分类正确的样本占所有样本的比例，即 $\mathrm{ACC} = \dfrac{\mathrm{TP} + \mathrm{TN}}{\mathrm{TP} + \mathrm{FP} + \mathrm{FN} + \mathrm{TN}}$。

2）ROC 曲线：通过在多个阈值设置下计算 TPR 和 FPR 所得到的一条曲线，用于评估分类器在不同分类阈值下的综合分类表现。如图 6-20 所示，这是一个简单的 ROC 曲线示意图。

3）AUC（Area Under the Curve）：ROC 曲线下的面积，表示分类器区分 A、B 类样本的能力。AUC 的值在 0 ~ 1 之间，值越高表示分类器的性能越好。$\mathrm{AUC} = \int_0^1 \mathrm{ROC}(t)\mathrm{d}t$。如图 6-20 所示，AUC = 0.91。

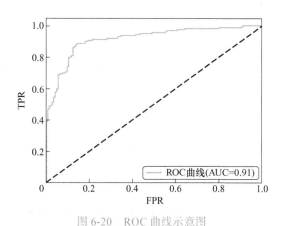

图 6-20　ROC 曲线示意图

2. 效率指标

除了关注模型的有效性表现外，还需要关注模型的处理效率。评估模型处理效率的理论指标有以下两个：

（1）平均处理时间（Average Processing Time，APT）

APT 用于衡量网络流量分类模型处理一条网络流所需的平均时间。它反映了模型处理单个流的效率，可以用以下公式来表示：

$$\mathrm{APT} = \frac{1}{N} \sum_{i=1}^{N} t_i \tag{6-5}$$

式中，N 是在给定时间段内网络流的总数；t_i 是处理第 i 条网络流所需的时间。APT 的值越小，表示模型的处理效率越高，能够更快地对网络流进行分类。这对于实时网络流量监控和分析模型尤为重要，能够确保快速响应并采取相应的安全措施。

（2）平均等待时间（Average Waiting Time，AWT）

AWT 指标用于衡量在网络流量分类中，处理每条网络流时，等待每个流中的数据包到达所需的平均时间。这个指标反映了在流分类过程中，模型在能够做出分类决策之前需要等待的时间。AWT 可以用以下公式表示：

$$\mathrm{AWT} = \frac{1}{N} \sum_{i=1}^{N} w_i \tag{6-6}$$

式中，N 是网络流的总数；w_i 是处理第 i 条网络流时，等待其所需要的数据包到达所花费的总时间除以数据包数量，w_i 可以视为第 i 条流的所需要的数据包到达时间的平均值。AWT 的数值越低，表明网络流量分类模型能够更快地收集必要的数据包并进行分类，这对于需要快速响应的模型来说非常关键。

3. 鲁棒性讨论

评估网络流量分类模型的鲁棒性是确保其在现实世界应用中可靠性和有效性的关键一步。一个鲁棒的网络流量分类模型需能够处理多样化的网络条件，包括不同的流量模式和网络环境。虽然目前没有具体的鲁棒性评估指标，但可以采用以下具体方案：

（1）多场景测试

在模型评估阶段，应考虑包括日常流量、峰值时段流量以及各种异常情况在内的不同网络场景。这可以通过收集不同时间段、不同网络环境下的流量数据来实现，从而确保模型能够处理各种网络使用环境下的数据。

（2）开放世界测试

在开放世界测试中，模型需要处理它在训练过程中未曾见过的网络流量类别。这些数据包括新型的网络流量类型、未知类别的流量模式或更新的网络协议。通过评估模型在这些 OOD（分布外）测试集上的性能，可以反映模型应对未知情况的处理能力。

（3）压力测试

对网络流量模型进行压力测试，例如在短时间内处理大量数据流，以评估模型在极端条件下的性能和鲁棒性。

6.4　网络流量分类的具体实现案例

要深入理解人工智能在网络流量分类领域中的应用，最好是通过具体实现案例来学习。本节将介绍一个具体的基于深度学习的网络流量分类案例，以帮助读者深刻理解网络流量分类的实践过程。此案例通过使用 LSTM 网络作为流量分类模型，使用公开的 MonIoTr 数据集中的数据作为网络流量样本，并从数据预处理、模型结构构建和模型训练与评估三个方面对该案例进行介绍。

1. 数据预处理

数据预处理部分的输入是未经处理的流量字节序列，输出是模型训练所需要的训练集数据，以及进行实验评估所需要的验证集和测试集数据。数据预处理部分的主要目的是将未被处理过的流量字节序列转换成可以被深度学习模型所接收的数据。

首先，从存储流字节序列的文件中读取流样本（datas）及其每个样本对应的类别标签（labels）。代码如下，其中 input_file 代表输入文件，grained 代表待分类的应用类别个数，self.max_byte_seq_len 代表每个样本保留的字节个数。

```
datas，labels=self.read_instances_from_file（input_file，grained，self.max_byte_seq_len）
```

具体地说，self.read_instances_from_file 遍历输入文件的每一行，其中每一行代表一个流样本；接着，将每一个流样本分割成 data（字节流序列）部分和 label（标签）部分，并将所有流样本的标签添加到 labels 当中。对于流样本的字节流序列部分，如果其长度大于预定义的最大字节流序列长度（self.max_byte_seq_len），则对其进行截断，使其长度与 self.max_byte_seq_len 的值相等；如果其长度小于 self.max_byte_seq_len，则进行填充（padding）操作，将空余位置用"0x100"填充。之后，将处理好的 data 部分，加入 datas 中，datas 用于存储所有流样本经处理过后的数据部分。

接下来，将读取的流样本 5 等分，以进行 5 折交叉验证，检查传入的 fold_num 是否在 0 ~ 4 之间（Python 中的 range（5））。如果不在这个范围内，程序将打印错误信息并退出，因为 fold_num 指定了哪一份数据用作测试集。代码如下：

```
nums_every_fold=int（len（labels）* 0.2)
```

```
if fold_num not in [x for x in range（5）]：
    print（'[Error] fold_num is not correct.'）
    exit()
```

将数据和标签分成 5 份，存储在 all_datas 和 all_labels 列表中，每份包含 20% 的数据和标签，具体的代码如下：

```
all_datas=[]
all_labels=[]
for i in range（5）：
    all_datas.append（datas[i*nums_every_fold：（i+1）*nums_every_fold]）
    all_labels.append（labels[i*nums_every_fold：（i+1）*nums_every_fold]）
```

根据 fold_num 选择测试集、验证集和训练集，对于测试集（self.test_datas、self.test_labels），是由 fold_num 指定的那一份数据和标签。对于验证集（self.valid_datas、self.valid_labels），取自紧接着测试集之前的那一份数据和标签。如果 fold_num 为 0，则验证集是最后一份（实现了一种循环选择机制）。对于训练集（self.train_datas、self.train_labels），剩余的三份数据和标签合并作为训练集。代码如下：

```
self.test_datas=all_datas[fold_num]
self.test_labels=all_labels[fold_num]
```

```
self.valid_datas=all_datas[fold_num−1]
self.valid_labels=all_labels[fold_num−1]
self.train_datas=all_datas[fold_num−2]+all_datas[fold_num−3]+all_datas[fold_num−4]
self.train_labels=all_labels[fold_num−2]+all_labels[fold_num−3]+all_labels[fold_num−4]
```

在将流样本完成训练集、验证集和测试集划分之后，将流样本字节流序列中的每个元素（字节）转换成十进制整数，为后续输入神经网络模型做准备。进行转换操作所依赖的函数为 convert_instance_to_idx_seq 函数，代码如下：

```
def convert_instance_to_idx_seq（self，word_insts）：
    return [[int（w[2：]，base=16）for w in s] for s in word_insts]
```

调用 convert_instance_to_idx_seq 函数将训练集、验证集和测试集中的字节数据（分别是 self.train_datas、self.valid_datas 和 self.test_datas）转换为十进制整数，并将这些转换后的数据分别保存在 self.train_src_insts、self.valid_src_insts 和 self.test_src_insts。

然后，创建一个列表 value_data，包含所有的转换完后的数据和对应的标签集。最后，构造了一个字典 data，该字典结构化地保存了转换后的训练集、验证集和测试集的数据及其对应的标签，以及一些设置信息（如 fold_num、max_word_seq_len 和 min_word_count 等），后续将返回整个字典，如果需要取得相应的数据或设置信息，则可通过指定的键的方式获取，具体代码如下：

```
self.train_src_insts=self.convert_instance_to_idx_seq（self.train_datas）
self.valid_src_insts=self.convert_instance_to_idx_seq（self.valid_datas）
self.test_src_insts=self.convert_instance_to_idx_seq（self.test_datas）

value_data=[self.train_src_insts, self.valid_src_insts, self.test_src_insts,
                    self.train_labels, self.valid_labels, self.test_labels]

data={
    'settings': [self.fold_num, self.max_word_seq_len, self.min_word_count],
    'train': {
        'src': self.train_src_insts,
        'lbl': self.train_labels},
    'valid': {
        'src': self.valid_src_insts,
        'lbl': self.valid_labels},
    'test': {
        'src': self.test_src_insts,
        'lbl': self.test_labels},
}
```

2. 模型结构构建

接下来，将根据神经网络模型结构的代码，讲解基于深度学习方法的模型构建及其正向传播过程。首先，介绍模型的类定义中的初始化（__init__）函数，部分代码如下：

```
def __init__（self, input_size, embed_output, hidden_size=128, output_size=26, num_layers=2,
dropout=0.5）：
        super().__init__()
        self.hidden_size=hidden_size
        self.num_layers=num_layers
        self.input_size=input_size
        self.embed_output=embed_output
        self.output_size=output_size
```

该段代码预初始化了输入数据的维度（input_size）、输出数据的维度 [即类别数（output_size）]、LSTM 网络隐藏状态的维度（embed_output）、LSTM 网络层数（num_layers）；然后，根据这些参数，定义了部分神经网络层，代码如下：

```
        self.embedding=nn.Embedding（input_size, embed_output）
        self.lstm=nn.LSTM（embed_output, hidden_size, num_layers, bidirectional=True,
        batch_first=True, dropout=dropout）
        self.dropout=nn.Dropout（dropout）
        self.fc1=nn.Linear（hidden_size*2, hidden_size*4）
        self.fc2=nn.Linear（hidden_size*4, self.output_size）
```

其中，self.embedding 是嵌入层，用于将离散的输入特征映射到连续空间中，能够将具有相似含义的特征表示为接近的向量，从而更好地捕捉特征之间的关系。之后，self.lstm 定义了一个 LSTM 网络，输入数据的维度为 embed_output，隐藏状态的维度为 hidden_size，

208

LSTM 网络层的数量为 num_layers，使用双向 LSTM 网络（bidirectional=True）并且使用 dropout。最后，通过 self.fc1 和 self.fc2 定义了两个全连接层，用于将 LSTM 网络输出的隐藏状态映射到最终的类别空间。

在了解了模型的初始化中所定义的各个神经网络层之后，接下来介绍模型的前向传播过程，具体代码如下：

```
def forward（self，x）：
    x=self.embedding（x）
    h0=torch.zeros（self.num_layers*2，x.size（0），self.hidden_size）.to（x.device）
    c0=torch.zeros（self.num_layers*2，x.size（0），self.hidden_size）.to（x.device）
    out，_=self.lstm（x，（h0，c0））
    out=self.relu（self.fc1（out[：，-1，：]））
    out=self.fc2（out）
    return out
```

这段代码将输入数据（x）通过嵌入层转换为嵌入表示张量，然后将其送入双向 LSTM 网络层进行序列处理，再经过全连接层和 ReLU 激活函数进行非线性变换，最终通过另一个全连接层得到模型的输出，即实现从特征到类别空间的映射。

3. 模型训练与评估

接下来介绍如何训练模型以及评估网络流量模型的分类表现。首先介绍 train() 函数，这是用于训练和评估模型的主要函数。函数接收多个参数，包括模型（model）、训练数据（training_data）、验证数据（validation_data）、测试数据（testing_data）、优化器（optimizer）、设备（device），以及包含训练选项（opt）和调度器（scheduler）的配置参数。按照设定好的 max_epoch（完整的训练数据遍历的次数）逐次训练，训练完成后打印相关信息，包括困惑度（ppl）、准确率（accu）和耗时（elapse）。具体的代码如下：

```
def train（model，training_data，validation_data，testing_data，optimizer，device，opt，scheduler）：
    for epoch_i in range（opt.max_epoch）：
        print（'[ Epoch'，epoch_i，']'）
        start=time.time()
        train_loss，train_accu=train_epoch（model，training_data，optimizer，device）
        print（' -（Training）  ppl：{ppl：6.5f}，accuracy：{accu：3.3f}%，'\
            'elapse：{elapse：3.3f} min'.format（
            ppl=math.exp（min（train_loss，100）），accu=train_accu，
            elapse=（time.time()-start）/60））
```

接下来，将具体介绍 train_epoch 函数，它是单个 epoch 的具体操作。该函数接收四个参数：模型（model）、训练数据（training_data）、优化器（optimizer）和设备（device），它的主要目的是在给定的训练数据上对神经网络模型进行一次完整的训练，以更新模型中的可训练参数，具体代码如下：

```
def train_epoch（model，training_data，optimizer，device）：
    model.train()
    total_loss=0
```

```
        n_total=0
        n_correct=0
        for batch in tqdm（
                training_data, mininterval=2,
                desc=' -（Training） ', leave=False）:
            src_seq, src_lbl=map（lambda x: x.to（device）, batch）
            optimizer.zero_grad()
            pred=model（src_seq）
            sample=（torch.max（pred, 1）[1]==src_lbl）.sum().item()
            n_correct+=sample
            n_total+=src_lbl.shape[0]
            loss=F.cross_entropy（pred, src_lbl）
            loss.backward()
            optimizer.step()
            total_loss+=loss.item()
        train_acc=100. * n_correct/n_total
        print（"training acc is: ", train_acc, "training loss is: ", total_loss）
        return total_loss, train_acc
```

首先，通过 model.train()，将模型设置为训练模式。之后进行遍历数据的操作，对于数据集中的每个批次，将输入数据（src_seq）和对应的标签（src_lbl）移动到指定的设备（如 GPU），再进行前向传播，得到预测结果（pred）之后，通过比较预测结果和实际标签来计算正确预测的样本数。"torch.max（pred，1）[1]" 用于计算每个预测中概率最高的类别，"==src_lbl" 用于判断预测是否正确。使用交叉熵 "F.cross_entropy（pred，src_lbl）" 计算损失，然后调用 loss.backward() 函数进行反向传播，计算梯度。调用 optimizer.step() 函数根据梯度更新模型参数，并将损失累加起来。在所有批次处理完毕后，计算总的训练准确率和损失，并打印出来。函数将返回这个 epoch 的总损失和训练准确率。在介绍了训练过程后，接下来介绍 train 函数中的验证过程，代码如下：

```
        start=time.time()
        valid_loss, valid_accu=eval_epoch（model, validation_data, scheduler, device）
        print（' -（Validation）ppl: {ppl: 6.5f}, accuracy: {accu: 3.3f} %, '\
                'elapse: {elapse: 3.3f} min'.format（
                    ppl=math.exp（min（valid_loss, 100））, accu=valid_accu,
                    elapse=（time.time()-start）/60））
```

与训练部分的代码类似，都是按照设定好的 epoch，逐次验证，完成后打印相关信息（准确率、困惑度和耗时），eval_epoch 的具体代码如下：

```
    def eval_epoch（model, validation_data, scheduler, device）:
        model.eval()
        total_loss=0
        y_true=torch.LongTensor（0）.to（device）
        y_predict=torch.LongTensor（0）.to（device）
        with torch.no_grad():
            for batch in tqdm（
```

```
                        validation_data，mininterval=2，
                        desc='－（Validation）'，leave=False）：
            src_seq，src_lbl=[x.to（device）for x in batch]
            pred=model（src_seq）
            y_predict=torch.cat（[y_predict，torch.max（pred，1）[1]]，0）
            y_true=torch.cat（[y_true，src_lbl]，0）
            loss=F.cross_entropy（pred，src_lbl）
            total_loss+=loss.item()
    scheduler.step（total_loss）
    y_true=y_true.cpu().numpy().tolist()
    y_predict=y_predict.cpu().numpy().tolist()
    y_true_trans=np.array（y_true）
    y_predict_trans=np.array（y_predict）
    acc=balanced_accuracy_score（y_true_trans，y_predict_trans）
    valid_acc=100. * acc
    print（"validation acc is：", valid_acc，"validation loss is：", total_loss）
    return total_loss，valid_acc
```

首先，通过 model.eval() 将模型设置为评估模式。然后，初始化用于累积总损失的变量 total_loss，以及两个空的 Tensor（y_true 和 y_predict），它们将存储所有批次的真实标签和模型预测结果。在一个 torch.no_grad() 上下文中遍历验证数据。接下来的过程与训练阶段类似，先将批次数据移动到指定的设备，通过模型获取预测结果（pred），使用 torch.cat 更新 y_predict 和 y_true，以包含当前批次的预测结果和真实标签。计算当前批次的交叉熵损失，并累加 total_loss。最后使用 balanced_accuracy_score 计算分类准确率。对于测试过程，其代码与验证过程类似，只是更改了部分记录测试结果的变量名，所以不在此赘述。在进行了模型的训练、验证以及测试之后，进行模型状态的保存。

6.5　网络流量分类中的人工智能安全问题

人工智能技术在网络流量分类领域的应用越发广泛，尤其是深度学习方法。通过自动挖掘网络流量的数据特征和行为模式，深度学习能够对网络流量进行更加有效的分类，成功解决了许多传统方法依赖手工特征工程和规则匹配所带来的不足，尤其是在面对复杂多变的网络环境时。虽然人工智能技术在网络流量分类中展现出了强大的能力，但也带来了安全问题。深度学习模型的高复杂性和黑箱特性使其容易受到各种攻击的威胁，这可能导致网络流量分类模型的准确性和可靠性下降，甚至引发严重的网络安全问题。因此，研究和应对这些安全威胁成为网络流量分类领域的重要课题。本节将介绍网络流量分类领域的两类人工智能安全问题，分别是对抗攻击和后门攻击。

6.5.1　网络流量分类领域的对抗攻击

对抗攻击是指攻击者通过微小且有意的扰动输入数据，使深度学习模型产生错误的分类结果。这种攻击在网络流量分类领域也存在，攻击者的目的是通过构造对抗样本，降低流量分类模型的分类准确率，改变对于原始样本的分类结果。攻击者可以利用这一点进

211

行多种类型的恶意行为，例如通过网络流量分类模型错误地将视频流量分类为聊天文本流量，导致运营商没有给其分配合理的网络资源，影响服务质量。在计算机视觉领域，现有构造对抗样本的方法通常是在输入图像上添加细微但有针对性的扰动，例如快速梯度符号法和投影梯度下降法。然而，这种策略在网络流量分类的背景下并不完全适用。这是因为网络流量通常遵循严格的协议规范（如 TCP/IP、HTTP 等），并且流量中的数据包代表的是实际的网络通信内容，如果对流量内容本身进行扰动，可能会破坏其原有功能。因此，构造网络流量的对抗样本时，必须保证流量的完整性。一种直接的方案是不扰动样本本身，而是扰动样本经过神经网络映射到特征空间后的特征向量，但是在不了解网络流量分类模型的前提下，即黑盒的情况下，这种操作是非常困难的。所以，另一种方案是通过修改网络流量中数据包的载荷内容，并"模仿"特定应用的流量传输模式，以达到对抗样本混淆网络流量分类模型的目的。

6.5.2　网络流量分类领域的后门攻击

后门攻击是指攻击者在训练过程中引入特定的触发模式，使得深度学习模型在遇到该触发模式时产生预定的错误分类结果。在网络流量分类领域，攻击者可以利用后门攻击使网络流量分类模型对特定流量样本进行错误分类，从而实现其恶意行为。例如，攻击者可以在训练数据中插入具有特定特征的后门流量样本，并将其标记为目标流量类别。在模型部署后，当遇到含有相同特征的流量时，模型将错误地将其分类为攻击者预设的类别。现有的在计算机视觉领域的后门攻击通常采用静态触发器，如小像素图案或水印来植入后门。然而，这种策略在网络流量分类的背景下并不完全适用。这是因为网络流量是动态变化的，并且样本之间存在相关性，当前的流量可能与相邻流量密切相关。受害者（模型使用者）可以使用任意数量数据包的流片段进行网络流量分类。此外，触发器需要足够小以确保其对原始网络流量的影响微乎其微，同时又要足够强大以操纵被感染模型的行为。在不影响原始流功能和完整性的情况下，一种可能的方案是使用生成式对抗网络（GAN）。在考虑流样本之间关系的情况下，GAN 可以为每一个原始数据样本单独生成触发器，并将其添加到原始数据中。

具体地说，如图 6-21 所示，使用触发器生成器动态生成一个针对每个样本优化的特定触发器，并且将原始数据与中毒数据共同用于训练触发器生成器和网络流量分类模型，以植入后门。

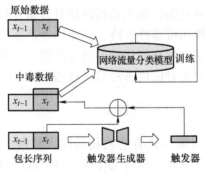

图 6-21　后门攻击示意图

本章小结

　　本章首先对网络流量分类进行了概述，然后介绍了网络流量分类数据集和分类特征，接下来介绍了人工智能在网络流量分类中的应用，并给出了网络流量分类的具体实现案例，最后讨论了网络流量分类中可能存在的人工智能安全问题。通过学习本章内容，希望读者能够了解并掌握如何将人工智能应用于网络流量分类领域，以及使用先进的人工智能方法为高级别的网络管理提供可行性。

思考题与习题

一、选择题（多选）

6-1. 关于网络流量分类，下列哪项不是网络流量分类技术的发展阶段？（　　）

A. 基于端口号的分类方法　　　　　　　B. DPI 方法

C. 基于机器学习的方法　　　　　　　　D. 基于卫星传输的自动识别技术

6-2. 哪种技术可以无视端口随机化而进行有效的流量分类？（　　）

A. 基于端口号的分类方法　　　　　　　B. DPI 方法

C. 基于机器学习的方法　　　　　　　　D. 基于深度学习的方法

6-3. DPI 方法与基于端口号的分类方法相比，主要优势是什么？（　　）

A. 不依赖于端口号　　　　　　　　　　B. 能处理加密流量

C. 计算资源需求低　　　　　　　　　　D. 能识别具体的应用

6-4. 以下哪项是基于深度学习的网络流量分类方法的优势？（　　）

A. 低计算资源需求　　　　　　　　　　B. 不需要复杂的人工特征设计

C. 可以通过简单的端口号识别来分类　　D. 可以处理加密流量

6-5. 若想用 tshark 将 PCAP 文件中的数据包按 SSH 协议标准解析，该如何操作？
（　　）

A. tshark–r example.pcap–d 'tcp.port==22，ssh'

B. tshark–r example.pcap–Y 'protocol==SSH'

C. tshark–r example.pcap–T fields–e ssh

D. tshark–r example.pcap–f 'tcp port 22'

二、填空题

6-6. 在网络流量分类中，一条流是指一组具有相同_____、_____、_____、_____和传输层协议的数据包的序列。

6-7. DPI 方法，它通过分析数据包的_____来识别流量类型。

6-8. _____是 Wireshark 的命令行版本，用于捕获和分析网络数据包。

三、简答题

6-9. 请简述深度学习在网络流量分类中的应用及其优势。

6-10. 在网络流量分类的应用中，为什么数据预处理和特征工程是必不可少的步骤？

213

参考文献

[1] WANG Y P, HE H J, LAI Y X, et al. A two-phase approach to fast and accurate classification of encrypted traffic[J]. IEEE/ACM Transactions on Networking, 2023, 31（3）: 1071-1086.

[2] AZAB A, KHASAWNEH M, ALRABAEE S, et al. Network traffic classification: techniques, datasets, and challenges[J]. Digital Communications and Networks, 2022, 10（3）: 676-692.

[3] LOTFOLLAHI M, SIAVOSHANI M J, ZADE R S H, et al. Deep packet: a novel approach for encrypted traffic classification using deep learning[J]. Soft Computing, 2020, 24（3）: 1999-2012.

[4] SHEN M, ZHANG J P, ZHU L H, et al. Accurate decentralized application identification via encrypted traffic analysis using graph neural networks[J]. IEEE Transactions on Information Forensics and Security, 2021, 16: 2367-2380.

第 7 章　人工智能在联邦学习领域

📖 导读

本章将深入探讨联邦学习这一前沿技术，涵盖其基本原理、安全性挑战、数据隐私保护方法、具体实现案例及未来发展趋势。首先，介绍联邦学习的核心概念和运作机制，帮助读者理解这一技术的基础。其次，分析联邦学习在安全性方面的挑战，揭示潜在风险及应对策略。然后，探讨联邦学习中常用的数据隐私保护方法，展示如何在保障数据安全的前提下实现有效学习。接着，通过具体案例展示联邦学习的实际应用，提供直观理解和启发。最后，展望联邦学习的未来发展趋势，探讨其可能的发展方向和应用前景。

📖 本章知识点

- 联邦学习的基本原理
- 联邦学习的安全性挑战
- 联邦学习中的数据隐私保护方法
- 联邦学习的具体实现案例
- 联邦学习的未来发展趋势

7.1　联邦学习的基本原理

在当今信息化社会中，人工智能的发展与数据的利用密不可分，而随着数据隐私保护法规的强化和个人隐私意识的觉醒，如何在确保数据安全性和隐私性的同时有效利用分布式数据进行 AI 模型训练，成为学界和业界亟待解决的关键课题。联邦学习（Federated Learning，FL）作为应对这一挑战的重要技术，它开创了一种全新的分布式机器学习范式，在不集中收集原始数据的情况下，使多个参与者能够共同构建和优化一个全局模型。

7.1.1　联邦学习的定义与架构

1. 联邦学习的背景

随着科技的发展和社会信息化程度的提高，数据已成为推动人工智能进步的关键要素。然而，在追求数据价值最大化的同时，全球范围内对于个人隐私保护的关注度也在不断提升。如何在满足数据隐私要求的前提下开展大规模机器学习和数据分析成为业界和学术界共同面对的重大课题。对于传统的集中式机器学习，目前存在如下两个要素制约着集中式机器学习的进一步推广。

1）"数据孤岛"难题。在现实世界中，数据往往分散在各个组织、企业和设备中，这些数据是存在相互联系的。从安全性、隐私性等方面考虑，这些分散在各个组织、企业和设备中的数据很难直接汇集起来用于联合建模。这些数据就好像信息大海中的一座座孤岛，即"数据孤岛"。

2）隐私保护难题。2018 年 5 月，欧盟颁布了《通用数据保护条例》来加强对用户数据隐私的保护和对数据的安全管理。2021 年 11 月，我国开始实行的《中华人民共和国个人信息保护法》也明确规定了个人信息的定义、收集、使用、加工、传输和保护原则，强化了个人信息主体的权利，建立了完善的个人信息处理体系。在这些新要求之下，大量互联网公司的发展遭受迎头一击，给众多人工智能技术与应用的落地带来了前所未有的挑战。

针对上述挑战，联邦学习技术应运而生，它作为一种崭新的解决方案，旨在应对传统机器学习和人工智能方法在实际应用中获取标注数据时所遭遇的"数据孤岛"问题以及由此引发的隐私安全难题，力图打破壁垒，实现有效且安全的数据利用。

2. 联邦学习的定义

当今社会，科技的快速发展和信息化程度的提高使得数据成为推动人工智能进步的关键要素。然而，随之而来的是越来越多的人开始关注个人隐私数据的保护。在追求数据价值最大化的同时，如何在大规模机器学习和数据分析中满足数据隐私要求成为业界和学术界面临的重要挑战。传统的集中式机器学习方法需要将数据集中到中心服务器来训练模型，这不仅会消耗大量的通信资源，而且数据在传输过程中也可能面临隐私泄露风险。

联邦学习的概念最早可以追溯到 2016 年，当时 Google 的研究团队在一篇名为"*Federated Learning：Collaborative Machine Learning without Centralized Training Data*"的论文中首次提出了这一概念。这项研究的目标是解决在移动设备上进行机器学习时所涉及的隐私和数据安全问题。联邦学习的提出引起了学术界和工业界的广泛关注，并产生了许多实际应用案例。例如，Google 的 Gboard APP（Google 键盘）就利用了联邦学习框架来改进预测用户即将输入内容的模型，如图 7-1 所示。用户的手机（图中 A）会从服务器（图中 B）下载预测模型（图中 C），在本地使用用户私有数据进行训练和微调，并将微调后的模型参数上传到服务器，以不断改进全局预测模型。此外，联邦学习还在工业和医疗等领域得到了广泛应用。

联邦学习是由两个或两个以上的参与方协作构建一个共享的机器学习模型的过程，但每个参与方的数据保留在本地，不需要将原始数据传输给其他参与方或集中到单一位置。在联邦学习框架下，各个参与方利用自己的数据训练本地模型，然后仅将模型参数上传到中央服务器或者直接与其他参与方交互，以实现全局模型的更新。这种机制既保护了数据隐私，又能够利用多个数据源来提升模型性能，适用于在数据孤岛情况下进行多方合作的机器学习应用场景。

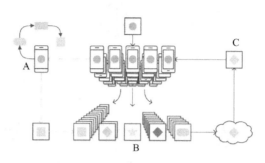

图 7-1　基于联邦学习的语言应用

联邦学习是一种具备隐私保护属性的分布式机器学习技术，在技术架构上具有以下特点，即通过一个中央服务器协调管理多个结构松散的客户端进行模型训练。其工作原理为：首先，客户端从中央服务器下载当前的模型参数，在本地使用私有数据进行模型训练，并将模型参数上传至云端；然后，通过整合不同客户端的模型参数，来优化全局模型；最后，更新后的模型参数被再次下载到客户端，整个过程不断循环。在整个过程中，终端数据始终存储在本地，不存在数据泄露的风险。

假设 n 位数据拥有者 $F_1, \cdots, F_n$，都希望通过合并各自的数据 $D_1, \cdots, D_n$ 来训练一个机器学习模型。一个传统的方法是将数据集中起来并采用 $D = D_1 \bigcup \cdots \bigcup D_n$ 来训练模型 M_{SUM}。在一个联邦学习系统中，所有数据拥有者也协作训练一个模型 M_{FED}，在此过程中任何数据拥有者 F_i 都不会将其数据 D_i 暴露给其他人。此外，M_{FED} 的准确率记为 V_{FED}，V_{FED} 应该和 M_{SUM} 的性能 V_{SUM} 非常接近。形式上，令 δ 为一个非负实数，当满足以下条件时，就称此联邦学习算法有 δ – 精度损失：

$$\left| V_{\mathrm{FED}} - V_{\mathrm{SUM}} \right| < \delta \tag{7-1}$$

式中，δ 的值应尽可能接近 0，以保证联邦学习模型的有效性。

总体而言，联邦学习是可提供隐私保护的分布式机器学习技术。联邦学习以少量的性能损失换取额外的隐私保护和数据安全。

3. 联邦学习的架构

由于实际场景的不同，联邦学习系统中可能会有中心服务器，也可能没有中心服务器，因此就产生了不同的联邦学习网络架构。常见的联邦学习架构包括客户端 – 服务器架构（Client-Server，CS）、对等网络架构（Peer-to-Peer，P2P）及环状网络架构（Ring）。

（1）客户端 – 服务器架构

客户端 – 服务器架构又被称为中心化联邦架构，在这个架构中，各个参与者需要利用自己的本地数据和本地资源进行本地训练，然后将训练完成的模型参数上传到中央服务器进行整合。这个具体架构如图 7-2 所示。

217

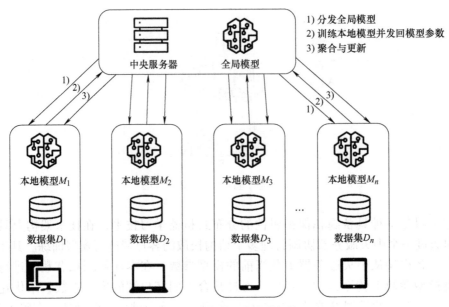

图 7-2　客户端 – 服务器架构

客户端 – 服务器架构的基本流程大致可以分为以下三个步骤：

1）分发全局模型。中央服务器初始化全局模型，并根据不同的客户端状态选择参与训练的客户端，并将初始化后的模型结构和参数分发给这些客户端。

2）训练本地模型并发回模型参数。客户端收到模型后利用本地数据执行模型训练，在训练一定次数之后，将更新的模型参数发送给服务器。

3）聚合与更新。服务器对所有上传的模型参数进行聚合后更新全局模型，并将更新后的模型参数发送给各客户端，通过重复以上步骤直到停止训练。

客户端 – 服务器架构的优点在于其简单的结构，使得各个参与的客户端设备可以通过中心节点进行有效管理。并且，中心化架构也具备较好的容错性，当个别客户端出现故障时，中心节点可以暂时将其隔离，而不会影响联邦系统的运行。但是，一旦中心服务器节点发生故障，整个联邦系统就无法正常运行了。

（2）对等网络架构

对等网络架构是一种去中心化的架构，在该架构中，各个参与方之间可直接通信，不需要借助第三方（中心服务器），如图 7-3 所示。

在这一架构设计中，不同于传统的客户端 – 服务器架构，全局模型的训练是由某一参与方发起的。在后续阶段，一旦各参与方完成了自身数据上的模型训练，就将各个参与者本地训练得到的模型参数传递给其他所有参与方。这种架构旨在增强联邦学习系统的安全性，确保在多参与方协同训练的过程中，模型信息的交换能够得到有效保护。

显然，由于减少了第三方服务器的参与，所以对等网络架构不会出现单点故障，剩下的节点依旧可以继续进行联邦学习任务的训练。但是，由于对等网络架构中各个参与方之间是直接进行通信的，所以在架构设计上相较于客户端 – 服务器架构而言更为复杂。

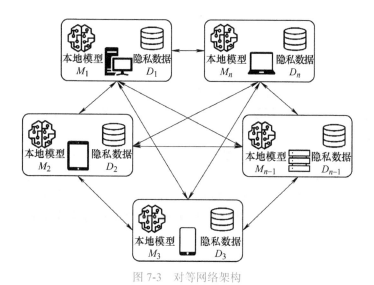

图 7-3　对等网络架构

（3）环状网络架构

环状网络架构是一种去中心化的设计，与对等网络架构类似，也不需要中心服务器来协调模型参数的聚合，如图 7-4 所示。

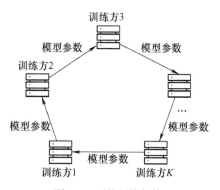

图 7-4　环状网络架构

相对于传统的客户端 - 服务器架构，环状网络架构的设计特点在于消除了第三方协调中心，使各参与方能够直接建立通信联系，从而有效地保障信息不会流向非参与方，增强了数据保密性。此外，每个节点仅与其前后两个相邻节点交互，前节点作为信息输入源，后节点作为输出目标，这种点对点的通信模式不仅提升了联邦学习系统的安全性，还大大减少了网络拥堵的可能性，因为信息流只沿着固定的线性路径进行传递。

与对等网络架构相比，环状网络架构中的每个参与方只能与某一个参与方进行通信，通过环状方式完成数据在各个参与方之间的传输流动，减少了通信的复杂度。然而，在环状网络架构中，如果某个节点出现故障，整个联邦学习系统都会受到影响。这种设计缺乏冗余性，相比于前面提到的两种架构更容易受到单点故障的影响，在一定程度上限制了其应用场景。

7.1.2 联邦学习的关键技术

1.联邦学习的分类

在实际应用中，联邦学习各参与方的数据往往具有不同的分布特点。因此，根据各参与方数据的分布特点，可将联邦学习分为横向联邦学习、纵向联邦学习和联邦迁移学习。

（1）横向联邦学习

横向联邦学习，又叫水平联邦学习，或称为基于样本的联邦学习，适用于各参与方的数据共享相同的特征空间但其样本空间不同的情况。例如，两个区域的银行可能拥有与各自区域截然不同的用户样本，即样本空间的交集很小。但由于两边业务非常相似，所以特征空间是相同的。当这两个区域的银行要共同训练一个用户分类模型时，就应该使用横向联邦学习。

图 7-5 所示为基于两个参与方的横向联邦学习场景。参与方 A 的数据和参与方 B 的数据之间的特征是对齐的。横向联邦学习通过联合多个参与方的数据来增加整体的数据量，从而提升模型的性能。

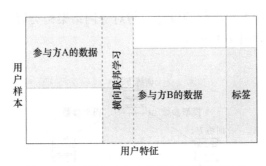

图 7-5　基于两个参与方的横向联邦学习场景

（2）纵向联邦学习

纵向联邦学习，又叫垂直联邦学习，或称为基于特征的联邦学习，适用于各参与方的数据共享相同的样本空间但其特征空间不同的情况。例如，考虑同一城市的两家不同公司，一家是银行，另一家是电子商务公司。两个公司的用户群体包含该地区的大多数居民。因此，这两家公司的样本空间交集很大。但是，由于银行记录的是用户的收支行为，而电商保留的是用户的购买历史，因此它们的特征空间有很大不同。当双方希望通过聚合用户的不同特征来联合训练一个更强大的产品购买预测模型时，就应该使用纵向联邦学习。

图 7-6 所示为基于两个参与方的纵向联邦学习场景，参与方 A 的数据和参与方 B 的数据的样本数据是对齐的，但是特征不同。纵向联邦学习通过融合所有参与方收集的特征，增加每个数据样本的维度，使模型能够更全面地理解和学习数据，从而提升其预测能力和泛化性能。

（3）联邦迁移学习

联邦迁移学习适用于各参与方的数据不仅样本空间不同而且特征空间也不同的情况。例如，考虑两个机构，一个是位于中国的银行，另一个是位于美国的电子商务公司。由于地域限制，两家机构的用户群体交集不大。另外，由于业务不同，双方的特征空间也仅有很小一部分重叠。在这种情况下，就应该使用联邦迁移学习来构建深度学习模型。联邦迁移学习旨在利用已有的知识和数据在新领域或新任务上构建高效模型，同时保护数据隐私。

图 7-7 所示为基于两个参与方的联邦迁移学习场景，参与方 A 的数据和参与方 B 的数据之间的特征空间和样本空间都是不完全相同的。在参与方 B 的数据量比较少时，联邦迁移学习可以利用参与方 A 的数据进行补充，从而训练出高性能的模型。

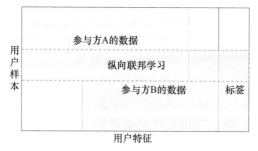

图 7-6　基于两个参与方的纵向联邦学习场景

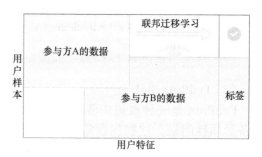

图 7-7　基于两个参与方的联邦迁移学习场景

（4）总结

根据数据分布和协作方式的不同，联邦学习可以分为横向联邦学习、纵向联邦学习和联邦迁移学习。不同的联邦学习方法各有优劣，它们之间的比较见表 7-1，选择合适的联邦学习方法可以在实际应用中有效提升模型性能和数据隐私保护水平。

表 7-1　横向联邦学习、纵向联邦学习和联邦迁移学习之间的比较

比较项目	横向联邦学习	纵向联邦学习	联邦迁移学习
数据分布	同一数据空间，不同样本	不同数据空间，相同样本	不同数据空间，不同样本
数据特征	每个参与方的数据具有相同的特征	每个参与方的数据具有不同的特征	每个参与方的数据具有不同的特征和样本
适用场景	多个公司拥有相同类型的用户数据	不同公司拥有同一批用户的不同属性数据	数据量较少或数据分布不均匀的场景
代表应用	银行间的信用评分模型	同一城市的银行和电子商务公司	中国的银行和美国的电子商务公司之间

2.联邦学习的聚合

在联邦学习的领域中，聚合算法扮演着关键的角色，它们负责将来自分布式设备的模型参数合并为一个全局模型。以下是几种常见的联邦学习聚合算法。

（1）FedAvg 算法

FedAvg 是一种基本的联邦学习算法，由 Google 在 2016 年提出。该方法利用梯度下降对模型参数进行迭代更新。在 FedAvg 算法中，各参与方（如手机或其他设备）首先在本地使用自己的数据对模型进行训练，然后将本地模型的参数发送到中央服务器。中央服务器汇总所有参与方的模型参数，计算它们的平均值，并将更新后的参数发送给各参与方。这个过程重复进行多轮，直到模型收敛。简言之，就是收集所有客户端的模型，然

221

后将模型参数进行直接平均。即，FedAvg 算法就是将收集到的所有客户端的模型参数 w，进行直接平均，代码如下：

```
# FedAvg 算法的聚合部分代码
def average_weights（w）：
    w_avg = copy.deepcopy（w[0]）
    for key in w_avg.keys():
        for i in range（1，len（w）)：
            w_avg[key] += w[i][key]
        w_avg[key] = torch.div（w_avg[key]，len（w））
    return w_avg
```

（2）FedProx 算法

FedProx 是一种改进的联邦学习算法，旨在应对联邦学习中的非独立同分布数据和设备异质性问题。这些问题常常导致训练质量下降，特别是在训练数据分布不均匀的情况下。FedProx 算法在局部客户端训练时加上一个近似项，目的是对偏离全局模型大的客户端进行惩罚，让参与训练的客户端受到约束。这一做法有利于缓解因非独立同分布数据和设备异质性带来的负面影响，从而提高模型的性能。FedProx 算法在各个客户端本地更新模型参数的核心代码如下，就是在原本的损失函数后加上一个 proximal_term 正则项。

222

```
# FedProx 算法的客户端局部代码
proximal_term = 0.0
for w，w_t in zip（model.parameters()，global_model.parameters()）：
    proximal_term += （w − w_t）.norm（2）
    loss = loss_function（y_pred，label）+（args.mu / 2）* proximal_term
```

（3）FedNova 算法

FedNova 算法采用归一化平均方法来消除目标的不一致性，同时确保模型快速收敛。在每一轮迭代中，各个客户端在本地进行训练，并对本地模型参数进行归一化处理，然后将归一化后的模型参数发送至中央服务器。中央服务器在收集到所有客户端的模型参数后，对其进行归一化平均，以减少目标的不一致性。随后，服务器将更新后的模型参数分发给各个客户端，以便在下一轮迭代中继续训练。FedNova 算法在保证损失快速收敛的同时，能够消除由于数据异质性导致的目标不一致性，这使得 FedNova 算法在处理非独立同分布数据和设备异质性时表现出更好的性能。FedNova 算法在服务器聚合过程中需要对客户端发来的模型参数进行归一化处理，代码如下：

```
def fednova_aggregate（local_updates，local_n，global_n）：
    # 计算每个客户端的权重
    weights = [n / global_n for n in local_n]
    # 计算归一化因子
    norm_factor = sum（[weight / np.linalg.norm（update）for weight，update in zip（weights，
    local_updates）]）
    # 计算加权并归一化后的模型参数
```

weighted_updates = [weight / norm_factor * update **for** weight，update **in** zip（weights，local_
updates）]
# 聚合更新
aggregated_update = np.**sum**（weighted_updates，axis=0）
return aggregated_update

7.2　联邦学习的安全性挑战

联邦学习技术的开发者、参与者与使用者均应遵守信息安全的基本原则，即保密性、完整性和可用性等。联邦学习系统因其协作训练及模型参数的交互方式而容易受到各种攻击。尽管联邦学习被认为是一种保护隐私数据的方法，但其仍存在潜在的安全风险，可能导致信息泄露。恶意攻击和隐私数据泄露是两个主要关注点。

7.2.1　面对恶意攻击的安全性问题

1. 威胁模型分析

针对联邦学习面对的恶意攻击的威胁模型，主要从攻击者的目标、攻击者的能力和攻击者的知识三个维度来考虑。

（1）攻击者的目标

攻击者的目标是降低联邦学习全局模型的性能，根据其具体目标可分为两类：非定向攻击和定向攻击。其中非定向攻击是影响模型对任意输入数据的推理，定向攻击则只降低模型对特定输入数据的准确率，而不影响或轻度影响其他数据的性能。以自动驾驶应用的交通标志识别模型为例，非定向攻击是使模型无法识别所有交通标志，定向攻击则可以使模型将停车标志识别为限速标志，而不影响其他标志的识别。

（2）攻击者的能力

攻击者的能力是指攻击者对联邦学习系统的角色和数据所拥有的操作权限。在现有的安全研究工作中，攻击者能力从高到低依次包括：控制服务器、控制多个参与方、控制单个参与方和控制参与方的训练数据。其中控制服务器和控制参与方是指攻击者可以随意访问、修改服务器或参与方的模型和数据，干扰其执行的操作，而控制参与方的训练数据是指攻击者可以读取、插入或修改参与方的训练数据集。攻击要求的能力越低，在实际应用中越容易实施。

（3）攻击者的知识

攻击者的知识是指攻击者对目标联邦学习系统的知识，具体包括：服务器采用的聚合算法、每轮迭代中所有参与方上传的模型参数、参与方的训练数据集的数据分布等。攻击所需的知识越少，在实际应用中越容易实施。

2. 安全攻击手段

联邦学习面临的安全攻击主要有图 7-8 所示的四种攻击手段，它们在不同程度上实现了对联邦学习可用性、完整性或信任度的破坏。

223

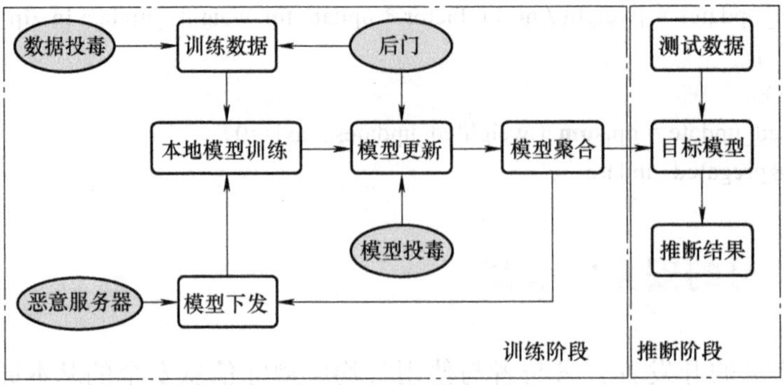

图 7-8 联邦学习面临的安全攻击

（1）数据投毒

在数据投毒（Data Poisoning）攻击中，攻击者通过污染训练数据集（如添加伪造数据或修改已有数据等），使模型在训练过程中学习错误的对应关系，从而降低模型的准确率。在联邦学习系统中，攻击者可以通过控制参与方或者修改参与方的训练数据集等方式，实施数据投毒攻击。

标签翻转是一种典型的数据投毒攻击，通过直接修改目标类别的训练数据的标签信息，模型将目标标签的特征对应到错误标签，从而影响模型的推理效果。数据投毒攻击会降低联邦学习的安全性，且攻击者比例的增加会扩大对全局模型的负面影响，并可通过提高攻击者在后期的迭代轮数中参与聚合的概率进一步增强攻击效果。

对于攻击者的训练集中没有目标标签数据的场景，攻击者可通过在本地部署 GAN，将每轮聚合后的全局模型作为 GAN 的判别网络 D，利用 GAN 的生成网络 G 生成模仿目标标签数据的样本，之后基于生成的数据样本实施标签翻转攻击。此外，攻击者还可通过修改本地训练的超参数，在攻击者的模型参数上添加更大的比例系数，提高恶意模型参数对全局模型的影响力，进一步扩大毒害效果。

数据投毒攻击的主要特点是攻击成本较低且易于实施。攻击者只需要能够控制参与方的训练数据，而无须深入了解联邦学习的细节或攻击复杂度较高的技术手段。这使得数据投毒攻击具有广泛的实施场景，尤其是在联邦学习中参与方众多、分布广泛的情况下。

尽管目前关于数据投毒攻击的研究相对较少，但学术界和业界正在努力提高对该问题的认识和开发相应的解决方案。随着人们对联邦学习安全性关注的不断增加，预计在未来会有更多的研究涉及数据投毒攻击的防御和对策。

（2）模型投毒

模型投毒（Model Poisoning）攻击是通过直接对参与方的本地模型进行修改以达到操纵全局模型的目的，当模型采用随机梯度下降算法时，则是修改模型梯度。在联邦学习的工作流程中，参与方需要向服务器发送本地训练的模型参数。因为参与方的数据和训练过程都是在本地完成的，对服务器不可见，所以服务器无法对参与方上传的模型参数的真实性进行验证。这为攻击者实施模型投毒攻击创造了条件。攻击者可以构造任意模型参数发送给服务器，破坏聚合后的全局模型。在最近的研究中，已经证明模型投毒攻击比数据投毒攻击更有效，但模型投毒攻击需要更复杂的技术以及更强的计算能力。

联邦学习最常用的聚合算法 FedAvg 是在前一轮全局模型上添加本地模型参数的平均值，这种基于线性组合的算法使攻击者可以随意操纵全局模型。攻击者通过在正常梯度的单维参数上添加偏差或构造恶意梯度的方向与正确梯度相反，来干扰聚合算法的运算和结果，破坏全局模型的性能。

模型投毒攻击可以转化为最优化问题，其优化的目标函数是寻找使全局模型训练损失最小的恶意梯度或干扰向量。攻击者可以在全局梯度上添加这个恶意梯度或干扰向量，以定向或非定向方式干扰聚合算法的结果。这将降低全局模型的性能，并对联邦学习的安全性造成威胁。因此，需要进一步研究和设计安全的聚合算法，以提高模型的鲁棒性和防御恶意攻击的能力。

模型投毒和数据投毒都是通过上传恶意的本地模型参数来破坏全局模型的攻击方式。两者的区别在于数据投毒攻击不会干扰参与方的本地训练过程，而模型投毒攻击可以跳过本地训练，利用算法伪造任意模型参数。因此，模型投毒攻击不受模型训练的限制，威胁性更大，但攻击难度也更高，需要攻击者完全控制一个或多个参与方。在当前的联邦学习应用中，参与方的攻击成本较低，导致模型投毒攻击更加普遍。

（3）后门

后门（Backdoor）攻击是一种恶意攻击方式，在模型中植入一个后门，攻击者可以通过预设的触发器来激活后门。这样，当模型接收到带有触发器的数据时，会输出预先设定的标签，而对于正常数据的推断结果不会受到影响。举个例子，如图 4-7 所示，后门攻击可以使自动驾驶模型将带有黄色方块的停车标志识别为限速标志，而对于普通的停车标志仍能正确识别。在这个例子中，黄色方块就是触发器。在集中学习中，后门攻击是一种特殊的定向数据投毒攻击。而在联邦学习中，后门攻击可以通过数据投毒或模型投毒来实现。攻击者除了污染训练集外，还可以上传恶意的模型参数来植入后门，这使得联邦学习的后门攻击更加复杂。联邦学习中后门、数据投毒和模型投毒的关系如图 7-9 所示。

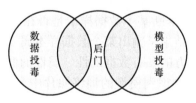

图 7-9　联邦学习中后门、数据投毒和模型投毒的关系

在通过数据投毒实现的后门攻击中，攻击者可以通过增加攻击者比例和中毒训练数据量来进一步提高后门攻击的成功率。另外，通过控制恶意流量的比例，可以保证后门在有较高攻击成功率的同时避免被检测到异常行为。

在通过模型投毒实现的后门攻击中，攻击者先在本地训练带有后门的恶意模型，然后上传恶意模型和前一轮全局模型的线性组合，使平均聚合后的全局模型收敛为恶意模型。此外，通过在偏差浮动范围内寻找可植入后门的模型参数，能实现可攻破 Krum 等安全聚合算法的后门攻击。由于联邦学习的分布式计算特点，可以将触发器拆分成多个部分交由不同的攻击者植入，能有效地提升后门攻击的效果，并增加检测和防御的难度。

（4）恶意服务器

在联邦学习中，聚合服务器扮演着重要角色，它负责全局模型的初始化、聚合和更新，这直接影响着全局模型的性能。目前的联邦学习架构中，参与方在每轮迭代开始时会接收聚合服务器发送的全局模型，并用该模型替换本地模型，而不对全局模型的正确性进行验证。这种设计存在潜在的风险，因为恶意服务器可以绕过聚合过程，直接发送恶意模型给参与方，并在其本地模型中植入后门，从而对参与方的应用造成严重威胁。因为恶意服务器的攻击方法明显，且服务器的安全防护措施较为完善、攻击成本高，所以目前并没有相关的研究。

7.2.2　数据隐私泄露问题

1. 威胁模型分析

针对联邦学习的数据隐私泄露问题的威胁模型，主要从攻击者的角色、攻击者的目标、攻击者的知识和攻击模式四个维度来考虑。

（1）攻击者的角色

攻击者的角色是指攻击者在联邦学习系统中扮演的角色，具体包括：服务器、参与方和第三方。其中服务器的攻击目的是提取与参与方的训练数据相关的信息，可以对单个参与方实施攻击；参与方是为了窃取其他参与方的训练数据隐私，但因为参与方只能接触全局模型，所以无法攻击特定的参与方；第三方则是指没有参与到联邦学习训练过程的个人或组织，他们只能通过窃听服务器和参与方的通信，或者使用训练好的全局模型等方法推断联邦学习参与方的数据信息。

（2）攻击者的目标

攻击者的目标是从联邦学习的训练过程中提取参与方本地数据的隐私信息，根据其具体目标可分为两类：成员推断（Membership Inference）和属性推断（Property Inference）。其中，成员推断是推断某个数据样本是否在参与方的训练数据集中。作为一个决策问题，成员推断攻击的结果是输出某个数据样本属于参与方训练集的概率。属性推断攻击的目的是推断其他参与方的私有数据属性。属性的概念比较广泛，既可以是与模型的主要任务相关的属性（如人物识别模型的训练照片中人物的肤色），也可以是与模型的主要任务无关的属性（如人物识别模型的训练照片中人是否戴眼镜）。根据推断的目标属性，攻击结果会呈现不同的形式，可以输出训练数据拥有目标属性的比例，也可以利用推断的属性重构与训练数据相似的数据样本。

（3）攻击者的知识

攻击者的知识是指攻击者对目标联邦学习系统所了解的知识，在隐私攻击中要求的知识只有辅助数据集。辅助数据集要和参与方的本地数据具有相似的分布，且带有正确的主要任务标签或属性标签。

（4）攻击模式

攻击模式分为主动攻击和被动攻击。其中主动攻击是指攻击者干扰联邦学习的正常流程，如控制服务器跳过聚合过程下发恶意模型等，而被动攻击是指攻击者不干预联邦学习，只在服务器或参与方终端部署额外程序，基于现有的数据和模型进行攻击。

2. 隐私攻击手段

联邦学习面临的隐私攻击主要有图 7-10 所示的三种攻击手段，攻击者可以从服务器、参与方和第三方进行攻击，从而泄露隐私数据。

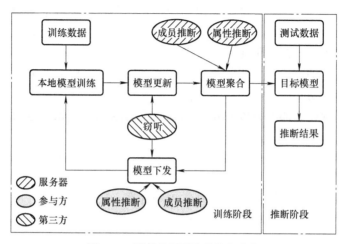

图 7-10 联邦学习面临的隐私攻击

（1）成员推断

在联邦学习中，成员推断攻击是指攻击者利用参与方的模型参数或服务器的模型参数推断训练数据集中是否包含某个数据样本的攻击方法，如图 7-11 所示。在深度学习模型的训练过程中，训练数据会在损失函数的梯度中留下可识别的痕迹，因此可以设计一个攻击模型来进行成员推断攻击。利用目标数据的标签、损失函数以及数据在模型每一层隐藏层的梯度和输出作为输入，通过这个模型来提取与目标数据相关的特征，最终输出目标数据作为训练集成员的概率。在联邦学习中，由于服务器和参与方都可以获取到目标模型，因此攻击者可以是服务器或者某一个参与方。

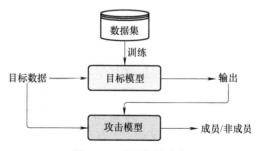

图 7-11 成员推断攻击

在新的研究中，人们提出了一种使用 GAN 和分类模型实现成员推断攻击的方法。它利用 GAN 生成不同标签的数据样例，用数据样例和对应的标签训练一个分类模型。该分类模型以目标数据为输入，如果输出的标签与某个参与方声明的数据标签一致，就判断目标数据为该参与方训练集的成员，从而实现针对特定参与方的成员推断攻击。

（2）属性推断

在联邦学习中，属性推断攻击是指攻击者利用参与方的模型参数或服务器的模型参数推断其他参与方的私有数据属性。值得注意的是，该属性并不一定与训练任务有关，而更偏向于与训练任务无关的属性推断。例如，在训练一个图像分类模型时，攻击者可能不仅能够推断出图像的类别标签，还能推断出图像中是否存在某种特定的背景或标志物。一般来说，模型不应该泄露这类与训练任务无关的属性，这属于无意识的特征泄露。这种特征泄露不易被察觉且难以检测，但可能带来严重的隐私风险。例如，攻击者可推断出患者的年龄、性别等属性，即使无法获得姓名和临床记录等信息，攻击者依旧能够根据推理出的患者属性确定患者身份。

在联邦学习系统中，属性推断攻击也面临一定的限制。首先，这种攻击通常需要辅助数据，而这些数据有时难以获取。其次，实验一般在 20～30 个参与者的条件下进行，而实际应用中参与者数量可能达到几百、上千。最后，如果某些属性信息本身不可分离，那么属性推断攻击可能会失效。

综上所述，尽管属性推断攻击在联邦学习中存在一定的局限性，但它依然构成了潜在的隐私威胁。因此，在设计联邦学习系统时必须对其加以防范，保护参与方的数据隐私。

（3）窃听

窃听攻击发生在参与方和服务器交互的过程中，如果参与方和服务器之间是明文通信，或者采用脆弱的加密通信方法，攻击者就可以通过窃听获取参与方上传的模型参数以及服务器下发的全局模型，进而实施隐私攻击。窃听攻击为联邦学习的第三方提供了窃取隐私的渠道。

7.3 联邦学习中的数据隐私保护方法

当今，服务商直接获取个人隐私数据受到各种现实因素的制约，如对个人数据隐私保护的日益关注、越来越严格的私有数据保护策略等。联邦学习虽能在一定程度上保护用户隐私，但仍面临着许多安全风险。因此，隐私保护联邦学习（Privacy-Preserving Federated Learning）已经成为一个备受关注的领域，引起了从学术界、行业从业者到政府监管机构的广泛关注。它能够更有效地保护联邦学习参与方（如拥有数据的用户）的数据隐私。

相关研究人员已经提出了多种隐私保护联邦学习方法，通过基于密码学的方法来实现数据隐私保护是目前的主流方向。通过一系列密钥协议以及加解密算法，隐私数据可以在加密状态下进行传输与计算，确保了数据在传输和处理过程中不被泄露。因此，在进行联邦学习的过程中，恶意的第三方机构或设备（如收集训练数据的服务器）无法获取加密后的敏感数据。另外，针对不同应用场景的联邦学习的具体需求，隐私保护联邦学习还能进行调整和扩展，从而实现防御服务器与客户端勾结发动攻击或是服务器对全局模型进行投毒等情况。与传统的联邦学习方案相比，隐私保护联邦学习既能够较好地保护用户数据隐私，又能在时间和空间开销成本上达到用户可接受的范围。除了基于密码学的数据隐私保护方法，还可以使用差分隐私、区块链等技术达到保护用户数据隐私的目的。本节将会对这些技术进行介绍与说明。

7.3.1 基于密码学的数据隐私保护方法

1. 现代密码学的相关概念

密码学可分为古典密码学和现代密码学，基于密码学的数据隐私保护方法的理论之一也是建立在现代密码学之上。1949 年，香农（C. E. Shannon）发表了题为 "Communication Theory of Secrecy System" 的经典论文，它标志着现代密码学的开始。发展至今，现代密码学包含以下几项内容：

1）对称加密（Symmetric Cryptography），也被称为共享密钥加密。对称加密使用同一个密钥（也被称为共享密钥）加密和解密数据。发送方使用密钥将明文数据加密为密文，然后将密文发送给接收方。接收方使用相同的密钥来解密密文，以恢复原始的明文数据。图 7-12 所示为对称加密在联邦学习中的应用。客户端首先利用数据集进行本地训练，得到本地模型。然后客户端通过对称密钥算法生成对称密钥，利用对称密钥加密本地模型，并发送给中央服务器。中央服务器接收加密模型，通过对称密钥算法生成对应的对称密钥，利用对称密钥解密加密模型，再对解密后的模型进行聚合得到全局模型。

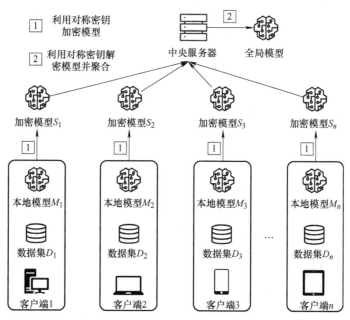

图 7-12 对称加密在联邦学习中的应用

229

对称加密算法的优点是加密和解密的过程简单且高效，但密钥的传输和管理过程需要确保安全。因为加密和解密使用相同的密钥，所以需要保证密钥在发送方和接收方之间安全地共享。如果密钥被泄露给未授权的人，那么数据的安全性就会受到威胁。常见的对称加密算法有 DES（Data Encryption Standard，数据加密标准）、AES（Advanced Encryption Standard，高级加密标准）和 3DES（Triple Data Encryption Algorithm，三重数据加密算法）等。

2）非对称加密（Asymmetric Cryptography），也被称为公钥加密。与对称加密不同，非对称加密使用一对密钥：公钥和私钥。公钥用于加密数据，而私钥用于解密数据。在非对称加密中，公钥是公开的，可以与任何人共享。发送方使用接收方的公钥来加密数据，然后将密文发送给接收方。接收方使用自己的私钥来解密密文，以恢复原始的明文数据。非对称加密在联邦学习中的应用如图 7-13 所示。客户端首先利用数据集进行本地训练，得到本地模型。然后利用先前从中央服务器收到的公钥加密模型，发送加密模型给中央服务器。中央服务器接收加密模型，通过非对称密钥算法生成的私钥解密加密模型，再对解密后的模型进行聚合得到全局模型。

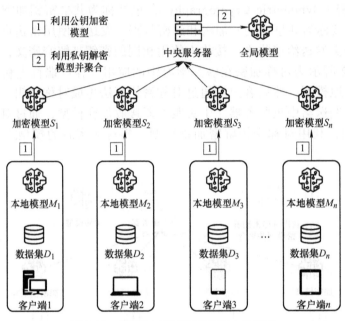

图 7-13　非对称加密在联邦学习中的应用

非对称加密的主要优点是密钥的传输和管理更容易。由于加密和解密使用不同的密钥，因此只需要保护好私钥，而公钥可以公开共享。这样，发送方可以使用接收方的公钥加密数据，而只有接收方拥有可以解密数据的私钥。常见的非对称加密算法有 RSA（Rivest-Shamir-Adleman）、DSA（Digital Signature Algorithm，数字签名算法）和 ECC（Elliptic Curve Cryptography，椭圆曲线加密）等。

3）哈希函数（Hash Function），它是一种单向加密算法，也被称为哈希算法或散列函数。它将输入数据（也称为消息）转换为固定长度的哈希值（也称为摘要）。哈希函数的主要特点是无法从哈希值反推出原始的输入数据。哈希函数加密的过程是确定性的，即相同的输入将始终产生相同的哈希值。它也是快速的，可以在短时间内计算出哈希值。常见的哈希函数算法有 MD5（Message Digest Algorithm 5，消息摘要算法 5）、SHA-1（Secure Hash Algorithm 1，安全哈希算法 1）、SHA-256（Secure Hash Algorithm 256，安全哈希算法 256）等。然而，由于哈希函数的单向性和固定长度性，它不适用于加密敏感数据。

上述的这些加密算法经过了严格的数学推导与证明，能够保证在多项式时间内密文无法被破译，因此被广泛应用于基于密码学的隐私保护联邦学习协议中。

2. 基于密码学的隐私保护联邦学习简介

现有的基于密码学的隐私保护联邦学习方案大多为 n 个客户端和一个或多个聚合服务器共同进行模型训练，部分方案需要引入处于客户端与服务器中间的实体来辅助训练。大致流程为：首先服务器提供需要训练的全局模型给客户端，客户端或是可信的第三方进行密钥的生成与分发；接着客户端利用自己的本地数据对服务器提供的模型进行训练，得到本地模型，使用密钥对本地模型加密后发送给服务器，服务器利用密钥协议在不直接获取客户端本地模型的情况下进行解密与模型聚合；最后得到本轮训练完成的全局模型，重复上述步骤直至模型的精度等方面性能满足需求后结束训练。目前，较热门的基于密码学的隐私保护联邦学习协议大多是基于安全多方计算（Secure Multi-Party Computation，SMPC）的隐私保护联邦学习。安全多方计算起源于姚期智在 1982 年提出的百万富翁问题，它要求两个富翁在不透露自己具体拥有的财富数额的情况下对其进行比较。在传统的计算模型中，参与方需要将私密数据提供给一个可信的第三方进行计算。然而，在某些情况下，参与方可能对第三方不信任或不愿意将自己的私密数据暴露给其他人。安全多方计算为解决这个问题提供了一种解决方案。它的核心思想是利用密码学技术，使参与方能够在不直接交换私密数据的情况下进行计算。参与方通过协议交换加密的部分信息，然后进行计算并得到结果。这样，即使存在参与方之间互相不信任或不愿意共享私密数据的情况，所有参与方仍然能够共同完成计算任务，并且无法通过计算过程中的交互数据推断出任何一方的私密数据。

例如，在一个通信网络中存在 n 个互不信任的参与方 $P_1, P_2, \cdots, P_n$，每个人都拥有秘密 X_i，参与方 P_i 通过加密函数 f 加密 X_i 得到密文 Y_i。任意的参与方 P_i 除了 Y_i 外无法获得其他参与方的任何输入信息。通过对 Y_i 进行操作，最终得到计算结果。

安全多方计算发展至今，主流的方案包括秘密共享（Secret Sharing，SS）、同态加密（Homomorphic Encryption，HE）、不经意传输（Oblivious Transfer，OT）、混淆电路（Garbled Circuit，GC）等，将这些技术与联邦学习结合，能够实现更有效的保护用户隐私的方案。下面将介绍这些技术的具体原理和一些利用它们实现的隐私保护联邦学习方案。

3. 使用秘密共享的隐私保护联邦学习

（1）秘密共享的相关概念

秘密共享是一种将秘密分割存储的密码学技术，它的目标是实现在一定程度上抵御多方合谋与入侵，确保秘密的安全性。即使有部分参与方受到攻击或将秘密份额泄露，攻击者也无法获取到完整的秘密信息。秘密共享的核心思想是将一个秘密拆分成 n 份，然后分发给参与方 $P_1, P_2, \cdots, P_n$，每方拥有秘密的一部分，即秘密份额。当一方要获取另一方秘密时，必须获得一定数量（t-out-of-n 方案）或是所有的（n-out-of-n 方案）秘密份额，才能恢复出原始的秘密信息，图 7-14 简单展示了 t-out-of-n 方案的秘密共享过程。

通过使用秘密共享，隐私保护联邦学习中参与方的隐私数据被拆分为秘密份额。因此，即使秘密份额在传输过程中泄露，攻击者也必须获取足够数量的秘密份额才能够复原出秘密，攻击难度大大提高，用户隐私得到保护。

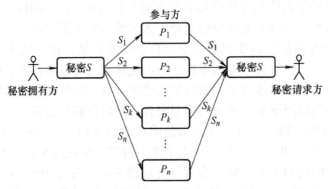

图 7-14　t-out-of-n 方案的秘密共享过程

Shamir 秘密共享方案是一种具有代表性的 t-out-of-n 方案。它是基于拉格朗日（Lagrange）插值定理实现的一种方案。方案通过有限域上的 n 次随机多项式来分享秘密。多项式的零次项系数（即常数项）为被分享的秘密。恢复秘密至少需要 t 个多项式上的点。方案的实现过程如下：

1）准备阶段：秘密拥有者 u_s 从有限素数域 Z_p 随机选取 $(t-1)$ 个正整数，a_0 为秘密 S，构建 $(t-1)$ 次多项式 $f(x) = a_0 + a_1x + a_2x^2 + a_3x^3 + \cdots + a_{t-1}x^{t-1}(\mathrm{mod}\ P)$。

2）秘密分发：秘密拥有者 u_s 随机选择 n 个点 $x_1, \cdots, x_n$，构建 $\{x_i, f(x_i)\}, i \in \{1, 2, \cdots, n\}$ 并发送给对应的用户 u_i。

3）秘密重建：给出 t 个 $\{x_i, f(x_i)\}$，秘密重建者通过拉格朗日插值能够得到秘密 a_0。

简单来说，假如构造的秘密多项式为二次多项式 $f(x) = a_2x^2 + a_1x + a_0$，由于多项式有 3 个未知的系数，如果想要获取秘密，则至少需要得到三个不同的 x 和其对应的 $f(x)$ 的值才能解出方程。

但是 Shamir 秘密共享其实暗含了一个不切实际的假设前提——所有的参与方，包括密钥管理中心都必须是诚实的。然而，在实际应用中，参与方可能不诚实。参与方可能会故意或是由于一些非主观因素（如网络传输错误）提供了错误的秘密份额，这样会导致无法正确地恢复秘密。因此，Shamir 方案的防欺骗能力很弱，当使用 t-out-of-n Shamir 方案时，一个欺骗者就能很大概率上成功欺骗 $(t-1)$ 个诚实的参与方。欺骗者只需提供一个错误的秘密份额，然后利用其他 $(t-1)$ 个参与方提供的正确的秘密份额就能恢复出正确秘密，而其他参与方只能得到错误的秘密。

为了解决这一问题，可验证秘密共享（Verifiable Secret Sharing，VSS）的概念于 1985 年提出。一个正常执行的可验证秘密共享方案能够确保在秘密分发阶段，分发者发送给参与方的共享是正确的；在秘密重建阶段，参与方提交的共享也是正确的。已有的可验证秘密共享方案可以分为两大类：一类基于零知识证明，另一类借助公钥密码系统和同态函数。第二类相对来说效率较高并且都是非交互式的，更符合实际需要，例如 Feldman 方案利用秘密多项式生成验证信息，在秘密重建阶段对该验证信息进行验证，确保秘密多项式没有被篡改。该方案可以抵抗 $\frac{n-1}{2}$ 个恶意参与方。

（2）使用秘密共享的隐私保护联邦学习的实例

秘密共享技术已被应用于现有的许多隐私保护联邦学习方案。在移动设备（如手机等）上进行联邦学习时，容易出现因设备自身问题（如电量不足）或是网络问题而使训练设备掉线的状况，导致该客户端持有的秘密丢失，最终影响全局训练。此时，只要在线用户数不低于 Shamir 方案的阈值，即使有一定的客户端掉线，Shamir 秘密共享仍能恢复该客户端持有的秘密，提高了联邦学习效率。安全聚合（Secure Aggregation，SA）是使用秘密共享实现隐私保护联邦学习的知名方案。该方案为 n 个客户端和一个聚合服务器协同训练，并利用了 Shamir 秘密共享辅助解密。方案共分为五个阶段，如图 7-15 所示。首先可信的第三方通过初始化步骤来确定一系列方案参数，并发送签名密钥 d_u^{SK} 和身份验证密钥 d_v^{PK} 给对应客户端，方案正式开始。

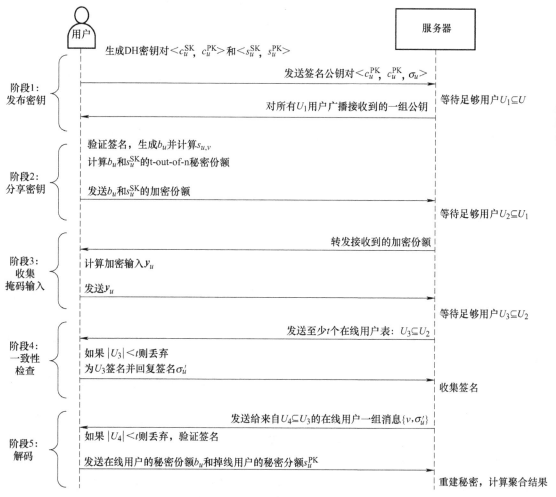

图 7-15　安全聚合协议的实现过程

1）发布密钥（Advertise Key）。

① 客户端：生成自己的公私钥 s_u^{PK}、s_u^{SK} 和秘密份额操作密钥 c_u^{PK}、c_u^{SK}，通过签名算法生成 c_u^{PK} 和 s_u^{PK} 的签名 σ_u，将 c_u^{PK}、s_u^{PK}、σ_u 发送给服务器。

② 服务器：收集数量高于阈值 t 的客户端消息，否则废弃本轮，收集到的客户端分组为 U_1，对 U_1 广播消息 $\{(v, c_v^{PK}, s_v^{PK}, \sigma_v)\}_{v \in U_1}$。

2）分享密钥（Share Key）。

① 客户端：收到服务器发送的消息并对签名进行验证。生成随机数 b_u，并通过 Shamir 协议生成 b_u 和 s_u^{SK} 的秘密份额，使用 Diffie-Hellman（DH）密钥交换协议生成对称密钥 $c_{u,v}$，利用 $c_{u,v}$ 加密秘密份额，得到密文 $e_{u,v}$ 并发送给服务器。

② 服务器：收集数量高于阈值 t 的密文，收集到的客户端分组为 U_2，对 U_2 广播密文集合 $\{e_{u,v}\}_{v \in U_2}$。

3）收集掩码输入（Masked Input Collection）。

① 客户端：收到服务器发送的密文集，使用 DH 密钥交换协议计算出对称密钥 $s_{u,v}$，利用伪随机生成器（Pseudorandom Generator，PRG）生成掩码 $p_{u,v} = \Delta_{u,v} \text{PRG}(s_{u,v})$，当 $u > v$ 时，$\Delta_{u,v} = 1$；当 $u < v$ 时，$\Delta_{u,v} = -1$，且 $p_{u,u} = 0$（易知加和结果为 0，从而聚合时消去掩码），生成掩码 $p_u = \text{PRG}(b_u)$，对本地训练好的模型向量 $\boldsymbol{x}_u$ 进行加密得到加密向量 $\boldsymbol{y}_u \leftarrow \boldsymbol{x}_u + \boldsymbol{p}_u + \sum_{v \in U_2} \boldsymbol{p}_{u,v} (\text{mod } R)$，将 $\boldsymbol{y}_u$ 发送给服务器。

② 服务器：收集数量高于阈值 t 的加密向量，收集到的客户端分组为 U_3，把客户端集 U_3 发送给 U_3 内客户端。

4）一致性检查（Consistency Checks）。

① 客户端：收到服务器发送的客户端集，利用签名算法生成 σ'_u 并发送给服务器。

② 服务器：收集数量高于阈值 t 的签名，收集到的客户端分组为 U_4，发送给 U_4 签名集 $\{v, \sigma'_v\}_{v \in U_4}$。

5）解码（Unmasking）。

① 客户端：收到签名集，验证数据，通过对称密钥解密 U_2 内客户端的密文得到秘密份额，将 $s_{v,u}^{SK}, v \in U_2 \backslash U_3$ 和 $b_{v,u}, v \in U_3$ 发送给服务器。

② 服务器：收集数量高于阈值 t 的消息，解密秘密份额，计算出掩码并进行解密得到更新后的模型。

从步骤 3）中可知，如果某一客户端掉线，那么其对应的加密掩码 $\sum_{p_{v,u}}$ 就会丢失，导致聚合阶段的掩码加和结果不为 0。但协议利用 Shamir 秘密共享，使得客户端即使在步骤 3）掉线，服务器也能从在线客户端处收集掉线客户端的秘密份额。只要达到恢复阈值，服务器就能利用秘密份额来恢复该客户端的掩码。并且通过引入 b_u，方案解决了一类隐私泄露问题。在方案运行过程中，可能会出现服务器延迟收到客户端的 $\boldsymbol{y}_u$，或是服务器想要恶意获取客户端隐私的情况。在这种情况下，服务器会将该客户端视为掉线客户端，请求恢复该客户端 $\sum\limits_{P_{v,u}}$ 的秘密份额。因此，服务器能够单独去除 y_u 的掩码，从而获得 y_u 包含的隐私数据。但在添加了 b_u 后，服务器解除了 $\sum\limits_{P_{v,u}}$ 的掩码，仍有 b_u 的掩码保护用户隐私，使得这类攻击无法实现。另外，在原有的半诚实协议基础上，图 7-15 中还添加了一致性检查和签名系统。这一系统能够验证服务器发送的信息，使得协议可以防御服务器的主动攻击。同时，相比于使用同态加密的协议，利用 Shamir 秘密共享设计的加解密方案大幅降低了安全聚合协议的计算开销，协议的整体运行效率大幅提高。

不过安全聚合协议仍存在不足，可以在它的基础上进行一些改进以实现更好的性能与安全性。在提高协议性能方面，可以使用同态伪随机生成器（Homomorphic Pseudorandom Generator，HPRG）取代安全聚合协议使用的 D–H 密钥交换协议，或是将秘密共享节点的完全图拓扑替换为稀疏随机图。在协议可验证性上，可以将双掩码加密与同态哈希函数结合在一起来进行验证。在 Shamir 秘密共享的基础上，通过改进密钥方案与签名方式以及增加模型验证功能，能够使得安全聚合协议更加完善与高效。

4. 使用同态加密的隐私保护联邦学习

（1）同态加密的相关概念

传统的加密方案如果不先对加密数据进行解密，就无法对其进行加密，用户必须牺牲个人隐私来使用云服务，如文件存储、共享和协作。此外，不受信任的服务器可以保存用户加密相关信息很长一段时间。这对用户来说是一个重要的隐私问题。同态加密是这一问题的解决方案之一，它是一种安全加密技术，允许第三方（如云服务提供商）在加密数据上进行特定的代数运算，同时保留加密数据的功能特征。它能保证加密数据运算后解密的结果与明文直接运算的结果一致。同态加密分为加法同态加密和乘法同态加密。根据同态加密方案支持的运算类型可以大致分为半同态加密和全同态加密，具体见表 7-2。当一个方案仅支持加法或乘法同态运算时，称其为半同态加密，或是部分同态加密（Partially Homomorphic Encryption）。当一个方案支持一种同态运算进行多次，另一种仅支持有限次，称其为近似同态加密（Somewhat Homomorphic Encryption）。现有的方案大都支持任意次同态加运算和有限次同态乘运算。如果加密方案允许对加密数据进行无限次的加法和乘法同态运算，称其为全同态加密（Fully Homomorphic Encryption）。

235

表 7-2　同态加密分类

类型		算法
半同态加密	乘法同态	RSA、El-Gamal
	加法同态	Goldwasser–Micali、Paillier
近似同态加密		Boneh–Goh–Nissim（BGN，支持任意次加法和一次乘法）
全同态加密		Gentry 方案、GSW 方案

在隐私保护联邦学习中，服务器需要将收集到的用户模型进行聚合从而得到全局模型。而半同态加密中的加法同态加密就可以协助实现这一过程。只需将加密数据进行同态加操作，即可实现明文数据的聚合。而加法同态的 Paillier 方案因其效率较高、安全性证明完备等特点被广泛应用于现有的大部分使用同态加密的隐私保护联邦学习方案。该方案的实现过程如下：

1）生成密钥：接收方首先随机选择两个满足方案要求的大素数 p、q，且 p、q 长度相同。然后计算 $n = pq$ 和 $\lambda = \mathrm{lcm}(p-1, q-1)$（lcm 为计算最小公倍数）。最后随机选择整数 $g \in Z_{n^2}^*$，计算出公钥 (n, g) 和私钥 (λ, μ)，并公布公钥给发送方。

2）明文加密：发送方选择随机数 $r \in Z_n^*$ 且 $\gcd(r, n) = 1$（gcd 为计算最大公约数）。然后计算密文 $c = g^m r^n \bmod n^2$，m 为明文数据，满足 $0 \leqslant m \leqslant n$，将 m 发送给接收方。

3）密文解密：接收方收到密文，使用对应的解密方法解密密文 c，得到明文 m。

（2）使用同态加密的隐私保护联邦学习的实例

较新的使用同态加密的隐私保护联邦学习方案有 VOSA（Verifiable and Oblivious Secure Aggregation，可验证且不易察觉的安全聚合）协议，图 7-16 所示为 VOSA 协议的运行流程。该方案利用同态加密来设计验证方法，使客户端能够验证从服务器接收到的更新的聚合模型的正确性，增强了协议的可靠性。该方案还设计了一个动态的群组管理机制来处理客户端掉线。方案中的 KGC 为密钥生成中心（Key Generation Center），主要负责对系统进行初始化和生成公共参数，并将参数分配给客户端和聚合服务器。通过选择一个客户端作为收集者收集掩码密钥并发送给服务器，降低了通信开销。该方案的实现包含五个阶段：

1）初始化（Setup）。KGC 初始化系统参数 pm，客户端选择私钥 $\mathrm{sk}_i \in [0, N^2]$ 和标记密钥 $\mathrm{tk}_i \in Z_{N^2}^*$。服务器选择私钥 $\mathrm{sk}_A \in Z_{N^2}^*$。

2）掩码加密与标记（Masking and Tag）。客户端进行模型训练并得到本地梯度 $w_{i,t}$，对梯度加密得到密文 $C_{i,t}$，构建认证标签 $T_{i,t}$，将 $C_{i,t}$ 和 $T_{i,t}$ 发送给服务器。

3）收集（Collection）。

① 服务器：接收 $C_{i,t}$ 和 $T_{i,t}$，将成功接收的客户端分组为 U_1，告知收集者 U_1，为 U_1 中客户端生成并分发公钥 $\mathrm{pk}_{A,t}$。

② U_1 内客户端：计算辅助信息 $\mathrm{Au}_{i,t}$ 和 $\mathrm{Vk}_{i,t}$，并将它们发送给收集者。

③ 收集者：接收 $\mathrm{Au}_{i,t}$ 和 $\mathrm{Vk}_{i,t}$，将成功接收的客户端分组为 U_2，使用 U_3 客户端（$U_3 = U_1 \bigcap U_2$）提供的信息计算解码密钥 $\mathrm{Au}_t = \prod_{i=1}^{m} \mathrm{Au}_{i,t}$ 和验证密钥 $\mathrm{Vk}_t = \prod_{i=1}^{m} \mathrm{Vk}_{i,t}$，将 Au_t 和 U_3 发送给服务器，Vk_t 分发给 U_3 中的客户端。

4）解码和聚合（Unmasking and Aggregate）。服务器计算加密梯度的聚合值 $C_t = \left(\prod_{i=1}^{m} C_{i,t} \right)^{\mathrm{sk}_A} \bmod N^2$，利用收到的解码密钥对聚合值解码得到 W_t，生成解码聚合值的验证信息 $T_t = \left(\prod_{i=1}^{m} T_{i,t} \right)^{\mathrm{sk}_A}$，将 (W_t, T_t) 发送给 U_3 中的客户端。

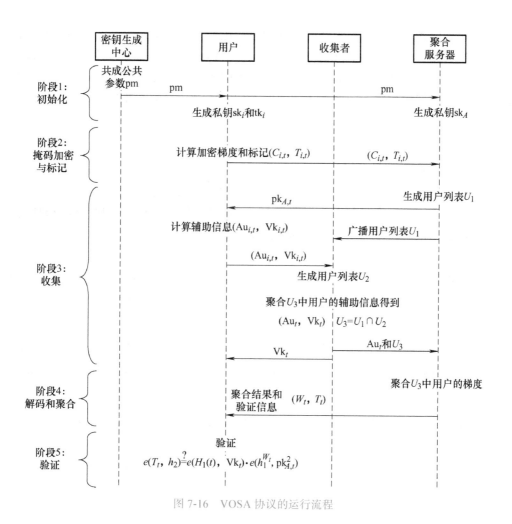

图 7-16 VOSA 协议的运行流程

5）验证（Verification）。客户端收到 (W_t, T_t) 后利用它们进行验证，若验证通过则接受更新的模型，否则丢弃。

本方案为了实现验证，额外引入了一个标记密钥（Tag Key），让服务器可以将自己的私钥与它整合，在最后利用双线性配对的性质判断模型正确性。由于需要实现验证，除了同态方案的基础的密钥和密文外，客户端还需要额外交换与验证相关的密钥，因此使得方案的通信开销进一步增大。为了解决这一问题，方案引入了收集者的概念，即让一个客户端单独与其他客户端通信。收集者负责整合收到的消息辅助解码以及验证相关信息，从而降低通信开销。收集者还创建了动态客户端组，能够筛选掉在阶段 2、3 中掉线的客户端的无效信息，进一步降低了通信开销。但这也产生了一个问题，即收集者掉线后就无实体收集信息提供给服务器。方案并未明确给出解决方法，倘若收集者掉线后本轮训练废弃，无疑会降低方案的训练效率，即使给出重新选择收集者的算法，也会产生一定的时间代价。因此，引入收集者所节约的时间与该代价相比是否合理有待商榷。另外，收集者需要与其他客户端通信，这也对设备性能提出了要求，因而如何选择能够满足要求的收集者也是一大问题。

由于同态加密需要使用大素数密钥加密局部模型，因此最后服务器聚合需要进行大素数同态运算，导致运算量级提高，计算开销巨大，最终使得联邦学习效率降低，这是使用同态加密的隐私保护联邦学习的最大缺点。如果应用在移动设备上也较难满足用户对响应时间的需求。如何优化这一问题关乎使用同态加密的隐私保护联邦学习方案的进一步的发展与实际应用的投入。

5. 使用不经意传输的隐私保护联邦学习

（1）不经意传输的相关概念

不经意传输是一种用于在两个参与方之间进行信息传输的密码学协议，其中一个参与方称为发送方，另一个参与方称为接收方。不经意传输的目标是确保接收方只能获取到其所需的信息，而无法得知发送方的其他信息。在不经意传输协议中，发送方通常拥有多个消息，而接收方只需要选择其中一个消息进行接收。不经意传输概念的提出是为了解决如下问题，即假设 Alice 拥有秘密 S_A，Bob 拥有秘密 S_B。Alice 和 Bob 想要交换秘密，要求两方都有可能得到秘密并且秘密拥有方不知道对方是否得到秘密。问题的最初解决方法如下：

假设 Alice 拥有公钥 K_A，Bob 拥有公钥 K_B，他们可以用公钥进行加密和数字签名。

1）Alice 选择两个大素数 p、q 并创建一次性密钥 $n_A = pq$，将 n_A 用 K_A 签名并发送给 Bob。

2）Bob 选择两个大素数 p_1、q_1 并创建一次性密钥 $n_B = p_1 q_1$，将 n_B 用 K_B 签名并发送给 Alice。

3）Bob 选择随机数 $x \leqslant n_A$，计算 $c = x^2 \bmod n_A$，发送 c 和 K_A 加密的 x 给 Alice。Alice 找到 x_1，使 $x_1^2 = c \bmod n_A$，发送 x_1 给 Bob。

4）Bob 计算 $\gcd(x - x_1, n_A) = d$，此时 $p(d = q \text{ or } d = p) = \dfrac{1}{2}$。

5）Bob 通过 $\nu_B = \begin{cases} 0 & \text{if}(x - x_1, n_A) = p \text{ or } q \\ 1 & \text{otherwise} \end{cases}$ 来计算 ν_B，然后计算 $\varepsilon_B = S_B \oplus \nu_B$ 并发送给 Alice。

通过上述过程，Alice 有 1/2 的概率得到 S_B，Bob 也能够通过相同的步骤以 1/2 的概率获得 S_A。易知，双方有 1/4 的概率都无法获取对方的秘密。因此，没有办法实现通信双方必然能够获取秘密的要求。

后续的学者对这一有缺陷的方案进行改进，提出了 1-out-of-2 OT（二选一不经意传输），如图 7-17 所示，此时问题场景变成了 Alice 拥有两个秘密 S_A 和 S_B，而 Bob 想要获取其中一个秘密。在协议执行完成之后，Bob 必定能够获得一个秘密，但是无法知晓另一个秘密，并且 Alice 无法了解 Bob 选择的秘密是 S_A 还是 S_B。后续提出的不经意传输协议基本是在 1-out-of-2 OT 协议的理论基础上在计算效率、通信传输效率等方面进行了进一步改进，使其更加具有实用价值。

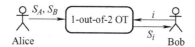

图 7-17　1-out-of-2 OT 的简单示意图

（2）使用不经意传输的隐私保护联邦学习的实例

隐私保护联邦学习方案 ELSA 就使用了不经意传输协议对客户端隐私数据进行安全传输，如图 7-18 所示。不同于使用同态加密和秘密共享的隐私保护联邦学习方案，它是一种基于跨两台服务器的分布式信任构建的协议。只要一台服务器是诚实的，就可以保护诚实的客户端隐私，防御主动攻击。方案中客户端 C_i 首先通过布尔秘密共享方法生成客户端秘密的布尔共享，通过 OT 协议将它转化为 OT 相关对，将对应内容分别发送给设定为 OT 发送方的服务器 S_0 和 OT 接收方的服务器 S_1。服务器交换 OT 相关对并对其进行 OT 验证，确认无误后将其转换为算术秘密共享进行模型聚合，从而得到更新后的模型。ELSA 详细的半诚实端到端协议包含 Input Sharing、Square Correlation Generation、OT Verification、Square Correlation Verification、Bit Composition、L_2 Computation、L_2 Enforcement 和 Aggregation 八个部分。方案实现了防御恶意客户端上传错误的模型影响全局模型，协议运行更为安全；优化了计算与通信开销，与其他分布式信任工作相比，协议运行效率更高；降低了对于客户端的通信带宽要求，能够容忍用户退出，系统鲁棒性更高。但协议无法单独区分出恶意服务器与客户端，因此需要对所有的服务器和客户端进行相应的验证，计算开销有所增大。

239

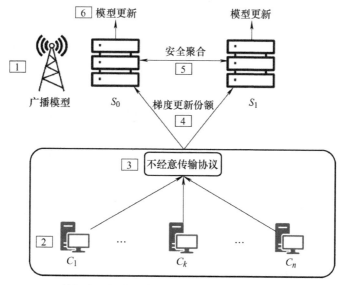

图 7-18　ELSA 协议实现概览。其中，S_0、S_1 为服务器，一方为 OT 发送方，另一方为 OT 生成方，C_i 表示第 i 个客户端

使用不经意传输的隐私保护联邦学习相较于使用秘密共享与同态加密的隐私保护联邦学习的数量较少，主要问题集中于通信开销和计算开销等方面。同时，不经意传输技术在具体应用与隐私保护联邦学习时涉及的理论知识也更为复杂，考虑的安全性问题更多，方案设计的难度高。但使用不经意传输方案的优势也很明显。由于是使用两台服务器进行联邦学习，避免了单点故障，降低了服务器受到攻击后的隐私风险，这是使用其他两种密码学技术实现的方案难以做到的。

7.3.2 其他数据隐私保护方法

采用非密码学方法实现的隐私保护联邦学习也有多种，如差分隐私（Differential Privacy，DP）、区块链（Blockchain）。不同于基于密码学的方法，它们不需要一整套加密体系，或是加密不作为主要的数据保护方法；例如差分隐私通过加噪实现隐私保护。下面将对这些方法进行介绍。

1.使用差分隐私的隐私保护联邦学习

简单来说，差分隐私所面对的需解决的问题为：假设有一个数据库记录了一片区域内居民的体重数据，从数据库中可以查询到居民体重的平均值和居民数。若此时添加了一位新的居民的体重数据，那么攻击者就可以根据变化前后的平均值获取到该居民的体重信息。差分隐私的目标就是实现攻击者所能了解的信息（居民体重平均值）不会因新的样本出现（如新增的居民体重）而发生变化，无法分辨出特殊个体（即无法得到新增居民体重）。差分隐私给出的具体解决方法是添加噪声，它通过对原始数据添加一些干扰数据（噪声），使得加噪新样本产生的影响与直接添加新样本产生的影响不同，攻击者因而无法获取正确的结果。一般来说，加入噪声越大，隐私保护越好，但数据受干扰程度也随之增大，导致数据可用性降低。因此，差分隐私是在隐私保护和数据可用性间做权衡。图 7-19 和图 7-20 所示分别为中心化和本地化差分隐私的处理框架。

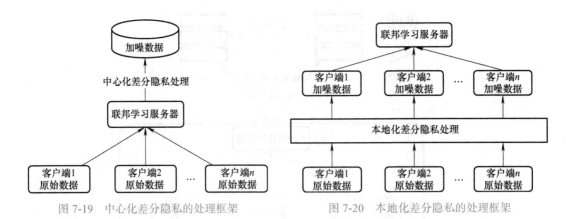

图 7-19 中心化差分隐私的处理框架　　　图 7-20 本地化差分隐私的处理框架

使用差分隐私的隐私保护联邦学习在原有联邦学习方案基础上添加了裁剪和加噪的步骤。在服务器端，为了防止服务器发送的全局更新被攻击者推理出敏感信息，会对客户端发送的梯度更新进行裁剪后聚合，聚合完成后添加噪声。客户端也需要防范其他参与方或服务器试图获取其隐私信息而进行的攻击。因此，客户端在上传其梯度更新时，也可以进行梯度裁剪等操作进行防御。

总的来说，差分隐私虽然能够提供一定的隐私保护，但因为其自身原理，可能会影响模型训练的进度与最终精度，并且仍存在被破解的可能，因此最近的大部分隐私保护联邦学习方案都只是将它作为一种增强保护的辅助手段。

2. 使用区块链的隐私保护联邦学习

（1）区块链的相关概念

区块链是一种去中心化的分布式账本技术，它以链式数据结构的形式记录和存储交易信息。它的核心特点是去中心化、安全性和透明性。在传统的中心化系统中，所有的交易和数据都由中央机构或第三方机构进行管理和控制。而区块链通过分布式的方式，将交易信息记录在多个节点上，并通过共识算法确保数据的一致性和安全性，避免了单点故障和中心化的风险。区块链的基本组成部分是区块，每个区块包含了一系列的交易记录。每个区块都包含一个指向前一个区块的引用，形成了一个不可篡改的链式结构。每个区块都经过加密和哈希运算，确保数据的完整性和安全性。区块链的交易信息可以被所有参与的节点验证和记录，而且一旦被写入区块链，就无法被篡改。这使得区块链具有高度的透明性和可追溯性，任何人都可以查看和验证交易。区块链可以大致分为公有链（Public Blockchain）、私有链（Private Blockchain）、联盟链（Consortium Blockchain）和混合链（Hybrid Blockchain），图 7-21 所示为区块链网络架构的简单示意图。

241

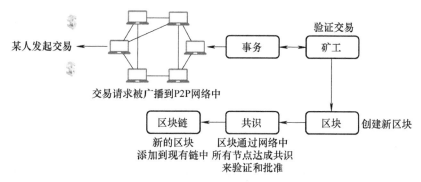

图 7-21　区块链网络架构的简单示意图

（2）使用区块链的隐私保护联邦学习的实例

由于物联网设备具有数量庞大，涉及地域广，但基本不会发生移动跨区域等特点，因此使用区块链的隐私保护联邦学习大多都应用于物联网领域。Biscotti 方案利用区块链技术实现了联邦学习的隐私保护方案，利用差分隐私加噪保护数据，通过 Shamir 秘密共享协助进行安全聚合。Biscotti 的单轮执行过程如图 7-22 所示，共分为八个步骤：

1）每个客户端进行本地模型训练。

2）每个客户端从协议给定的对应的一组噪声客户端收集噪声，并通过 VRF（可验证随机函数）选择。

3）每个客户端利用差分隐私加噪来保护更新隐私。

4）验证委员会对上传的加噪更新进行验证。

5）若验证通过，则验证委员会的每个成员会为该客户端的未加噪更新签署一个承诺。

6）通过 Shamir 秘密共享将签名更新分成多份并发送给聚合委员会。

7）聚合委员会执行安全协议聚合上传的未加噪更新（提供了秘密份额的客户端以及验证和聚合委员会的客户端都将在系统中获得额外的权益）。

8）使用聚合结果更新全局模型，创建一个区块进行存储并加入账本，将更新后的模型广播给所有客户端。

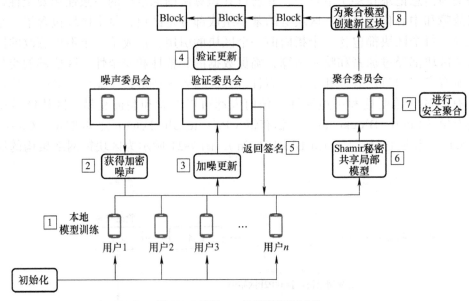

图 7-22　Biscotti 的单轮执行过程

协议中的委员会成员是从协议所在的 P2P 网络中选择出的符合要求的客户端。在区块链设计上，该方案采用将只读块添加到链式结构，并通过相应协议的方式来构建分布式账本。每个块包含了前一个块的指针信息、多个客户端生成的更新聚合 Δw、第 t 轮的全局模型快照、新添加进账本的块以及聚合结果 $\sum \Delta w_i$。方案设计了多项式承诺来验证聚合结果的正确性，避免了因验证聚合结果需要客户端上传更新导致的隐私泄露问题。

每轮迭代根据权益将验证者等角色分配给满足要求的客户端，即每轮按照客户端在协议运行过程中做出的贡献来挑选。同一客户端可以担任多种角色，但不能同时为验证者和聚合者。所有客户端共用相同的验证委员会和聚合委员会，但每个客户端会有单独对应的噪声委员会。

在区块链共识上，当一个客户端观察到一个新的区块时，通过验证委员会成员以及聚合委员会成员构建的签名，客户端可以验证所执行计算的正确性。方案中每个验证和聚合步骤只在一段时间内进行，超时的更新会被直接删除。一旦竞争区块被提交到分类账本，Biscotti 就不会将过时的更新聚合到模型中。

区块链作为去中心化的共享模型，消除了以往联邦学习对中央聚合服务器的依赖，避免了单点故障的问题，但由于性能和可扩展性等不足，目前应用到移动设备等对响应速度有较高要求的终端仍有困难。

7.4　联邦学习的具体实现案例

联邦学习作为一种新兴的机器学习方法，已经在各个领域展现出了巨大的潜力。通过联邦学习，不同数据持有方可以共同训练模型，而无须共享数据，保护了数据隐私的同时又能够获得更加精准的模型。虽然联邦学习在性能和隐私保护等方面仍有待进一步研究，但在实际应用中，联邦学习已经在医疗、交通等领域取得了一些成功的案例，为这些行业带来了可观的商业效益与社会效益。接下来将具体介绍一些关于联邦学习的实现案例，了解其在不同领域的应用和展现出的效果。

首先以 7.2 节提到的安全聚合方案为例，介绍一些它的关键实现算法。下面是方案的 Shamir 秘密共享的秘密拆分算法，它将一个需要共享的秘密分为了多个秘密份额。

```
//Shamir 秘密分发函数，secret 表示需要拆分的秘密，needed 表示 Shamir 恢复的阈值，available
表示接收分发的秘密的客户端数，prime 和 random 用于生成随机大素数
public static SecretShareBigInteger[] split（final BigInteger secret，int needed，int available，
BigInteger prime，
            Random random）{

    //coeff 数组存储 Shamir 秘密多项式的系数，coeff[0] 为秘密
    final BigInteger[] coeff = new BigInteger[needed];
    coeff[0] = secret;

    // 生成随机大素数作为秘密多项式系数
    for（int i = 1；i < needed；i++）{
        BigInteger r;
        while（true）{
            r = new BigInteger（prime.bitLength()，random）;
            if（r.compareTo（BigInteger.ZERO）> 0 && r.compareTo（prime）< 0）{
                break;
            }
        }
        coeff[i] = r;
    }

    //shares 数组存储秘密份额
    final SecretShareBigInteger[] shares = new SecretShareBigInteger[available];

    // 将多项式系数与选定的值相乘得到秘密共享
```

```
for（int x = 1；x <= available；x++）{
    BigInteger accum = secret；
    for（int exp = 1；exp < needed；exp++）{
        accum = accum.add（coeff[exp].multiply（BigInteger.valueOf（x）.pow（exp）.mod
        （prime）））.mod（prime）；              // a0+a1x+a2x^2...anx^n
    }
    shares[x – 1] = new SecretShareBigInteger（BigInteger.valueOf（x），accum）；
                                                // 存入选择的值和生成的秘密值
}
return shares；
}
```

算法首先创建数组 coeff 存储多项式系数，coeff[0] 为秘密值。接着通过循环生成符合要求的多项式系数值并存入 coeff 中。创建 shares 数组存储秘密多项式值，即秘密份额。通过循环计算秘密份额，即 $accum = f(x) = a_0 + a_1x + a_2x^2 + a_3x^3 + \cdots + a_{t-1}x^{t-1} \bmod P(x = 1, 2, \cdots, t)$，将 accum 存入 shares 数组中，得到需要分发的秘密份额。通过本算法，客户端将通过非对称加密算法生成的客户端私钥拆分为秘密共享，私钥是用于加密联邦学习训练得到的本地模型。接着通过其他操作将秘密份额发送给参与训练的其他客户端，当出现掉线客户端时，服务器从在线客户端处获取该客户端私钥的秘密份额来解密加密的本地模型，这样能够保证即使攻击者获取了部分秘密份额也无法解密出客户端的私钥，从而无法解密出客户端的本地模型，保护了客户端隐私。

下面的代码实现了安全聚合协议阶段 2 中客户端加密上传的梯度。首先调用 genPRGBigVec() 生成掩码 p_u，然后将 p_u 与调用 genMaskedInputCollection() 生成的掩码 $\sum_{v \in U_2} p_{u,v}$ 和 x_u 加和得到加密向量 y_u。对于 genMaskedInputCollection() 函数，利用公钥和私钥生成对称密钥 $s_{u,v}$，并将其转换成可以进行加和操作的 BigInteger 类型。$p_{u,v} = \Delta_{u,v} \mathrm{PRG}(s_{u,v})$，当 $u > v$ 时，$\Delta_{u,v} = 1$，当 $u < v$ 时，$\Delta_{u,v} = -1$，$p_{u,u} = 0$；按照上述要求计算出 $\sum_{v \in U_2} p_{u,v}$。通过双重加密，保护了客户端的本地模型，避免了客户端直接上传本地模型引起的隐私泄露问题。

```
// 传入大整数对应的字符串与需要加密的梯度长度，genPRGBigVec 通过 PRG 生成加密掩码
bUPrg
var bUPrg = BigVec.genPRGBigVec（this.b_u.toString()，this.gSize）；
BigVec y_u = this.x_u.add（bUPrg）.add（genMaskedInputCollection()）；
                            // 调用掩码生成函数 genMaskedInputCollection 对梯度进行加密

//genMaskedInputCollection 函数实现
BigVec p = BigVec.Zero（this.gSize）；              // 存储加密掩码

// 遍历公钥，与私钥相乘得到 Element 类型的掩码，转换为大整数后通过 PRG 生成加密掩码
for（var e：sPubKeys.entrySet()）{
    Element sUV = e.getValue().getImmutable().duplicate().mul（this.sSk_u）；
```

```
BigInteger sUVBig = Utils.hash2Big（sUV.toString()，this.order）;
var sUVPrg = BigVec.genPRGBigVec（sUVBig.toString()，this.gSize）;

// 若发送方 id 大于接收方 id，则加掩码，否则减掩码
if（this.id > e.getKey()）{
    p = p.add（sUVPrg）;
} else {
    p = p.subtract（sUVPrg）;
}
}
```

7.5　联邦学习的未来发展趋势

随着数据的爆炸性增长和隐私保护意识的提升，如何在有效保护用户个人隐私数据的情况下训练机器学习模型是未来人工智能领域技术发展与实际应用必须解决的问题。联邦学习作为一种前沿的机器学习技术，正逐渐成为解决数据隐私和数据孤岛问题的有效工具。未来，随着人工智能技术的不断发展和应用场景的不断扩展，联邦学习将因自身技术优势在各个领域展现出更为广阔的应用前景，促进跨机构之间的合作与数据共享，推动人工智能技术的发展，并随着技术的创新不断完善，为构建更加安全、高效的人工智能应用提供强大支持。

在医疗保健领域，联邦学习可以应用于医疗影像分析模型的训练，特别是针对癌症等病症的学习训练。由于医疗影像的私密性，无法直接公开数据。此时联邦学习就能够在保护患者的身体隐私数据的前提下进行模型训练。并且不同医疗机构可以共享医疗影像数据以及一些临床数据，通过联邦学习建立经过更多数据训练的模型，可以进一步提高医生对疾病诊断的准确性，帮助医生们更快速地做出诊断和治疗计划，让病人得到更好更及时的治疗。联邦学习还可以整合不同地区的疾病数据，例如流感传播数据和疫情数据，建立疾病传播预测模型。这有助于更好地预防和控制疾病的传播。

在金融领域，由于存在数据孤岛，银行只能通过征信记录来了解借贷人的情况，此时就可能被有组织地恶意借贷，造成重大损失。如果银行的风控系统添加了联邦学习技术，就可以通过联邦学习来整合客户各方面的信用数据，建立更完善的反欺诈模型，帮助银行及时发现和阻止欺诈行为，保护客户的资产安全，避免因隐私问题而无法获取数据学习的情况。更进一步，银行还可以通过联邦学习构建客户风险评估模型，有助于更准确地评估客户的信用风险，制定个性化的信贷方案，提高金融服务的效率和客户满意度。

在智能交通领域，城市交通管理部门可以整合不同区域的交通数据，利用联邦学习技术预测交通流量。这可以帮助优化交通信号控制，减少交通拥堵，提高城市交通运行效率。

在社交网络领域，社交网络平台可以通过联邦学习整合用户行为数据，构建个性化

245

推荐系统。这可以为用户提供更符合兴趣和需求的内容，提升用户体验，并且保护用户隐私。

虽然上述内容大部分还处于设想阶段，但从中可见联邦学习为解决因隐私保护导致的问题提供了高效的解决方案。当未来这些设想成功实现并投入实际应用时，人们的生活质量将会因联邦学习技术得到大幅提高，人们的个人隐私也能够得到更有效的保护，同时更会带来巨大的经济效益。

本章小结

本章深入探讨了人工智能在联邦学习领域的应用，首先介绍了联邦学习的背景和基本概念。联邦学习作为一种分布式机器学习方法，通过在多设备间协作进行模型训练，有效地减少了数据传输的安全风险。接着详细讲解了联邦学习的网络架构，解释了其如何在不集中数据的情况下进行高效的模型训练。这种架构不仅保护了数据隐私，还优化了训练效率。在安全性方面，本章分析了联邦学习可能面临的挑战，如数据泄露和模型中毒攻击。为应对这些挑战，本章探讨了多种策略，包括基于密码学和其他隐私保护联邦学习，它们使用了秘密共享、同态加密、差分隐私等技术以确保数据的安全性和模型的可靠性。此外，本章还展示了联邦学习的一些具体实现案例，并展望了联邦学习在医疗、金融等多个领域的未来应用的可能性，展示了联邦学习在实际应用中的巨大潜力和优势。最后，本章展望了联邦学习的未来发展趋势。随着技术的不断进步，联邦学习在隐私保护和模型优化方面将继续取得突破，进一步推动人工智能的发展和应用。

总的来说，联邦学习作为一种新兴的人工智能技术，凭借其独特的优势，正在逐步改变各个行业的数据处理和分析方式。通过本章的学习，能够帮助读者掌握联邦学习的基本原理和应用场景，并认识到其未来发展的广阔前景。

思考题与习题

一、选择题（多选）

7-1. 联邦学习是一种什么类型的学习方法？（　　　）

A. 集中式学习　　　　B. 分布式学习　　　　C. 共享本地数据　　　　D. 共享本地模型

7-2. 在联邦学习中，以下哪项描述是正确的？（　　　）

A. 原始数据在多个设备或计算节点之间共享

B. 模型的训练在本地设备上进行，只有模型的更新参数被汇总到中央服务器

C. 数据的隐私保护程度较低

D. 中央服务器可以获得原始数据

7-3. 联邦学习的核心思想是什么？（　　　）

A. 通过交换原始数据来构建全局模型

B. 通过交换模型参数或中间结果来构建全局模型

C. 集中所有数据到一个中心节点进行训练

D. 忽略数据的隐私保护问题

7-4. 下列关于隐私保护联邦学习所使用技术的说法中，错误的是哪个选项？（　　　）

A. Shamir 秘密共享恢复秘密不一定需要所有的秘密份额

B. 常见的加法同态加密方案有 Paillier 方案

C. 使用 1-out-of-2 OT 协议进行秘密传输可以获取到所有秘密

D. 差分隐私技术不是基于密码学实现的技术

二、填空题

7-5. 联邦学习常见的架构包括_____、_____及_____。

7-6. 根据参与各方数据源分布情况的不同，联邦学习可被分为_____和_____。

7-7. 基于密码学的隐私保护联邦学习的主流技术有_____、_____和_____。

三、简答题

7-8. 联邦学习面临哪些安全性问题？

7-9. 联邦学习面临哪些隐私泄露问题？

7-10. 本章介绍的几类隐私保护联邦学习技术的优点与缺点有哪些？

7-11. 关于隐私保护联邦学习的未来发展，你有什么看法？

参考文献

[1] LI T, SAHU A K, TALWALKAR A, et al. Federated learning：Challenges, methods, and future directions[J]. IEEE Signal Processing Magazine，2020，37（3）：50-60.

[2] MCMAHAN B, MOORE E, RAMAGE D. Communication-efficient learning of deep networks from decentralized data[C/OL]//Proceedings of the 20th International Conference on Artificial Intelligence and Statistics. [S.l.：s.n.]，2017：1273-1282[2023-12-03]. https://proceedings.mlr.press/v54/mcmahan17a.html.

[3] BAGDASARYAN E, VEIT A, HUA Y, et al. How to backdoor federated learning[C/OL]//Proceedings of the Twenty Third International Conference on Artificial Intelligence and Statistics. [S.l.：s.n.]，2020：2938-2948[2023-12-04]. https://proceedings.mlr.press/v108/bagdasaryan20a.html.

[4] MOTHUKURI V, PARIZI R M, POURIYEH S, et al. A survey on security and privacy of federated learning[J]. Future Generation Computer Systems，2021，115：619-640.

[5] HITAJ B, ATENIESE G, PEREZ-CRUZ F. Deep models under the gan：Information leakage from collaborative deep learning[C/OL]//Proceedings of the 2017 ACM SIGSAC Conference on Computer and Communications Security. New York：Association for Computing Machinery，2017：603-618[2022-11-01]. https://doi.org/10.1145/3133956.3134012.

[6] ZHU L, LIU Z, HAN S. Deep leakage from gradients[C/OL]//Advances in Neural Information Processing Systems. [S.l.]：Curran Associates，Inc.，2019[2022-11-02]. https://proceedings.neurips.cc/paper/2019/hash/60a6c4002cc7b29142def8871531281a-Abstract.html.

[7] BONAWITZ K, IVANOV V, KREUTER B, et al. Practical secure aggregation for privacy-preserving machine learning[C]//Proceedings of the 2017 ACM SIGSAC Conference on Computer and Communications Security. [S.l.：s.n.]，2017：1175-1191.

[8] WANG Y, ZHANG A, WU S, et al. VOSA：Verifiable and oblivious secure aggregation for privacy-

preserving federated learning[J]. IEEE Transactions on Dependable and Secure Computing，2023，20（5）：3601-3616.

[9]　RATHEE M，SHEN C，WAGH S，et al. ELSA：Secure aggregation for federated learning with malicious actors[C]//2023 IEEE Symposium on Security and Privacy（SP）. New York：IEEE，2023：1961-1979.

[10]　SHAYAN M，FUNG C，YOON C J M，et al. Biscotti：A blockchain system for private and secure federated learning[J]. IEEE Transactions on Parallel and Distributed Systems，2021，32（7）：1513-1525.